盐	<6克
油	25~30克
奶及奶制品	300克
大豆及坚果类	25~35克
畜禽肉	40~75克
谷薯类	250~400克
全谷物和杂豆	50~150克
薯类	50~100克
水	1500~1700毫升

彩图 1　中国居民平衡膳食宝塔（2016）

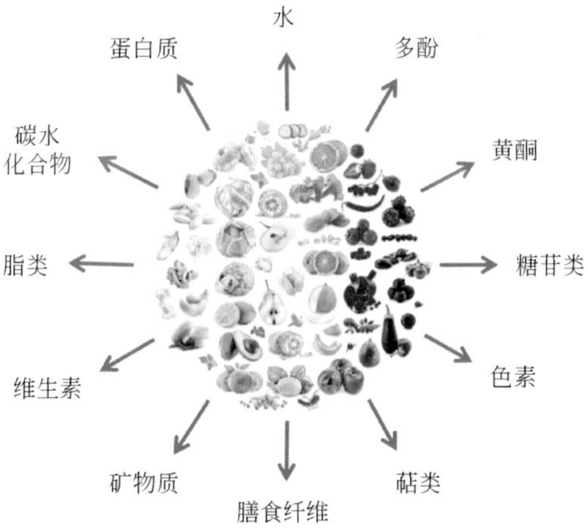

水
多酚
黄酮
糖苷类
色素
萜类
膳食纤维
矿物质
维生素
脂类
碳水化合物
蛋白质

彩图 2　果蔬花卉中的主要成分

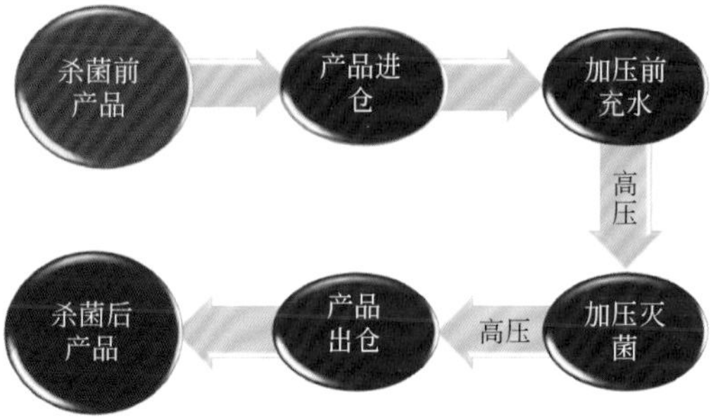

杀菌前产品 → 产品进仓 → 加压前充水 → 高压 → 加压灭菌 → 高压 → 产品出仓 → 杀菌后产品

彩图 4　超高压杀菌技术路线

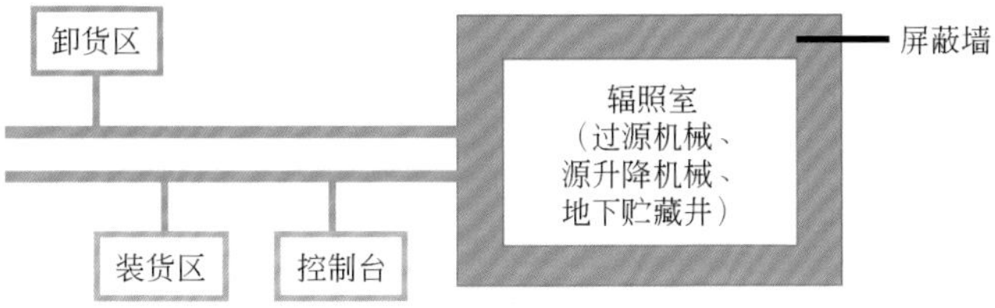

卸货区
装货区
控制台
辐照室（过源机械、源升降机械、地下贮藏井）
屏蔽墙

彩图 3　辐照杀菌技术装备

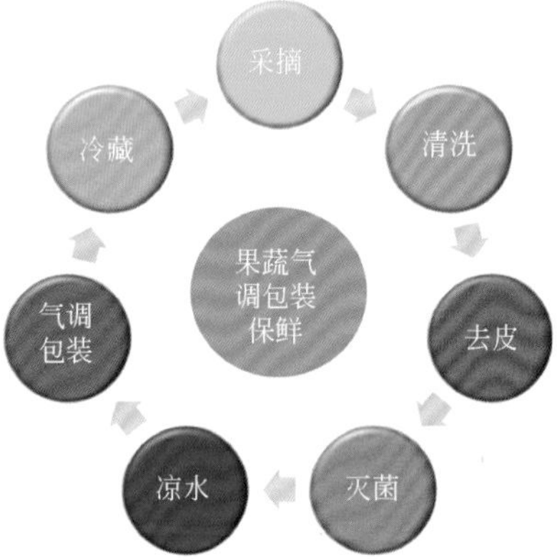

果蔬气调包装保鲜
采摘
清洗
去皮
灭菌
凉水
气调包装
冷藏

彩图 5　果蔬气调包装保鲜

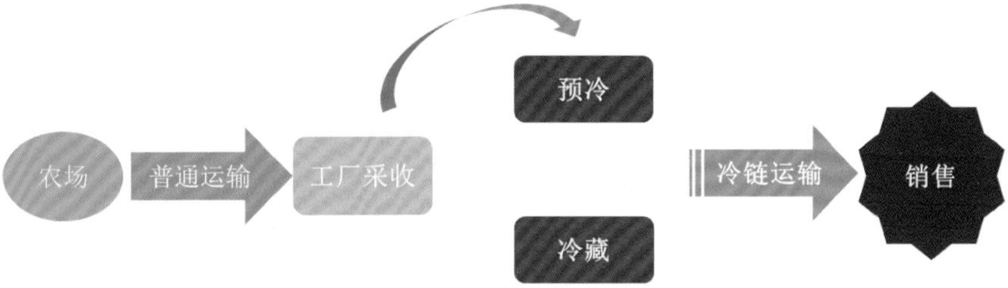

农场
普通运输
工厂采收
预冷
冷藏
冷链运输
销售

彩图 7　冷链物流示意图

彩图 6　马铃薯与鲜切马铃薯

彩图 8　新鲜葡萄与葡萄干

彩图 9　新鲜胡萝卜与冷冻干燥胡萝卜

彩图 10　新鲜红枣与枣粉

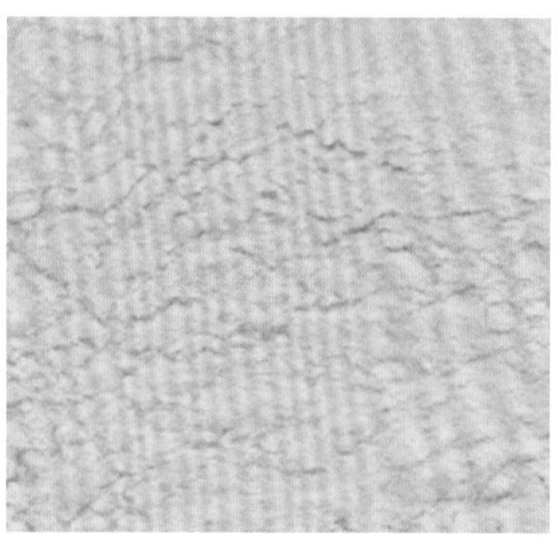

彩图 11　新鲜南瓜与南瓜粉

彩图 12　高压均质机

彩图 13　番茄汁

彩图 14　橙汁

彩图 15　苹果醋

彩图 16　鲜枣与蜜枣

彩图 17　柚子与柚子果脯

彩图 18　冬瓜与冬瓜条

彩图 19　猕猴桃果酱

彩图 20　蜂蜜柚子茶

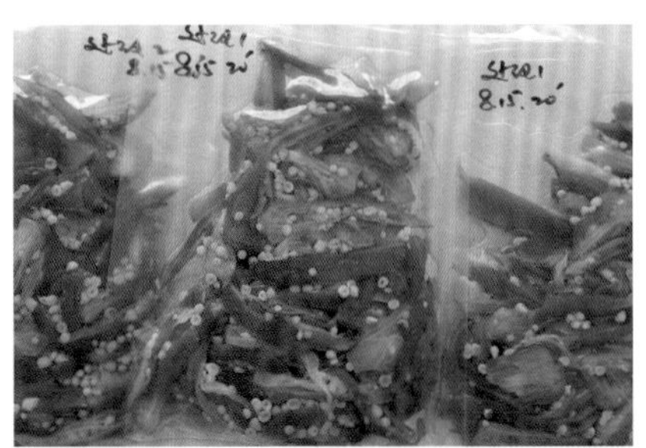

彩图 21　秋葵与秋葵泡菜

现代果蔬花卉深加工与应用丛书 

果蔬花卉无废弃加工技术与应用

郑金铠　主编

化学工业出版社

·北京·

本书简述了果蔬花卉加工基础知识，重点介绍了果蔬花卉的保鲜与鲜切、干制与制粉、制汁与酿造、糖制与腌制、功能成分精深加工以及加工废弃物的处理利用等内容。

本书可供从事果蔬花卉深加工的企业、高等教育及大专院校和科研院所的相关人员阅读和参考。

图书在版编目（CIP）数据

果蔬花卉无废弃加工技术与应用/郑金铠主编. --北京：化学工业出版社，2018.3
（现代果蔬花卉深加工与应用丛书）
ISBN 978-7-122-31441-3

Ⅰ.①果… Ⅱ.①郑… Ⅲ.①果蔬加工 ②花卉-加工 Ⅳ.①TS255.3

中国版本图书馆 CIP 数据核字（2018）第 013955 号

责任编辑：张　艳　冉海滢　　装帧设计：王晓宇
责任校对：宋　夏

出版发行：化学工业出版社（北京市东城区青年湖南街 13 号　邮政编码 100011）
印　　刷：北京京华铭诚工贸有限公司
装　　订：三河市瞰发装订厂
710mm×1000mm　1/16　印张 13¾　彩插 2　字数 256 千字
2018 年 3 月北京第 1 版第 1 次印刷

购书咨询：010-64518888（传真：010-64519686）　售后服务：010-64518899
网　　址：http://www.cip.com.cn
凡购买本书，如有缺损质量问题，本社销售中心负责调换。

定　　价：39.80 元

本书编写人员名单

主　　编　郑金铠

副 主 编　唐选明　关文强

编写人员　（按姓氏笔画顺序排列）

丁　洋（中国农业科学院农产品加工研究所）

王田心（天津科技大学）

王志东（中国农业科学院农产品加工研究所）

尹旭敏（重庆市农业科学院农产品贮藏加工研究所）

田桂芳（中国农业科学院农产品加工研究所）

包郁明（中国农业科学院农产品加工研究所）

关文强（天津商业大学）

张源麟（菏泽家政职业学院）

郑金铠（中国农业科学院农产品加工研究所）

赵成英（中国农业科学院农产品加工研究所）

赵金红（中国农业科学院农产品加工研究所）

唐选明（中国农业科学院农产品加工研究所）

曾顺德（重庆市农业科学院农产品贮藏加工研究所）

前言 FOREWORD

果蔬花卉口感风味独特、营养丰富，是人们日常饮食中不可或缺的部分。我国是果蔬花卉种植和生产大国，据统计，我国的果蔬花卉总产量约占世界总产量的四分之一。然而，在利用果蔬花卉等农产品资源制造各种食品和加工品的生产过程中，原料利用率低，产生大量的废弃物。一方面，这些废弃物的大量产生和排放严重污染了环境；另一方面，废弃物中往往蕴含丰富的食物纤维、维生素和具有显著生理功能的活性成分，造成了极大的资源浪费。我国的果蔬花卉加工业与工业强国相比，还存在较大的差距，其中在无废弃加工与利用方面的差距尤为显著。因此，开展果蔬花卉的整果全利用技术和废弃物利用技术的研究，开拓开发利用途径，提高农产品资源利用率，变废为宝，已成为当前农产品加工业面临的重要工作，也是解决农业增收、企业增效的最重要手段之一。

鉴于此，本书以果蔬花卉加工无废弃技术与应用为主题，从整果全利用和废弃物利用两方面入手，全面系统地阐述了果蔬花卉无废弃加工的原理、技术与装备，并配以应用实例，帮助读者更好地理解相关知识。本书力求内容丰富、条理清晰、特色突出、科学实用，同时大量采用表格、照片、图解与附表等，使本书通俗易懂、方便阅读，适用于专业及非专业人士科普学习。

本书由中国农业科学院农产品加工研究所、天津商业大学、天津科技大学及重庆市农业科学院农产品贮藏加工研究所等科研院所联合编写。本书共分为七章，第一章主要讲述了现代果蔬花卉加工的基础知识，为本书后续内容的理解提供必要的引导和背景知识，该部分由郑金铠研究员和田桂芳助理研究员共同编写；第二章至第五章分别讲述果蔬花卉保鲜与鲜切、干制与制粉、制汁与酿造及糖制与腌制四种典型加工无废弃技术，内容涵盖加工原理、技术（装备）及应用与产品实例，分别由关文强教授/丁洋助理研究员、唐选明副研究员/赵金红助理研究员、郑金铠研究员/张源麟博士、曾顺德研究员/尹旭敏副研究员编写；第六章为果蔬花卉功能成分的精深加工无废弃技术，该部分由郑金铠研究员/赵成英助理研究员编写；第七章主要讲述果蔬花卉加工工业废弃物的主要处理利用技术，由王田心博士/包郁明助理研究员编写。全书由郑金铠研究员统稿，并进行修改与审定，王志东研究员、关文强教授、唐选明副研究员及包郁明助理研究员参与了部分章节统稿与审定工作。在此特别感谢各位编者的密切配合和辛苦付出！尽管主要编写人员具有多年从事果蔬花卉加工的科研工作经验，但是本书涉及内容广，个人能力和专业水平有限，书中难免出现疏漏和不妥之处，祈盼诸位同仁和读者批评指正。

郑金铠

2017 年 9 月于北京

目 录 CONTENTS

 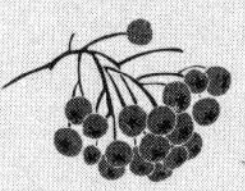   

01 Chapter

第一章　现代果蔬花卉加工基础知识

果蔬花卉种类繁多、营养物质丰富，不仅包含人体所必需的水、蛋白质、碳水化合物（糖类）、脂质、维生素、矿物质、膳食纤维七大营养素，还富含糖苷、色素、有机酸、芳香物质等生理活性物质，对保证机体的营养健康发挥着至关重要的作用。由于果蔬花卉富含水分，在贮藏过程中极易腐烂变质，只有通过加工才能实现长期贮藏、增加产品形式以及提高附加值等，其中无废弃加工是现代果蔬花卉加工业的一个重要趋势。

第一节　果蔬花卉的种类

果蔬花卉的种类繁多，本节重点从以下种类进行介绍（图 1-1）。

一、水果

水果是对部分可直接食用植物果实和种子的统称，往往多汁且具有甜味，是我国种植业的第三产业，总产量位居世界首位。其营养丰富，除含有较多的水分外，还含有糖分、有机酸、矿物质、维生素、微量元素等。水果主要分为核果、仁果、浆果、柑橘、热带及亚热带水果五大类[1~3]。

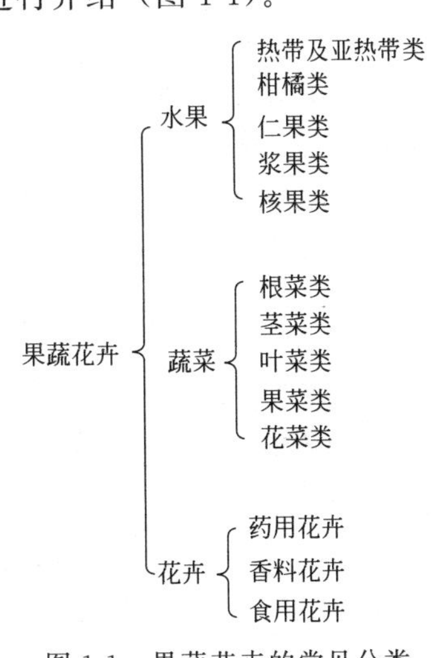

图 1-1　果蔬花卉的常见分类

1. 核果类

这类水果的内果皮硬化为核，故称核果，多

见于蔷薇科植物。代表性水果有桃、李、杏、樱桃、梅等。核果类植物多集中于6～8月份收获，果实呼吸强度大，属于呼吸跃变型水果。核果可食用的果肉部分是柔软多汁的中果皮（子房的中壁）。外果皮（子房的外壁）与中果皮间有薄壁组织，其中纤维的多少和粗细直接影响核果食用口感和加工制品品质。

2. 仁果类

仁果因可食用部分为子房和花托膨大形成的果实，在植物学上亦称假果，常见于蔷薇科植物。仁果的种腔中含有数颗种子，由一层厚壁机械组织包裹。外果皮典型角质化且表面有蜡质层覆盖，外果皮中含有丰富的果胶、鞣质（又称单宁）等物质。仁果是我国产量最大的一类水果，代表性仁果有苹果、梨、山楂等。在加工过程中，仁果品种和种腔的去除程度会直接影响加工制品的品质。

3. 浆果类

浆果的果肉和内果皮柔软多浆汁，为内含数枚小型种子的肉质，外果皮为一层表皮，故称为浆果。浆果涵盖的种属较多，代表性水果有葡萄属、猕猴桃属、草莓属、柿属、无花果属、桑属等。浆果中的碳水化合物、有机酸等赋予其特殊的口感。由于自身的特性限制，浆果不耐贮藏，极易受机械损伤，在贮存加工过程中损耗较大，成本较高，适于加工果酱和果汁。

4. 柑橘类

柑橘类是芸香科柑橘属、金柑属和枳属植物的总称，为非呼吸跃变型水果，其中柑橘属是目前全球主要栽培种属。柑橘类果实多肉多浆，但结构比浆果复杂，大致分为黄皮层、白皮层、囊瓣和中心柱四部分。黄皮层，即含有油胞的外果皮，油胞中含有精油，由子房外壁发育而成；白皮层，即白色海绵状的中果皮，由子房中壁发育形成，不同种类的柑橘白皮层结构和厚度差别较大，果胶、柠檬苦素、橙皮苷等集中存在于白皮层；柑橘的可食用部分为子房内壁发育形成的囊瓣壁隔离出的多汁囊胞。囊胞内含有纺锤状的多汁突起物称为汁胞（砂囊），内含果汁及其他营养成分，间或有种子。

5. 热带及亚热带水果类

热带及亚热带果树主要分布于亚热带季风性气候区域，多为常绿乔木或灌木，少数为常绿木质藤木，也有少数为多年生草本。代表性的热带及亚热带水果有香蕉、荔枝、龙眼、凤梨、阳桃和榴莲等。由于果实生长发育期处于高温高湿、日照强、雨量大的夏季，热带及亚热带水果大多皮薄多汁、风味独特，但是不耐贮藏，易造成机械损伤。大多数果实在很短的贮藏时间内，其可溶性固形物、糖类、维生素C等含量就会降低，果色改变，果实变软，口感变差，甚至腐烂，严重影响了热带及亚热带果实的商品价值与销量。

二、蔬菜

蔬菜是指可供佐餐的草本植物，主要包括十字花科和葫芦科。我国是世界蔬菜生产大国，蔬菜的总产量占全球总产量的一半以上，主要以鲜销为主。根据加工需要，本书按照可食用器官对蔬菜进行分类，主要分为根菜类、茎菜类、叶菜类、果菜类和花菜类五大类[1～3]。

1. 根菜类

根菜类的根分为肉质直根和块根。肉质直根是由胚根和胚轴共同发育而成的，可食部分是薄壁细胞、韧皮薄壁组织或维管束组成的薄壁组织，代表性植物有萝卜、胡萝卜、根用芥菜、甜菜根、大头菜等；块根是由主根或不定根或侧根经过增粗而长成的肉质根，其可食部分是薄壁细胞组织，主要贮藏淀粉类营养物质，代表性植物有甘薯、豆薯、葛根等。

2. 茎菜类

茎由胚芽发育而来，由表皮、皮层和中柱组成，可食用蔬菜的茎多为草本植物的茎或茎的变态。根据茎的形态结构差异又可以分为根茎、块茎、鳞茎、球茎、肥茎和嫩茎：根茎类是指茎节上有腋芽或不定根，代表性植物有藕、姜等；块茎是一种地下茎的变态，顶端膨大为地下块茎，块茎上有顶芽，在适宜环境下可发育成新的植株，代表性植物有马铃薯等；鳞茎也是一种茎的变态，茎缩短成扁平或圆盘状，茎盘上有鳞叶，代表性植物有洋葱、大蒜等；球茎是一种短肥的地下茎，外部有明显的节，节上有芽，基部有很多不定根，代表性植物有芋、荸荠等；肥茎亦是一种茎的变态，包括叶卷须、小块茎（腋芽形成）、小鳞茎（花芽形成）、膨大茎、缩短茎等，代表性植物有莴笋、球茎甘蓝等；嫩茎是柔嫩的地上茎，代表性植物有竹笋、香椿等。

3. 叶菜类

叶是植物的主要器官，一般由叶片、叶柄和托叶三部分组成，叶片由表皮、叶肉和叶脉组成。叶分为完全叶和不完全叶（缺少叶片、叶柄或托叶中的一部分或两部分）。叶菜的可食用部分为普通叶片、叶球、叶丛或叶的变态。根据栽培特点，可分为普通叶菜类、结球叶菜类和香辛叶菜类：普通叶菜类的代表性植物有白菜、乌塌菜、菠菜、油菜等；结球叶菜类的代表性植物有结球白菜、结球甘蓝、结球莴苣等；香辛叶菜类的代表性植物有大葱、韭菜、芹菜、香菜、茴香等。

4. 果菜类

这类蔬菜的可食用部分为植物的果实。果实由子房发育形成，由果皮和种子组成，经人工培育，现也有仅有果实没有种子的蔬菜。具体分为瓠果类、茄果类、豆类和杂果类：瓠果类的代表性植物有黄瓜、南瓜、西瓜、葫芦、冬瓜、甜瓜、丝瓜、蛇瓜、苦瓜、瓠瓜等；茄果类的代表性植物有茄子、番茄、辣椒等；豆类的代表性植物有蚕豆、菜豆、豇豆、扁豆、豌豆、毛豆等；杂果类是指前三种以外的果菜类植物，如甜玉米、菱角等。

5. 花菜类

这类蔬菜的可食用部分为花、花茎或花球，花是种子植物的生殖器官。代表性植物有花椰菜、黄花菜和青花菜等。

三、花卉

花卉可依照多种分类依据进行分类，如依据栽培方式可分为露地栽培、温室栽培、切花栽培、促成栽培、抑制栽培、无土栽培、荫棚栽培和种苗栽培；依据自然分布可分为热带花卉、温带花卉、寒带花卉、高山花卉、水生花卉、岩生花卉和沙漠花卉；依据园林用途可分为花坛花卉、盆栽花卉、室内花卉、切花花卉和荫棚花卉；依据观赏特性可分为观花类、观叶类、观茎类、观果类、芳香类和林木类；依据经济用途可分为药用花卉、香料花卉、食用花卉等[4]。本书主要依据经济用途分类对花卉进行介绍。

1. 药用花卉

药用花卉是指既有药用价值，又有观赏价值的开花植物。其植株的全部或一部分可供药用或作为制药工业的原料。俗话说“十花九药”，药用花卉种类繁多，其药用部分各不相同，如益母草等可全部入药，人参、满山红等可部分入药，金鸡纳霜等则需提炼后入药。常见的药用花卉有迎春、仙人掌、君子兰、腊梅、水仙、芍药、牡丹等。

2. 香料花卉

香料花卉是指含有芳香成分或挥发性精油的植物，这些挥发性精油存在于花卉的全株或花卉的根、茎、叶、花和果实等器官中。我国是世界上香料植物资源最为丰富的国家之一，有 800 余种香料植物。根据提取的部位不同，香料植物可以分为：从根、根茎提取芳香油的植物，如鸢尾、花椒、菖蒲等；从茎、叶提取香料的植物，如麝香草、月桂、木兰、五味子等；从花部提取香料的植物，如玫瑰、钝叶蔷薇、丁香、菊花、野菊、啤酒花、紫丁香、桂花、百合、金银花等；从种子中提取香料的植物，如豆蔻、胡椒、芝麻等。

3. 食用花卉

食用花卉是指可供人们日常生活食用的观赏植物，食用部分包括根、茎、叶、花及果实。这些花卉既可观赏，又具有很高的营养价值和保健功能，可食用、药用、酿酒、制糖、生产饮料和提取香精等。鲜花内含有 22 种氨基酸、16

种维生素、27 种常量和微量元素以及多种脂质、核酸、酶等生物活性成分。我国可食用的花卉种类繁多，含量丰富，据不完全统计，约 97 个科，100 多个属，180 多种。按照食用器官不同食用花卉可以分为四大类，主要包括：菊花、牡丹、荷花、白玉兰、百合、梅花、茉莉、紫藤、腊梅、杏花、丁香、迎春、栀子花和芍药等食花类；菊花、马兰、桔梗、芦荟、留兰香、枸杞、蜀葵、凤仙花、鸡冠花、木槿等食茎叶类；桔梗、天门冬、麦冬、百合、芍药等食根类；荷花、悬钩子、山茱萸、枸杞、蜀葵、沙棘和鸡冠花等食种子或果实类。

第二节　果蔬花卉中的主要成分

2016 年中国营养学会推出的中国居民平衡膳食宝塔指出，每人每天应食用 300～500g 的蔬菜和 200～350g 的水果（彩图 1）。果蔬花卉中不仅包含水、蛋白质、碳水化合物、脂质、维生素、矿物质、膳食纤维七大营养素[1,5,6]，还含有多酚、黄酮、糖苷类、色素类、萜类等生理活性物质[7,8]（彩图 2），在人们的日常饮食中占据重要地位。

一、七大营养素

1. 水

水是果蔬花卉中的主要成分，其含量随果蔬花卉的品种不同而有所差异，平均为 65%～90%。水分对果蔬花卉的质地、口感、保鲜和加工工艺的确有着十分重要的影响。含水量高的果蔬花卉细胞膨压大、外观饱满鲜亮、口感脆嫩，但易腐烂变质、耐藏性差。水分主要以自由水和结合水两种形态存在：自由水（游离水），占总含水量的 70%～80%，存在于液泡和细胞间隙，可溶性物质溶解在此类水中，在果蔬花卉贮运和加工过程中极易失去，与结合水毗邻的自由水以氢键结合，不能完全运动，但加工时仍易除去；结合水，存在于果蔬花卉细胞的胶体微粒周围，与蛋白质、多糖、胶体等结合，不能自由运动，也不能溶解溶质，这类水分在加工过程中较难除去，只有在较高的温度（105℃）和较低的温度（−40℃）下才可分离。水分活度可以表示果蔬花卉中自由水和结合水的比例，水分活度越小，自由水的比例越小。

2. 蛋白质

氨基酸是组成蛋白质的基本单位，氨基酸脱水缩合形成肽链，一条或多条肽链经过盘曲折叠等形成蛋白质大分子。果蔬花卉中的蛋白质含量虽少，但却是生命的物质基础，并且与加工工艺的选择和确定密切相关。蛋白质在加工过程中尤其在等电点附近易发生变性而凝固、沉淀，从而影响饮料或清汁类罐头的品质，需添加稳定剂等改进生产工艺。蛋白质和氨基酸是美拉德反应的物质基础，游离氨基酸的含量是影响美拉德反应的关键因素，游离氨基酸的含量越高，反应速率越快。有些氨基酸虽然不参与美拉德反应，但能够参与酶促褐变，如酪氨酸。含硫氨基酸和蛋白质在高温杀菌时受热分解可以形成硫化物，引起罐壁及内容物变色。在产品的口感方面，许多氨基酸、多肽是产品的风味物质（谷氨酸是鲜味物质，甘氨酸、丙氨酸、丝氨酸和苏氨酸是甜味物质，天然疏水的 L 型氨基酸和碱性氨基酸是苦味物质，氨基酸与醇类反应可以生成具有香味的酯类）。此外，蛋白质含量高时可以使饮料圆润柔和。

3. 碳水化合物

碳水化合物在体内经生化反应最终分解为糖，因此亦称之为糖类。它是果蔬花卉中含量最多的有机物，主要包括单糖、低聚糖和多糖。

（1）单糖　无色晶体，味甜，具有吸湿性；极易溶于水，难溶于乙醇，不溶于乙醚；一般是含有 3～6 个碳原子的多羟基醛或多羟基酮。单糖是构成各种糖分子的基本单位，在植物代谢中能相互转化直接参与糖类的代谢。依据碳原子数目，单糖可分为丙糖（甘油醛、二羟丙酮）、丁糖（赤藓糖）、戊糖（核糖、脱氧核糖、木糖、阿拉伯糖）、己糖（葡萄糖、果糖、半乳糖、甘露糖）和庚糖（景天庚酮糖）。除了葡萄糖和果糖可以提供能量外，木糖和糖醇属于功能性单糖。

（2）低聚糖　又称寡糖，是指含有 2～10 个糖苷键聚合而成的直链或支链低聚合度糖。果蔬花卉中的低聚糖通常是由 2～4 个单糖通过糖苷键聚合形成的，包括双糖（蔗糖、麦芽糖、纤维二糖）、三糖（棉子糖、麦芽三糖）和四糖（水苏糖）。这类寡糖的特点是难以被胃肠道消化吸收，甜度低，热量低，基本不增加血糖和血脂。蔗糖是果蔬花卉中最主要的寡糖，是植物体中有机物运输的主要形式，也是糖类贮藏和积累的重要形式。寡糖又可分为直接低聚糖和功能性低聚糖：直接低聚糖是指用 β-1,4-葡萄糖苷键等连接的低聚糖；功能性低聚糖是指 α-1,6-葡萄糖苷键连接的低聚糖，又称为双歧因子，即此类低聚糖可以作为增殖因子，促进人体内双歧杆菌的生长繁殖，抑制腐败菌生长。

（3）多糖　多糖是由 10 个以上的单糖通过糖苷键连接形成的聚合糖，可用通式 $(C_6H_{10}O_5)_n$ 表示。多糖一般不溶于水，无甜味，往往可以在水解过程中产生一系列的中间产物，最终完全水解得到单糖。根据组成成分的不同，多糖可以分为均一多糖和杂多糖。

① 均一多糖。

a. 淀粉。淀粉是由葡萄糖分子经缩合而成的多糖，分子量较大。在某些未成熟的水果果实中含有大量的淀粉，如香蕉青果中约有 20%～25%的淀粉，随着成熟度的增加，淀粉逐渐分解，含量降低，成熟的香蕉中仅含 1%左右的淀粉；

在块根、块茎类蔬菜中淀粉含量最高，如薯类淀粉含量可高达20%，其淀粉含量与成熟程度成正比。凡是以淀粉形式贮藏物质的成熟植物种类大多可以保持休眠状态，有利于贮藏；但是以幼嫩籽粒供食用的蔬菜（如青豌豆、甜玉米等），淀粉含量的增加会导致品质的下降。淀粉不溶于冷水，在热水中极度膨胀，成为胶态，易被人体吸收，在60℃左右的水中膨胀后，进一步受热发生糊化，具有较高的黏度。糊化后的淀粉在水分含量较高及温度较低时，会产生凝沉现象；而在水分含量较低时，则已老化。上述两种现象可以通过将淀粉水解得到缓解或解决。

b. 纤维素。纤维素是由β-D-葡萄糖以β-1,4-糖苷键结合成的多糖，葡萄糖单位可达2400～240000个，分子质量为400～4000kDa，没有分支。纤维素是植物的骨架物质，是细胞壁和皮层的主要成分，可以保护果蔬免受机械损伤，减少贮藏和运输中的损失。幼嫩的植物细胞壁为含水纤维素，食用时口感细嫩、脆度高，容易咀嚼；老化后纤维素产生木质和角质，质地变得坚硬，含纤维素多的果蔬质粗多渣，口感较差。纤维素虽然不能被人体直接吸收，但可以刺激肠道蠕动，有利于肠道菌群的建立，促进消化。

② 杂多糖。杂多糖是指由两种或两种以上不同单糖单位组成的多糖，代表性杂多糖有半纤维素等。半纤维素中含有葡萄糖、半乳糖、甘露糖、木糖、阿拉伯糖、葡萄糖醛酸、半乳糖醛酸和甘露糖醛酸等多种单糖单位，其中木糖含量最多，但各种单糖的比例、连接和排列尚待进一步研究。半纤维素在化学上与纤维素无关，只是与细胞壁的纤维素分子在物理上相连而已。在植物体内半纤维素既可以起到类似纤维素的支持保护组织功能，又可以起到类似淀粉的贮存功能。

③ 果胶。果胶有均一多糖型和杂多糖型两种：均一多糖型果胶如D-半乳聚糖、L-阿拉伯聚糖和D-半乳糖醛酸聚糖等；杂多糖型果胶最常见，是由半乳糖醛酸聚糖、半乳聚糖和阿拉伯聚糖以不同比例组成的，通常称为果胶酸。果胶物质存在于植物的细胞壁与中胶层，主要存在于果实、块茎、块根等器官中，在组织中主要以原果胶、果胶和果胶酸三种状态存在。原果胶是由可溶性果胶与纤维素缩合而成的，具有黏结性。原果胶含量越高，果肉硬度越大，赋予未成熟果实组织脆硬的口感，随着成熟度增加，原果胶逐渐分解为果胶，黏结作用下降。果胶的主要成分是半乳糖醛酸甲酯及少量半乳糖醛酸通过α-1,4-糖苷键连接而成的直链高分子化合物。果胶溶于水，与纤维素分离，渗入细胞内，使细胞间的结合力松弛、具黏性，使果实质地变软，在果实进入过熟期时，果胶在果胶酶和果胶酯酶的作用下水解生成果胶酸。果胶酸是由多个半乳糖醛酸通过α-1,4-糖苷键连接形成的，是一种多聚半乳糖醛酸。果胶酸不溶于水，无黏结性，使果实组织变软，呈软烂状态，果胶酸进一步分解为半乳糖醛酸，果实解体。果胶与糖酸按一定比例配比后可以形成凝胶，可用于生产果酱、果冻。高甲氧基果胶溶液（甲氧

基含量在7%以上）糖含量在50%以上时方可形成凝胶；而低甲氧基果胶溶液（甲氧基含量在7%以下）则和果胶酸一样，在钙、镁等多价离子存在时，即使在不加糖的情况下仍可形成凝胶。

4. 脂质

脂质是油、脂肪、类脂的总称，是一种有机化合物。在植物体内，脂肪主要存在于种子中，也有些存在于果实、果肉、果皮或种仁中。果蔬花卉中的脂质多以不饱和甘油三酯为主，呈现液态，另外还有蜡质、磷脂等。各种果蔬花卉的种子都是提取植物油的极好原料，加工过程中产生的饼粕等副产物也含有大量的油脂。蜡质和果实采后贮藏品质密切相关，蓝莓蜡质中的主要成分是熊果酸或齐墩果酸三萜类物质，其次是β-二酮（蓝莓蜡质中长链脂肪族物质的主要成分），失去蜡质层后，蓝莓容易遭受微生物侵染迅速软化腐烂。此外，卵磷脂和脑磷脂在营养学上有着非常重要的作用。

5. 维生素

维生素是一类维持人体健康不可缺少的小分子化合物，它们大多以辅酶或辅酶因子的形式参与生理代谢，维生素缺乏会引起人体代谢的失调，诱发生理病变。果蔬花卉是人体获得维生素的主要途径，因为大多数维生素必须从植物体内合成。根据溶解性质的不同，维生素可以分为水溶性维生素和脂溶性维生素两类。其中，水溶性维生素包括维生素C和B族维生素（共有8种，分别是维生素B_1、维生素B_2、烟酸、泛酸、维生素B_6、叶酸、生物素和胆碱，它们在结构上没有同一性）；脂溶性维生素包括维生素A、维生素D、维生素E和维生素K。

6. 矿物质

矿物质又称无机质。K、Na、Ca等金属离子占80%，P、S等非金属离子占20%，它们少部分以游离态存在，大部分以结合态存在。矿物质影响果蔬花卉的质地及贮藏效果，如钙、钾含量高时，果实硬、脆度大、果肉致密，耐贮藏。在加工过程中，热烫、漂洗等工艺往往会引起矿物质的损失。和水分及有机物比起来，果蔬花卉中矿物质含量非常少，但仍是人体所需矿物质的主要来源。

7. 膳食纤维

膳食纤维是一种多糖，它既不能被胃肠道消化吸收，也不能产生能量，曾一度被认为是一种“无营养物质”而长期得不到足够的重视。随着营养学和相关科学的深入发展，人们逐渐发现膳食纤维具有相当重要的生理作用，被营养学界补充认定为第七类营养素。膳食纤维摄入过少会引起许多“现代文明病”，如肥胖症、糖尿病、高脂血症，甚至会诱发肠癌、便秘、肠道息肉等。根据其在水中的溶解性不同可将膳食纤维分为可溶性膳食纤维和不可溶性膳食纤维两大类。

（1）可溶性膳食纤维　可溶性膳食纤维的主要成分为葡甘聚糖，能量很低，吸水性强，来源于果胶、藻胶、魔芋等。可溶性纤维在胃肠道内和淀粉等碳水化

合物交织在一起，并延缓后者的吸收，故可以起到降低餐后血糖的作用。

(2) 不可溶性膳食纤维　除全谷类食物外，不可溶性膳食纤维主要来源于豆类、蔬菜和水果等。不可溶性纤维可以促进胃肠道蠕动，加快食物通过胃肠道，减少吸收，另外不可溶性纤维在大肠中吸收水分软化大便，可以起到防治便秘的作用。

二、其他生理活性物质

果蔬花卉中的其他生理活性物质主要包括酚类、黄酮类、色素、萜类、有机硫化合物等，其具体结构、性质、功能等还将在本书第六章详细介绍。

1. 酚类物质

酚类化合物是指芳香烃中苯环上的氢原子被羟基取代所生成的化合物，自然界中存在的酚类化合物大部分是植物生命活动的结果，酚类化合物都具有特殊的芳香气味，呈弱酸性。果蔬花卉中酚类的代表物质是鞣质、绿原酸、咖啡酸、阿魏酸、没食子酸和白藜芦醇。

2. 黄酮类

黄酮类物质主要是指基本母核为2-苯基色原酮类化合物，其基本骨架为$C_6—C_3—C_6$，天然黄酮一般在两个芳香环上均有取代基，通常是羟基、甲氧基等。黄酮类物质在不同组织中的存在形式也不尽相同，如在木质部多以苷元形式存在，而在花、叶、果实等器官则多以糖苷形式存在。根据结构差异，可将类黄酮分为黄酮类、黄酮醇类、二氢黄酮类、黄烷醇类等。

3. 色素

色素是果蔬花卉色彩物质的总称，占天然色素的绝大多数。植物色素主要包括花青素类、番茄红素类、胡萝卜素类、黄酮类化合物等，除可以作为食品添加剂，大都还具有增强人体免疫机能、抗氧化、降血脂的作用。

4. 萜类

萜类化合物是由数个异戊二烯结构单位构成的化合物，是植物次生代谢物中种类最多的一类。柑橘中的类柠檬苦素、苹果中的熊果酸等都是萜类化合物的代表物质。

5. 有机硫化合物

有机硫化合物是指有机物中含有硫元素的一类植物化学物质。果蔬花卉中主要有两类含硫化合物。一类是异硫氰酸盐，广泛存在于十字花科蔬菜，如西兰花、卷心菜、花椰菜、球茎甘蓝和萝卜中；另一类是存在于葱蒜中的有机硫化物，例如，蒜氨酸在蒜酶的作用下生成蒜辣素，蒜辣素稳定性较差，会形成多种含硫化合物。

第三节　果蔬花卉加工方法

果蔬花卉的加工方法有很多，具体方法见图 1-2。

一、初加工[3,8]

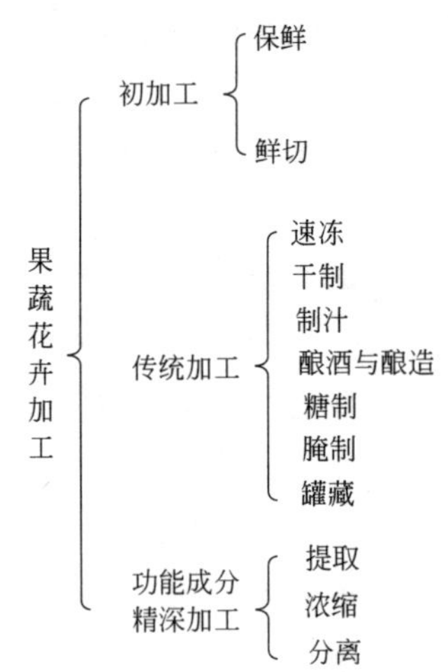

图 1-2　果蔬花卉加工方法分类

1. 保鲜

果蔬花卉的保鲜可以通过调节贮藏环境和涂层处理两种方式实现。保鲜贮藏的主要环境因素有温度、湿度和气体成分，在保鲜过程中要重视各种条件的综合影响；涂层处理不仅可以在一定时间内减少果蔬花卉的水分损失、抑制气体交换从而减少营养物质的损耗，还可以减少病原菌的侵染，避免果蔬花卉腐烂。

2. 鲜切

鲜切果蔬又称最少加工处理果蔬、轻度加工果蔬、切分果蔬等，它是指新鲜果蔬原料经过分级、整理、挑选、清洗、整修、去皮、切分、包装等一系列步骤，用塑料薄膜袋或以塑料托盘盛装，外覆塑料薄膜包装，供消费者立即食用或餐饮业使用的一种新式果蔬加工产品。

二、传统加工[1,8~11]

1. 速冻

速冻是将经过预处理的果蔬花卉原料，采用快速冻结的方法在很低的温度（−35℃左右）、极短的时间（30min 内）进行均匀冻结，把原料中 80% 的水尽快冻结成冰，然后在低于或等于−18℃的温度下长期存放。进行速冻加工及贮藏后，果蔬花卉中的微生物活动和酶活性被显著抑制，可以最大限度地防止腐败及各类生物化学反应的进行。

2. 干制

干制是干燥和脱水的总称。干制后植物组织中的大部分水被脱掉，从而可以抑制微生物的繁殖，减少营养物质的消耗；同时，干制后果蔬花卉体积缩小，质量大大减轻，便于贮藏运输，食用方便。根据热能来源的不同，果蔬花卉的干制可分为自然干制和人工干制。

3. 制汁

以新鲜或冷藏的果蔬花卉为原料，经过清洗、挑选后，采用物理的方法如压榨、浸提、离心等得到汁液的过程称为制汁。通过加入糖、酸、香精、色素等调制的产品，称为果蔬花卉汁饮料。根据加工工艺的差别，可将果蔬花卉汁分为果蔬花卉汁（浆）、浓缩果蔬花卉汁（浆）、果蔬花卉汁饮料、果蔬花卉汁饮料浓浆、复合果蔬花卉汁（浆）及饮料、果肉饮料、发酵型饮料和水果饮料等。

4. 酿酒与酿醋

果酒是以新鲜水果或果汁为原料，采用全部或部分发酵酿造而成的，酒精度在体积分数为7%～18%的各种低度饮料酒。按照制作方法，果酒分为发酵果酒、蒸馏果酒、配制果酒（果露酒）、起泡果酒和加料果酒。果醋是以果品或果酒为原料，经醋酸发酵制得的产品。

5. 糖制

糖制是一种古老的食品加工方法。糖制品是指将果蔬花卉原料或半成品经预处理后，利用糖的保藏作用，通过加糖浓缩将固形物浓度提高到65%左右制得的加工品。按照加工方法和产品形态可将糖制品主要分为蜜饯、果酱等。

6. 腌制

腌制也是一种古老的食品加工方法，是指新鲜果蔬花卉经预处理后，再用盐及其他物质添加渗入植物组织，降低水分活度，提高结合水含量、增加渗透压或脱水，有选择地控制有益微生物的活动和发酵，抑制腐败菌的生长，从而防止果蔬花卉变质、保持其食用品质的一种保藏方法，其制品称为腌制品，其中以蔬菜腌制品居多。

7. 罐藏

果蔬花卉罐制品是指果蔬花卉经前处理后装入能密封的容器内，再进行排气、密封、杀菌，最后制成别具风味、能长期保存的食品。罐藏可以抑制微生物，使罐内食品在一般贮藏条件下不腐败变质，不因致病菌的活动而造成食物中毒；同时，罐藏制品要尽可能地保存食品的色香味、质地及营养价值。

三、功能成分精深加工

果蔬花卉种类繁多，所含成分多种多样，通过对果蔬花卉的功能成分进行精深加工，可以开发具有高附加值的产品。在精深加工过程中，提取、分离和浓缩等是主要技术。目前，常用的精深加工技术主要有用于提取的溶剂提取、超临界流体萃取、超声波萃取、微波萃取和酶提取等，用于分离的膜分离、工业色谱技术和分子蒸馏等，用于浓缩的蒸发浓缩和冷冻浓缩，以及用于包埋的微胶囊技术和纳米乳液包埋技术等[12,13]。

第四节　果蔬花卉无废弃加工技术

传统的果蔬花卉加工过程会造成资源浪费并且经济效益低下，因此，应积极开展果蔬花卉的无废弃加工技术的研究，拓展开发利用途径，提高果蔬花卉的利用价值和经济效益。果蔬花卉无废弃加工技术的重要研究方向之一就是生产过程中减少加工废弃物的产生，对整果进行加工，如最少加工处理——鲜切果蔬的贮藏保鲜技术研究及开发，以及整果的干制与制粉、制汁与酿造、糖制与腌制等。

废弃物利用技术[2]是无废弃开发的另一个重要研究方向。果蔬加工过程中，往往有大量废弃物产生，如风落果、不合格果以及大量的果皮、果核、种子、叶、茎、花、根等下脚料，其中也蕴含了宝贵的财富。美国政府早在1987年就投入1500万美元完成了苹果综合利用体系；利用核果类的种仁中含有的苦杏仁生产杏仁香精；利用姜汁的加工副料提取生姜蛋白酶，用于凝乳；从番茄皮渣中提取番茄红素，治疗前列腺疾病。美国在农产品加工利用方面具有较强的综合利用能力，已实现完全清洁生产（无废生产），使上述原料得到了综合有效的利用。日本将芦笋烘干后研磨成细粉，作为食品填充剂加在饼干中，增加酥脆性和营养性，加在奶糖中增加风味及营养；将胡萝卜渣加工后制成橙红色的蔬菜纸，用于食品包装，或直接食用。在新西兰，猕猴桃皮用来提取蛋白分解酶，可以防止啤酒冷却时形成的浑浊，还可以作为肉质嫩化剂，在医药方面常用于消化剂和酶制剂。我国果蔬加工业的废弃物高达数亿吨，却基本未被开发利用，不仅污染环境，而且浪费资源。由于废弃物中仍然含有丰富的蛋白质、氨基酸、果胶和膳食纤维等营养成分，如何对它们进行综合利用，借助精深加工技术使果蔬加工废弃物变废为宝，提高附加值，是我国果蔬加工业需要解决的主要问题[14]。而且，果蔬花卉加工技术不仅要从经济效益出发，还应充分考虑环保问题，解决食品工业中的“三废”问题[8]。

参考文献

[1] 王鸿飞.果蔬贮运加工学.北京：科学出版社，2014.

[2] 邹礼根，赵云，姜慧燕等.农产品加工副产物综合利用技术.浙江：浙江大学出版社，2012.

[3] 严佩峰.果蔬加工与保鲜技术.北京：中国科学技术出版社，2013.

[4] 李树和.果蔬花卉最新深加工技术与实例.北京：化学工业出版社，2008.

[5] 祝战斌.果蔬加工技术.北京：化学工业出版社，2008.

[6]　王璋，许时婴，汤坚. 食品化学. 北京：中国轻工业出版社，2015.
[7]　王友升. 果蔬生理活性物质及其高值化. 北京：科学出版社，2015.
[8]　赵晋府. 食品工艺学. 北京：中国轻工业出版社，2006.
[9]　王丽琼. 果蔬贮藏与加工. 北京：中国农业大学出版社，2008.
[10]　于新，马永全. 果蔬加工技术. 北京：中国纺织出版社，2011.
[11]　孟宪军，乔旭光. 果蔬加工工艺学. 北京：中国轻工业出版社，2012.
[12]　李明. 提取技术与实例. 北京：化学工业出版社，2006.
[13]　宋航. 天然药物制备技术与工程. 北京：化学工业出版社，2014.
[14]　单杨. 中国果蔬加工产业现状及发展战略思考，中国食品学报，2010，10：4.

Chapter 02

第二章　果蔬花卉保鲜与鲜切

鲜切果蔬以新鲜、方便等优势深受消费者的喜爱，成为健康生活的重要组成部分，同时用新鲜花卉美化生活、传递情感也已成为一种新的时尚。我国是世界农业大国，对果蔬和花卉等鲜活农产品的需求巨大。而采后农产品作为生命活体，仍然进行着以呼吸作用为主导的代谢活动，它直接联系着其他各种生理生化过程，也影响和制约着产品的货架期及品质变化。目前我国农产品由于处理能力严重不足，采后腐烂变质等问题严重，不仅无法满足消费者对果蔬多样性和花卉新鲜度的需求，还产生大量的废弃物，造成严重的损失和浪费。因此，加强农产品的保鲜与鲜切技术和手段的研发是减少鲜活农产品采后损失、保障农产品产业发展的重要途径，将极大促进农产品加工的无废弃全利用。

第一节　果蔬花卉保鲜与鲜切概述

一、保鲜

采收后的果蔬一直保持着鲜活状态，是一个生命有机体，仍然进行着休眠、水分蒸发、呼吸作用等生命活动。果蔬新陈代谢是糖酵解、三羧酸循环和电子传递链等系列酶反应的复杂过程[1]。这些活动都与果蔬保鲜密切相关，影响和制约着果蔬的贮藏时间，具体影响因素包括温度、湿度和气体成分等。

1. 温度

温度影响果蔬贮藏中的物理、生化反应，是决定果蔬贮藏质量的重要因素。低温可以降低果蔬呼吸和其他一些代谢过程，从而延缓衰老，保持果蔬的新鲜与饱满。不同品种的最适贮藏温度表现出很大的差异，对于大多数果蔬来讲，在不发生冷害或冻害的前提下，采用尽可能低的温度可以提高果蔬贮藏稳定性，延长货架期。果蔬热激处理是指采后以适宜温度处理果蔬，杀死病原菌或抑制病原菌的活动，改变酶活性和果蔬表面的结构特性，诱导果蔬的抗逆性，并且能够影响蛋白质和乙烯的生成等，从而达到贮藏保鲜的效果。果蔬热激处理是一种较新的贮前预处理方法，无毒、无污染，可以减少果蔬腐烂，改善果蔬品质。

2. 湿度

采后果蔬减少水分损失的能力主要依靠果蔬和周围环境中水蒸气压差以及果蔬表面和内部组织对水分蒸发作用的抗性。相对湿度表示环境空气的干湿程度，是影响果蔬贮藏质量的重要因素，它受温度和空气流速的影响而变化。另外，贮藏中对湿度的控制，既要考虑它对贮藏质量的影响，又必须兼顾到它对微生物活动的影响。

3. 气体成分

植物细胞的代谢主要是氧化还原反应，其中，氧气的利用率决定代谢的快慢，影响果蔬贮藏的质量。改变周围环境中的气体组成，例如降低氧气体积分数，增加二氧化碳体积分数可以减慢新陈代谢速率。一方面，由于线粒体中电子传递链的末端氧化酶对氧气有很高的亲和力，因此环境中的氧气体积分数应该低于10%；另一方面，氧气体积分数接近2%时，会引起组织的厌氧呼吸。高二氧化碳体积分数可以抑制三羧酸循环中酶的活性，并可以降低胞液pH值，从而延长果蔬的货架期。对果蔬的贮藏来讲，适宜的温度、二氧化碳和氧气之间存在着拮抗和增效作用，它们之间的相互配合作用远强于某个因子的单独作用。

二、鲜切

1. 鲜切果蔬

鲜切果蔬又称切割果蔬、半处理果蔬或轻度加工果蔬，是新鲜果蔬经过清洗、修整、去皮、切分等加工环节，再经包装后供给消费者的一种营养、方便、新鲜的即食产品。鲜切果蔬与完整果蔬原料相比，具有方便、安全卫生、可食率高等优点。我国是一个果蔬生产大国，约占世界总产量的1/3。但我国鲜切果蔬生产刚刚起步，加工规模较小，尤其在加工工艺和保鲜技术方面远不及中等发达国家水平。因此，保证鲜切果蔬的营养质量，延长保鲜期是鲜切果蔬工业化生产的关键，新型有效的保鲜技术的研究将具有重大的经济意义和深远的社会意义。

（1）鲜切果蔬品质劣变的原因

① 生理生化反应加剧。新鲜果蔬经过整理、清洗、去皮和切分等处理后，组织产生机械损伤，细胞的完整性及酶与底物的区域化结构被破坏，酶与底物直接接触，加之机械损伤产生的伤信号在很短的时间内（如几秒钟）迅速传递给邻

近细胞，诱导果蔬组织产生大量伤乙烯并发生错综复杂的生理生化反应，会扩散进而影响远离伤害部位的细胞。伤乙烯的大量产生促进了与果蔬成熟相关酶（蛋白质）的生物合成，加剧了生理代谢和次生代谢产物的产生，使鲜切果蔬组织快速衰老与腐败。

② 营养成分损失。鲜切果蔬在加工与贮藏过程中，一方面，机械损伤破坏了果蔬组织细胞的完整性，直接导致营养物质流出损失；另一方面，呼吸速率提高，代谢加快，使得鲜切果蔬产品的物质消耗增多，同样加快了营养物质的损失。去皮马铃薯维生素C损失率可达35%，甘蓝切分后置于水中一小时维生素C损失7%。此外，贮藏过程中一些不利环境条件，如不适宜的温度、光照、空气中的氧气及组织自身的代谢作用均会导致鲜切果蔬营养成分损失。

③ 微生物侵染。新鲜果蔬由于切分造成组织结构损伤，原有的保护系统被破坏，自身抵抗能力下降，较大的切分表面积不仅有利于微生物的侵染，也为微生物侵染后的生长和繁殖提供了充足的水分和营养等条件，因而鲜切果蔬产品极易受到外界微生物的污染。鲜切果蔬表面的微生物数量通常在10^3～10^6CFU/g，常见霉菌为梭孢菌属病菌、链格孢霉菌属病菌和青霉菌。微生物的迅速繁殖在导致鲜切果蔬货架寿命缩短的同时还会造成产品的安全性问题。如何有效控制鲜切果蔬微生物侵染和繁殖成为保护鲜切产品质量和货架寿命的关键，也是目前研究的重点之一。

（2）影响鲜切果蔬品质的主要因素

① 品种。品种对鲜切果蔬的感官和营养品质起着决定性的影响。如研究表明“香瓜”较“哈密瓜”呼吸速率和乙烯释放量高，不适宜作鲜切加工。因此，根据品种特性来进行鲜切加工，对最大限度地保存鲜切果蔬的品质具有重要意义。

② 温度。低温可以延缓果蔬呼吸高峰的出现及细胞完整性的破坏，还可以延缓可溶性固形物的消耗，从而减慢果蔬成熟衰老，具有良好的保鲜效果。低温对维持鲜切果蔬的品质十分必要，鲜切水果的运输和加工处理均在5℃以下，以降低代谢速率。另外，短时间的高温处理可以降低果蔬携带的微生物数量，是有效的杀菌手段。

③ 包装材料。包装材料的类型和厚度不同，对氧气/二氧化碳的透过作用不同，因而会形成不同的平衡气体浓度，针对包装果蔬呼吸特性的不同，应选择适宜的包装材料。另外，材料不同可以影响水分在包装内的凝结程度。

④ 气体成分。目前包装气体成分的研究集中在低浓度氧气和一定浓度二氧化碳结合，主要是对果蔬呼吸强度起一定的抑制作用。自发气调包装（氧气：15%；二氧化碳：1.5%）降低了冷害和乙烯释放量及水分损失，延长了采后货架期；人工气调成分（氧气：4%～6%；二氧化碳：0.2%～0.5%）显著降低了

甜瓜的呼吸强度和腐烂率，有效保持了果肉硬度，延长了货架期；高浓度氧气的杀菌、抑菌作用也受到了人们的关注。

2. 鲜切花卉

鲜切花卉即切花，是一种脱离了植株的具有生命力的花枝，属于鲜花。切花的生产有很强的季节性。在现代化切花生产中为了调节淡旺季的切花平衡供应，提高切花的观赏价值，除在品种选择、栽培管理上下功夫，切花的贮藏保鲜已成为商品性花卉生产的重要环节，可以显著延长切花商品寿命和观赏寿命，降低切花的损耗率[2]。

（1）切花采后生理生化的变化

① 水分变化。水分是植物体内一切生理生化代谢活动的介质，是维持正常生命活动不可缺少的基本物质。鲜切花的含水量很高，一般达70%～95%。切花采收后，切断了来自母体根系的水分供应，吸水与失水的平衡被打破，只要失水达鲜重的5%，花瓣膨压即丧失，表现萎蔫。而木质部导管部分或全部堵塞，是导致水分运行减少以致最终缺水的主要原因。导管堵塞主要是由于微生物堵塞、生理堵塞和物理堵塞三方面的原因。微生物堵塞是由于水中经常含有细菌、真菌等微生物，它们可以侵入导管，并分泌一些有害的代谢产物，从而堵塞切花木质部导管；生理堵塞是由于切花采切造成茎基部细胞损伤，损伤刺激了过氧化物酶等一些酶的活性，这些酶催化酚类化合物及鞣质物质氧化而堵塞导管，同时受伤细胞的分泌物（如果胶等）也导致导管堵塞；物理堵塞是由于切花采切时，空气由切口进入导管形成气泡堵塞导管。

② 碳氮比的变化。切花采后碳水化合物总的呈现出下降的变化趋势，淀粉在采后一到几个小时内迅速分解，之后则维持较稳定水平。可溶性糖采收前期稍有增加，而后呈现下降趋势。一般淀粉/可溶性糖之比可用于鉴定切花贮藏寿命，淀粉含量高的切花耐贮性好。与此同时，切花衰老常伴随有蛋白质的降解和游离氨基酸的积累。若在花朵完全开放时采收，则蛋白质主要发生分解作用；而在花朵尚未发育成熟时采收，则采后初期蛋白质以合成为主，随衰老进程转化为分解为主的变化趋势。切花衰老与碳氮比的变化有密切的关联，碳氮比中的碳指碳水化合物的含量，氮指游离氨基酸的含量，碳氮比值大时，说明切花耐贮性好，随碳氮比值变小，切花的耐贮性降低至衰老死亡。

③ 脂质与生物膜的变化。磷脂、蛋白质、固醇等是生物膜的构成物质，其中磷脂含量与膜的流动性、相变温度密切相关。衰老时，膜中磷脂含量减少，不饱和脂肪酸/饱和脂肪酸比例降低，导致膜流动性降低，膜相变温度升高，使得膜黏性增加，与膜结合的酶活性下降，致使细胞吸收溶质的能力减弱，膜固化透性增加，最终导致细胞解体死亡。此外，切花在瓶插期间，细胞膜透性随着时间的推移而增大。花瓣衰老过程中花瓣电导率迅速增加，溶质外渗量增大。膜透性

高低反映细胞膜受伤情况。

④ pH 值的变化。通过研究切花细胞液 pH 的变化发现，衰老组织中 pH 值升高。衰老细胞液的 pH 升高是由于蛋白质降解、游离氨基酸积累。pH 升高正是月季切花蓝变的原因，因为花色除与色素密切相关外，还与溶液的 pH 直接关联。

⑤ 内源激素的变化。切花花瓣中含有植物体内五大内源激素，切花衰老的调控就包含在这些激素之间的相互作用、相互影响中。总的来说，乙烯和脱落酸促进花瓣衰老，细胞分裂素和赤霉素延迟花瓣衰老，而生长素具有促进和延迟花瓣衰老的作用。在众多激素中，乙烯和切花本身衰老的程度有着最为密切的联系。乙烯属于一种内源性的成熟激素，许多切花在出现衰老过程中呈现乙烯含量不断增加的情况。若运用外源乙烯进行有效处理，该切花衰老的速度加快，进而瓶插寿命被缩短。反之，如果使用乙烯的抑制剂等对切花当中乙烯增长进行抑制，可以有效延缓其衰老速度。

⑥ 基因及其表达的变化。对紫茉莉花衰败过程研究表明：在切花衰老过程中核糖核酸（RNA）含量下降，核糖核酸酶活性明显增强；脱氧核糖核酸（DNA）含量及脱氧核糖核酸酶活性无明显变化。不同寿命的切花，调控乙烯生物合成基因的表达也不相同，短寿花的 ACC 合成酶（1-氨基环丙烷-1-羧酸合成酶）基因与受体基因表达高于长寿花。

（2）影响切花采后品质的因素

① 影响切花品质的采前因素。植物体的采前生长为切花的采后品质奠定了物质基础，采前生长的优劣直接影响采后品质的表现。影响切花寿命和品质的采前因素主要有植物体本身的基因型或遗传品质、植物体生长的环境条件及园艺、植保措施等[3]。

a. 植物体的基因型或遗传品质。切花品质与遗传特性的关系最为密切，直接影响花形、花色、花香、茎秆强度、茎秆长度、叶片状况、瓶插表现等一系列切花品质评价指标。

b. 植物体生长的环境条件。植物体生长的环境条件包括外部的环境条件如光照、温度、湿度、空气组成等，以及栽培植物的基质条件如营养、水分、基质温度等。

c. 园艺、植保措施。园艺、植保措施是花卉栽培养护的方法，切花生产过程中的栽培管理水平往往直接影响到切花花卉的生长发育、品质形成和采后品质的变化。

② 影响切花品质的收获因素。收获过程是指花枝被切离母体，但尚未进入商品流通领域的一段时间，该过程中的影响因素主要有采收时间和采收方法。采收时间有两方面含义，一是指选择植物的生长发育阶段；二是在植物达到可采阶

段后，选择一天中合适的时间段进行采收。只有选择适当的生长发育阶段进行采收，才能尽可能地提高切花品质。采收方法主要是采后预处理（包括用预处液处理和预冷处理）的运用。

③ 影响切花品质的采后因素。从切花进入流通领域后即进入采后阶段，是指切花进入市场到最后衰败枯亡的过程。采后阶段是目前研究的重点领域，采后阶段影响切花品质的因素涉及保鲜处理、包装、贮藏、运输等众多方面。

第二节　果蔬花卉保鲜与鲜切加工技术

一、杀菌

果蔬和花卉在其田间生长、采收和运输期间会受到多种微生物的污染，对其贮藏保鲜极其不利，采取适当的方式进行杀菌处理对于减少果蔬花卉的采后损失意义重大。

1. 微生物污染的途径

（1）田间微生物污染　田间侵染的途径主要有以下几个方面：使用未经发酵的人畜粪等粗农家肥，其中含有大量的大肠埃希氏菌、沙门氏菌等侵入果蔬体内；土壤中微生物的入侵，其中含有细菌、放线菌、霉菌、酵母菌等；水源中微生物的入侵；以及受风沙、雨水和非虫传播的微生物入侵。

（2）加工过程中微生物的污染　鲜切果蔬花卉切分加工过程中，微生物对产品的污染被认为是微生物污染的主要阶段。一方面，加工过程易对果蔬和花卉造成大量的机械损伤，致使营养物质外流，给微生物的生长提供了有利的生存条件；另一方面，果蔬花卉在切分过程中，由于产品表面积增大并暴露在空气中，会受到细菌、霉菌、酵母菌等微生物的污染。另外，鲜切果蔬花卉在加工过程中发生的交叉污染也是引起产品腐烂变质的一个重要原因。

（3）产品贮藏过程中微生物的污染　鲜切果蔬花卉在贮运过程中产品表面微生物数量会逐渐增加。有研究表明，鲜切果蔬花卉表面微生物的数量会直接影响产品货架期，早期微生物数量越多，货架期就越短。运输、贮藏过程中微生物的污染主要是由运输车辆、贮藏仓库不洁以及鲜切产品间的交叉污染导致的二次污染。为延长产品货架期并确保其安全性，在运输与贮藏过程中的环境卫生状况不容忽视。

2. 微生物污染种类

一般情况下，正常果蔬内部组织是无菌的，但有时在水果内部组织中也有微生物，例如一些苹果、樱桃的组织内部可分离出酵母菌，番茄中可分离出球拟酵母、红酵母和假单胞菌，这些微生物在开花期即已侵入并生存在植物体内，但这种情况仅属少数。蔬菜很适合霉菌、细菌和酵母菌的生长，其中细菌和霉菌较常见。常见的细菌有欧文氏菌属、假单胞菌属、黄单胞菌属等属的细菌，常见的霉菌有灰色葡萄孢霉、白地霉、黑根霉等。由于水果的营养组成，其很适合细菌、酵母菌和霉菌生长，但水果的 pH 低于细菌最适生长 pH，而霉菌和酵母菌具宽范围生长 pH，它们成为引起水果变质的主要微生物[4]。

引起鲜切果蔬腐烂变质的微生物主要是细菌、真菌和病毒，寄生虫也可能造成鲜切产品污染。一般来说，鲜切蔬菜感染的微生物主要是细菌和霉菌，酵母菌数量较少。蔬菜组织中含酸量低，易遭受土壤细菌侵染。鲜切水果含酸量高，因此有利于真菌生长。不同种类和不同品种果实的生理环境不同，其感染的微生物也有很大差异。在鲜切花卉中常见的微生物主要为细菌、真菌。此外，在鲜切产品的加工和处理过程中，有可能污染人类致病菌，如大肠杆菌、李斯特菌、沙门氏菌等。

3. 杀菌技术

(1) 新型化学杀菌剂　为了避免旧式含氯杀菌剂副产物对人体的危害，一些替代的新型化学杀菌剂得到了充分的研究。这些替代杀菌剂的共同特点就是杀菌处理过后几乎没有副产物，或者反应后产物都是天然、无害的物质，这充分保证了杀菌的安全性。

① 二氧化氯。二氧化氯是一种比次氯酸钠更高效、副产物更少的优良杀菌剂，其水溶液不会产生氯胺类等致癌物质。它能快速与微生物细胞内核糖核酸和氨基酸反应，破坏细胞膜上的膜蛋白和膜类脂，并阻断蛋白质合成，从而达到杀菌的效果。其残留的生成物为水、氯化钠以及少量的二氧化碳和有机糖，均对人体无毒。相比较次氯酸钠，二氧化氯作用范围更广，对细菌、真菌、病毒和孢子均有良好的效果。二氧化氯是已经通过美国食品药品监督管理局（FDA）的认证的广谱、安全、高效的杀菌剂，可以放心使用。

用质量浓度 100mg/L 的二氧化氯水溶液处理鲜切莴苣片，在 4℃下贮存 6d 后，好氧菌、乳酸菌、酵母菌和霉菌等降低了 1～4 个对数值，同时还抑制了多酚氧化酶和过氧化物酶的活性，对产品的感官品质无显著性影响。二氧化氯直接加入到鲜切胡萝卜气调包装的里面，发现其在 6min 内即可完全降解，货架期至少延长 1d，并且对多种微生物起到良好的杀灭作用，能降低菌数近 2 个对数值，而对产品本身的感官品质无显著性影响。

但是二氧化氯杀菌也存在一些问题，如价格相比次氯酸钠昂贵很多，容易氧化叶菜中的叶绿素导致脱色；二氧化氯气体本身不稳定，在空气中达到 10%时就会发生爆炸。总体而言，二氧化氯是一种有效代替次氯酸钠的杀菌剂，而且杀菌能力更强，作用范围更广，更加安全，在未来会有很广阔的发展前景。

② 过氧乙酸。过氧乙酸是一种强氧化性的杀菌剂，是由过氧化氢和醋酸混合而成的一种混合物，其副产物为水和氧气，对人体和环境无害，因此被认为是一种环保、绿色的杀菌剂。美国允许在消毒液中使用过氧乙酸，但浓度不得超过80mg/L。过氧乙酸杀菌的主要机理是在微生物体内产生对脱氧核糖核酸和膜脂质有伤害作用的活性氧，也会引起微生物蛋白质和酶的变性而失活，同时还会氧化细胞壁上的双硫键从而增大细胞膜的通透性。过氧乙酸对微生物作用效果从强到弱依次为细菌、病毒、真菌孢子。

由于过氧乙酸具有强氧化性，它几乎对所有的鲜切果蔬的腐败和致病菌都有明显的抑制效果。研究表明，经质量浓度80mg/L过氧乙酸处理过的鲜切苹果在低温下贮藏6d后，能有效降低大肠杆菌、沙门氏菌和单核细胞增生李斯特菌等典型致病菌2～3个对数值，特别是对大肠杆菌在10℃下依然具有良好的抑制作用。过氧乙酸的缺点是穿透力不强，虽然低浓度下对于悬浮的微生物效果明显，但是对紧紧附着在鲜切产品表面的微生物作用不明显，研究显示质量浓度大于200mg/L的过氧乙酸依然不能很好地杀灭吸附的微生物。

③ 过氧化氢。过氧化氢也是一种强力的氧化型杀菌剂，在很低的浓度下就会产生很好的杀菌效果。体积分数为5%的过氧化氢水溶液就能有效地降低各种病原体和致病菌的总数，其杀菌效力会超过质量浓度1000mg/L的次氯酸钠。过氧化氢氧化分解的产物主要是水，而且过氧化氢本身不稳定，在未完全氧化的条件下会自发分解为对人体安全的水和氧气，因此，过氧化氢普遍被认为是安全的杀菌剂。

过氧化氢蒸气处理可降低葡萄、甜瓜和李子表面的微生物量，但所需时间比过氧化氢稀释液浸渍处理要长。用体积分数20mL/L的过氧化氢处理鲜切苹果，在贮藏6d后，使大肠杆菌、沙门氏菌和李斯特菌等典型致病菌降低2个左右的对数值，效果要好于用质量浓度120mg/L过氧乙酸处理的效果。不同的鲜切果蔬会产生不同的效果，过氧化氢处理的鲜切莴苣就很容易发生褐变，造成品质的下降。过氧化氢是具有很强杀菌效果的抗菌剂，但它对病菌的抑制效果不是很好。此外，虽然过氧化氢杀菌效果明显，但是美国FDA还没通过过氧化氢作为鲜切产品的杀菌剂，理由是安全性问题有待进一步讨论。

④ 臭氧。臭氧杀菌具有广谱、高效、无残留等其他保鲜技术无可比拟的优点，其有效性、安全性已经得到认可。2001年，FDA批准臭氧可作为直接与食品接触的添加剂使用。臭氧特殊的化学结构表明了其不稳定和强氧化的性质，因此它能有效地杀灭微生物。臭氧由于极不稳定，在水中分解速度极快，能在极低的质量浓度（1～5mg/L）和很短的时间（1～5min）内就达到良好的杀菌效果，有研究表明，臭氧的杀菌速度是氯气的600～3000倍[5]。

在哈密瓜、金针菇、莴苣等切分前用臭氧气体处理，可减少微生物的数量。

但是臭氧本身不稳定，且浓度一旦过高就会危害鲜切产品本身的品质。利用臭氧结合气调包装处理鲜切胡萝卜片，能有效控制腐败微生物的发生，抑制胡萝卜片的木质化现象，但也发现抗坏血酸、胡萝卜素等营养成分含量因被氧化而降低。臭氧杀菌的缺点主要源于它的不稳定性和高氧化性，在实际应用过程中需要实时监控臭氧的浓度，寻找最佳的杀菌浓度，尽量减少果蔬中抗坏血酸、胡萝卜素等营养成分的损失。

⑤ 鲜切花杀菌剂。在切花保鲜剂中添加杀菌剂是为了控制微生物的生长，降低微生物对切花的危害。切花保鲜剂中一般均含有杀菌剂，如8-羟基喹啉（8-HQ）及其盐类（8-HQC和8-HQS）是切花保鲜中使用最普遍的杀菌剂，对真菌和细菌都有强烈的杀伤作用，同时还能减少花茎维管束的生理堵塞。其他一些杀菌剂，如次氯酸钠、硫酸铜、醋酸锌、硝酸铝等也常用于切花保鲜液中。切花采收后立即处理，保鲜效果最好。

（2）新型物理杀菌技术　物理杀菌技术即通过物理的手段来杀灭鲜切果蔬中的微生物，物理杀菌最大的优点就是不会产生化学副产物，是安全、健康的杀菌方式。随着化学杀菌剂安全问题的日益凸显，物理杀菌技术得到了人们越来越多的关注，特别是冷杀菌技术，由于能维持鲜切果蔬产品天然的风味，是目前杀菌技术研究的热点。

① 微酸电解水（slightly acidic electrolyzed water，SAEW）。微酸电解水杀菌技术是在日本被率先发明和使用的。其主要原理就是往水溶液中加入氯化钠后通电，使水发生电解，从而产生氯气和各种次氯酸盐，能有效杀灭各种微生物，且对人体安全无害（图2-1）。微酸电解水杀菌技术是一种有效代替传统的化学含氯杀菌剂的方法，在鲜切果蔬的保鲜上适应性极好。在45℃下采用微酸电解水处理鲜切甘蓝10min，与用自来水清洗的对照组相比，细菌和霉菌总数分别降低2.2个和1.9个对数值；用微酸电解水分别处理鲜切中国芹菜、莴苣和日本萝卜，能降低菌落总数大约2.5个对数值，与次氯酸钠的杀菌效果相当。微酸电解水最大的优点就是安全、可靠、效果好，但是需要连续不断地电解，一旦断电，杀菌效力就会很快丧失，因此其缺点就是需要较高的设备成本和电力成本。

$$\text{氯化钠}+\text{水}\xrightarrow{\text{电解}}\text{次氯酸}+\text{氯气}$$

图2-1　微酸电解水原理

② 辐照杀菌（radiation sterilization）。辐照杀菌利用^{60}Co或^{137}Cs产生的γ射线、高能电子束、X射线等电磁辐射来照射果蔬，引起微生物发生一系列物理化学反应，从而抑制微生物生长繁衍，致使微生物被杀灭，鲜切果蔬的保藏期得以延长。其中，γ射线的穿透力很强，杀菌范围并不仅仅局限于产品表面，而是产品的每个地方，没有杀菌死角，其技术设备如彩图3所示。目前辐照在鲜切果

蔬杀菌中常用剂量为1～2kGy，辐照处理对不同的微生物效果不同，一般数量下降3～5个对数值。采用电子束辐照处理甘蓝，结果显示电子束辐照处理延长了甘蓝的货架期，减少或消除了病原微生物，提高了食用安全性。利用^{60}Coγ射线辐射处理月季和大丽花取得良好效果，月季经处理15d后，瓶插保鲜率仍达75%，而未经处理的仅为15%；大丽花则分别为60%和5%。但对于辐照杀菌用于食品的安全性问题仍存在较大的争议，有待进一步研究探讨。

③ 紫外线杀菌（ultraviolet sterilization）。紫外线照射是一种传统且有效的杀菌方法，波长在190～350nm之间的紫外线杀菌能力很强，对细菌、霉菌、酵母、病毒等微生物都有显著的杀灭作用。同时，紫外线还可以诱导果蔬产生一些有抑菌作用的次生代谢物质。采收之后的紫外线照射可以提高草莓和洋葱的贮藏品质；用低剂量的紫外线照射鲜切西瓜块，发现随着辐射剂量增大，细菌总数减小，到贮藏期11d结束时，用7.2kJ/m^3的紫外线处理的菌落总数比对照组降低3个对数值，且西瓜块本身没有明显的腐败[6]。但由于紫外线穿透能力很差，故主要用于空气、水溶液及物体表面杀菌。如果直接照射蔬菜表面，对蔬菜背后和内部均无杀菌效果；对芽孢和孢子作用不大。而且紫外线灭菌效果受障碍物、温度、湿度、照射强度等因素影响，剂量选择及果蔬所处环境因素也会影响其效果。

④ 超声波杀菌（ultrasonic sterilization）。频率在9～20kHz以上的超声波对微生物有杀灭作用。一方面，超声波空化效应在液体中产生的局部瞬间高温与高压交变变化，使其中的细菌致死、病毒失活，且空化效应产生的过氧化氢也具有杀菌能力；另一方面，强烈的高频超声振荡的机械效应可使细胞壁、细胞质膜破裂，细胞内容物移动、环流及发生絮凝沉淀，从而使细菌结构破坏。超声波杀菌具有高效和环保的优点，且在处理时对物料机械损伤小，也不影响果蔬的营养价值。采用超声波气泡清洗鲜切西芹，并用0.4%氯化钙处理，结果表明超声波功率50kHz，温度25℃，处理10min，鲜切西芹除菌率达80%，酶的活性降低了50%，呼吸作用明显受到抑制，无机械损伤，对维生素C无明显破坏作用，感官品质优良，有利于鲜切菜的保鲜。但是超声波存在杀菌不彻底的问题，所以目前超声波多与其他杀菌方法结合用于鲜切果蔬清洗杀菌。

⑤ 超高压杀菌（ultra-high pressure processing，UHP）。超高压处理技术是指处理的压力能达到几百兆帕的一种非热杀菌技术，其杀菌基本原理是通过高压来破坏微生物细胞膜和组织结构，同时抑制酶活性和促使细胞内脱氧核糖核酸变性，从而达到杀菌的目的（彩图4）。超高压能有效地杀灭鲜切果蔬中的腐败致病微生物，同时对鲜切产品的营养成分影响不大。采用600MPa的压力处理鲜切哈密瓜片10min后，基本能全部杀灭所有细菌，并且贮藏9d后微生物依然远低于正常标准。当然，超高压杀菌也有一定的局限性，它比较适宜质地较硬的鲜切

果蔬（如胡萝卜、马铃薯等根菜类），对质地比较柔嫩的叶菜类的鲜切果蔬效果不好。原因是叶菜类承受不住这么高的压力，组织结构遭到破坏，造成萎蔫变软，汁液外流，加速了老化过程。同时，超高压的设备价格昂贵，大规模普及有一定的难度。

⑥ 气调包装杀菌（modified atmosphere packaging sterilization）。气调包装技术主要通过改变贮藏期间包装内氧气、二氧化碳、氮气等气体的比例，来降低果蔬呼吸强度和乙烯含量，延缓果蔬成熟老化及生理生化变化，并能最大限度地保持其营养价值，是一种无毒、无污染的果蔬保鲜技术（彩图5）。将鲜切猕猴桃低温（4℃）贮藏在 64μm 薄膜气调包装中，采用 10%或 40%二氧化碳的气调包装均可抑制微生物的生长，但在鲜切果蔬的贮藏中，氧气浓度容易过低，对果蔬造成伤害。传统气调技术一般采用低氧气（1%～5%）和高二氧化碳（5%～10%）来抑制果蔬的生理代谢活动，进而达到贮藏保鲜的目的。但由于贮藏过程中果蔬的呼吸作用导致包装袋内氧气浓度偏低、二氧化碳浓度偏高，造成无氧酵解，积累大量乙醛、乙醇等异味物质，对果蔬的外观品质和风味产生不良影响。高氧可以避免传统气调技术的缺陷。高氧可以有效抑制鲜切果蔬的呼吸，并延缓鲜切果蔬的腐败变质，减少异味。也有研究表明，稀有气体氩气、氦气等以及一氧化二氮等充入气调包装中，对保鲜鲜切果蔬具有相当好的效果。

(3) 新型生物杀菌技术　主要利用生物体内的天然提取物杀菌。由于生物灭菌技术具有安全、绿色、健康的特点，正在逐渐受到人们的重视。

我国的草药中存在很多天然灭菌植物，如唇形科的百里香、迷迭香、薄荷，毛莨科的黄连，伞形科的川芎、白芷和八角茴香，豆科的苦参等，都有很好的杀菌效果。另外，一些水果的精油，如从橙子、柚子中提取出来的香精油，也有良好的抑菌效果。但是天然植物提取物成分复杂，而且浸涂处理后会对鲜切果蔬的感官品质，特别是对口味产生一些影响。植物体内的天然化合物具有安全、无毒、来源广泛的优点，是未来绿色杀菌剂的一个重要发展方向。

二、催熟

一些需要长途运输、容易变质的水果，如果等完全成熟再运输，到目的地时可能已腐烂。因此，这类水果往往在七至八成熟时进行采收，运往销售地后使用催熟剂催熟，几天后即可投入销售。所以选择适当的方式对采后果实进行催熟，对果实的安全贮藏和调节市场供应具有重要意义。

目前应用最广的催熟方法即为使用乙烯利进行催熟。乙烯利是一种有机磷类植物生长调节剂，是乙烯的代用品。它在一定条件下可释放出乙烯，极易被植物体吸收，然后传导到起作用的部位。由于一般植物组织中 pH 值在 4.1 以上，乙

烯利经过植物的茎、叶、花、果进入植物体内便靠细胞质内的化学分解缓慢释放出乙烯。乙烯利的作用机制和乙烯一样，能增强酶的活性，在果实成熟时还能活化磷酸酶和其他与果实成熟有关的酶，促进果实成熟。乙烯利的应用范围很广，广泛用于香蕉、芒果、猕猴桃、板栗等水果的催熟过程，在调节果蔬供应的时间和空间上具有重要作用，避免了果实只能在完熟后采摘造成的远距离运输和长时间贮藏中出现的腐烂变质问题，大大推动了果蔬采后无废弃加工技术的发展。

1. 香蕉催熟

香蕉是深受人们喜爱的热带和亚热带水果。香蕉味道甜美，气味芳香，营养价值很高，含有大量对人体有益的物质，如糖类、蛋白质、脂肪、纤维素，以及丰富的维生素（维生素 A、B 族维生素、维生素 C、维生素 E）和矿物质（钾、钙、钠、磷等）。目前催熟香蕉所使用的方法为两种，一种是乙烯气体催熟，另一种为乙烯利催熟，目前使用最普遍最成熟的方法为乙烯利催熟。采用稀释浓度为 1000mg/kg 的 40%乙烯利溶液处理香蕉，在 22℃下贮藏，果皮颜色脱绿转黄的速度较快，香蕉果实中淀粉分解速率快，还原糖可快速累积，在施药后的第 5 天左右，香蕉就可以达到最佳食用成熟度[7]。而此时的香蕉中所含还原糖量最高，硬度较小，口感最佳。乙烯利浓度较小，催熟处理成本低，食品安全性高。

2. 番茄催熟

乙烯利催熟是促进番茄果实成熟的有效办法，它以操作简便和成本低廉而深受广大蔬菜生产者欢迎。用乙烯利进行番茄果实催熟的方式一般有株上涂果催熟、采下浸果催熟和全株喷洒催熟三种。催熟可大大降低番茄果实中维生素 C 和茄红素含量，对果实品质影响很大，尤其是对采下催熟的果实的影响更大。但同时，催熟对番茄果实中可溶性固体物、总糖、滴定酸等营养成分影响不大。与自然成熟相比，催熟还能使番茄果实提早成熟，其中株上催熟的提早 5～6d，采下催熟的提早 10d 左右，这对番茄提早上市、提高前期产量以及增加效益是大有益处的。

3. 菠萝蜜催熟

菠萝蜜果肉肥厚柔软、清甜可口、香味浓郁，享有“热带水果皇后”和“齿留香”的美称。然而，菠萝蜜果实充分成熟后采收，一般在 3～5d 后软烂，很难贮运。生产上为延长果实的贮运期限，常在果实的生理成熟期采收，而此时采收的果实贮运之后往往需要人工催熟才能达到色、香、味俱全的食用品质。不同浓度乙烯利处理菠萝蜜果实，1000mg/L 的乙烯利处理效果最好。乙烯利处理加速了菠萝蜜果实中淀粉、纤维素和原果胶的降解，促进了总糖、还原糖、蔗糖含量的升高，提前了有机酸和维生素 C 含量高峰的出现，显著降低了菠萝蜜果实在贮藏前期的蛋白质含量，并提高了贮藏后期蛋白质和可溶性果胶的含量。

4. 猕猴桃催熟

猕猴桃被誉为“水果之王”，富含维生素 C 及人体必需的多种氨基酸和矿物质成分等，其果实美味可口。猕猴桃是一种典型的呼吸跃变型果实，贮藏过程中要推迟其后熟软化，贮藏结束时果实仍有较大硬度，风味差，酸硬不适合食用，通常要进行催熟处理。使用质量分数分别为 50mg/kg、100mg/kg 和 200mg/kg 的乙烯处理中华猕猴桃果实，处理组果实硬度下降比对照组快，且质量分数越大，硬度下降越快；可溶性固形物含量比对照高，且处理质量分数越大，可溶性固形物含量上升越快；维生素 C 含量在末期比对照高；可滴定酸含量低于对照，且处理质量分数越大，果实可滴定酸下降越快；呼吸强度均高于对照，使呼吸跃变提前，且处理质量分数越大，呼吸强度峰值越大。

三、护色

新鲜果品蔬菜中含有大量丰富的维生素和矿物质等营养物质，是保障人体健康需求的物质基础。由于采后果蔬处于与母体隔离状态，水分和营养供给的缺乏，不仅会促进其成熟和衰老，而且其外观色泽、营养特性和食用价值等也将发生显著的变化，其中色泽变化是感观品质的重要组成部分。外观色泽是果蔬生命活力和健康的体现，在吸引消费者和提高市场竞争力方面有着重要的作用[8]。

1. 果蔬非自然色泽的成因分析

(1) 采收时间不当　果蔬色泽与采收时的成熟度有关。采收新鲜果蔬需要根据其不同的生物学特点和贮运要求，科学地确定采收时间。如香蕉等呼吸跃变型果实，具有“后熟作用”，这些果实就要适当提前采摘；葡萄等无呼吸跃变型果实，必须完全成熟时才能采收，这时果实的色泽、风味和耐贮性都最好，当果蔬未达到成熟时就采收，会导致果蔬在贮藏运输过程中达不到其成熟时的颜色。目前，有些果蔬因采收过早，造成自然成熟色泽没有完全呈现，出现色泽不充分等问题，给采后感官质量和商品价值带来影响。

(2) 天然色素分解　色素物质是构成果蔬颜色的基础物质，能显著增强果蔬外观的美感。由于这些天然呈色物质的性质不稳定，果蔬极易变色或褪色。如叶绿素对光、热、酸、碱等条件较为敏感，当叶绿素卟啉环中的镁离子被氢离子置换成脱镁叶绿素时，原来的绿色就变成褐色或发生黄变现象，这种由绿转黄的变化，常被用来作为成熟度和贮藏变化的标准；光线和氧能引起类胡萝卜素的氧化褪色，在贮存中应尽量避免光线照射。因此，根据果蔬自身特性选择合适的贮藏保鲜方式对保持果蔬良好的色泽具有重要作用。

(3) 人为激素调节　现代果蔬和花卉生产中，广泛使用生长调节剂，若不科学使用便会严重影响果蔬的色泽。由于市场利益驱动，为了使果蔬能提前上市，

现在很多果农都使用催熟剂。当催熟剂的使用时间和用量不当时，就会导致果蔬颜色发育不完善，使果蔬颜色出现非正常性变化。如乙烯利催熟的枣颜色红润、光泽偏暗等，这些都影响了果蔬的内在营养品质和外在感官品质。

（4）褐变　褐变是新鲜果蔬比较普遍的一种变色现象。果蔬在采收、贮运过程中，因机械损伤而容易发生褐变；一些果品在生理胁迫的衰老过程中，也易出现褐变，这主要是由于多酚氧化酶把果蔬中的多酚类物质氧化聚合成醌类物质而出现的成色反应。褐变不仅影响果蔬的外观色泽，而且降低了果蔬的营养和风味，尤其是对香蕉、水蜜桃等软质果品的影响较严重。

2. 鲜切果蔬变色现象

（1）褐变　褐变是鲜切果蔬最常见的现象。目前，大多数研究认为鲜切果蔬褐变主要是酶促褐变。完整果蔬之所以不会发生酶促褐变，是因为果蔬细胞中酚类物质和多酚氧化酶分别存在于液泡和细胞质中。然而，果蔬组织经过切分之后，完整果蔬细胞受到伤害导致液泡破裂，酚类物质释放出来接触到多酚氧化酶，使得切割部位迅速发生酶促褐变。对鲜切果蔬酶促褐变产生影响的因素，包括果蔬种类、品种、切割方式及刀具、清洗方式及时间等。不同种类果蔬之间的褐变差异很大，主要是由于不同种类果蔬之间多酚氧化酶活性及酚类物质含量不同。

（2）黄化　鲜切组织表面会发生黄化，主要是因为鲜切组织中的某些物质经过特有途径生成了黄色色素。例如，鲜切荸荠组织中最常见的黄化就是通过苯丙烷代谢途径生成黄酮类物质所致的。此外，白萝卜也会出现黄化现象。

（3）白变　白变是果蔬经鲜切处理后，切割表面出现白色物质形成白色层。这种白变现象主要出现在鲜切胡萝卜中，鲜切胡萝卜发生白变目前认为主要有两个原因：一是胡萝卜经去皮、切割等机械处理会导致表层细胞损坏，这些损坏的表层细胞极易脱水，因此会使切割表面颜色变淡；二是切割导致胡萝卜切割表面大部分细胞破裂，从而加快木质素的酶促合成，因此破损的切割表面会形成白色物质（木质素）。此外，南瓜经鲜切加工之后，切割表面也会发白，同时鲜切南瓜中的总酚含量、多酚氧化酶和过氧化物酶等相关酶活性提高。

（4）褪绿　对于大部分绿色蔬菜，其鲜切产品在贮藏过程中主要变色问题是褪绿变黄。原因是由于鲜切绿色蔬菜中叶绿素通过脱镁叶绿酸氧化酶途径，不断降解失去绿色，原有的类胡萝卜素致使其呈黄色。鲜切西兰花、芹菜、青椒、菠菜等在贮藏过程中组织均会褪绿而变黄。

3. 护色技术

对于鲜活农产品的果蔬花卉来讲，护色和保鲜是一个共同的过程。护色就是通过一定的技术手段，使果蔬和花卉保持新鲜的色泽，呈现天然物性的色彩，采后贮藏保鲜技术的成功应用往往也是护色的有效过程。

(1) 物理技术

① 低温贮藏。目前果蔬的低温贮藏中临界低温高湿贮藏（critical low temperature and high humidity storage，CTHH）得到广泛应用，其保鲜作用体现在两个方面：一是果蔬在不发生冷害的前提下，采用尽量低的温度可以有效地控制果蔬在保鲜期内的呼吸强度，使某些易腐烂的果蔬品种达到休眠状态；二是采用高相对湿度的环境可以有效降低果蔬水分蒸发，减少失重。从原理上说，临界低温高湿贮藏既可以防止果蔬在保鲜期内的腐烂变质，使果蔬保持良好色泽，又可以抑制果蔬的衰老，是一种较为理想的保鲜手段。

鲜切花采收时，体温与环境温度接近，有时可高达40℃以上，加速了鲜切花的衰老速度。因此，花卉采收后，应采取相应的措施对鲜切花进行降温处理，以清除田间热。预冷的方法有接触冰预冷、冷库预冷、真空预冷、强制通风预冷和冷水预冷等[9]。切花预冷之后在低温条件下贮藏，生命活动减弱从而延缓了衰老的过程，同时可以避免切花的色变、形变以及微生物的滋生。花卉的品种不同，其适当的贮藏温度也有所不同，一般来说，起源于温带的花卉适宜温度为0～1℃，亚热带和热带的花卉分别为4～7℃和7～15℃。

② 减压贮藏。减压贮藏是指将果蔬花卉贮藏在一个密闭的冷却贮藏室内，用真空泵抽气，使贮藏室内的气压降低，建立一定的真空度。减压贮藏通常要求贮藏环境的空气减压到1/10atm（1atm＝101325Pa）。同时不断地更新减压室内的空气，排出二氧化碳、乙烯等有害气体挥发物，输入用水蒸气饱和的新鲜空气并保持较高的空气湿度（85%～100%），使果蔬和切花在整个贮藏期间始终处于低压和新鲜湿润的气流中。研究发现将果蔬原材料经减压冷藏处理（压力范围600～3200Pa），再清洗切割成鲜切产品，可比普通冷藏有效减缓山药、土豆和苹果等鲜切产品的褐变；可明显减少鲜切花王菜、鸡毛菜和空心菜的萎蔫、黄叶与腐烂，保持鲜切绿叶菜的新鲜品质。如唐菖蒲在常压、0℃条件下可存放7～8d，而在8000Pa、－2～1.7℃条件下可存放30d；月季在夏天常温常压下只能存放4d，在5332Pa、0℃条件下可存放42d。

③ 气调贮藏。气调贮藏是在一定的温度和湿度条件下，通过控制贮藏环境中的气体成分（通常是降低氧气浓度和提高二氧化碳浓度），降低其呼吸强度，减少养分的消耗，抑制乙烯的产生和作用，从而达到贮藏保鲜目的。气调贮藏方法，按其封闭设备可分为气调冷藏库（controlled atmosphere storagehouse，CA）和自发气调包装（modified atmosphere preservation，MAP）。气调冷藏库主要用于苹果、猕猴桃等大宗水果的贮藏保鲜；自发气调包装则广泛应用于各类果蔬的贮藏保鲜。采用高浓度二氧化碳（10%二氧化碳＋90%氮气或20%二氧化碳＋80%氮气）通气处理荔枝果实24h，结果表明，与对照相比可在一定程度上提高果实的好果率，保持果皮红色，对其呼吸强度、总糖含量、可滴定酸含量

和维生素C含量的影响无显著差异。

④ 辐射保鲜。辐射保鲜就是利用射线辐照，以达到杀虫灭菌，调节熟度，保持农产品鲜度、卫生，延长其货架期和贮存期的目的。采用0.30kGy剂量的γ射线处理荔枝，可以提高过氧化物同工酶的活性，能延长荔枝保鲜期，显著降低坏果率，保持新鲜色泽。采用一定辐射剂量辐射鲜花，可改变其生理活性，既可抑制蒸腾作用，又可以延迟细胞衰老，从而延长切花寿命。对于不同的产品，其保鲜处理的辐射剂量也不同，应该谨慎使用，以避免对产品造成伤害。

⑤ 臭氧保鲜。臭氧是一种常温下不稳定的淡蓝色气体，易分解产生具有强氧化能力的原子氧，具有很强的消毒、灭菌功能。同时，臭氧气体能快速氧化分解果蔬呼吸释放的乙烯，延缓果蔬的成熟，减慢生理老化过程，从而起到果蔬保鲜作用。研究表明，臭氧水处理能够有效降低芹菜的失水率和黄化率，抑制其呼吸强度，起到延长芹菜贮藏期的作用。采用不同浓度的臭氧水对荔枝果实进行采后处理，荔枝果皮中的花色素苷、类黄酮含量下降速度均低于对照，多酚氧化酶活性低于对照，过氧化物酶活性高于对照，充分说明一定浓度的臭氧水对荔枝果实的保鲜护色有良好效果，并有防褐变作用。

⑥ 其他物理方法。超声波、光照、高压等处理也对鲜切果蔬变色具有一定控制作用。超声波和光照主要使过氧化物酶和多酚氧化酶等酶活性降低或钝化而护色，例如超声波（40kHz、200W）处理鲜切马铃薯5min可以抑制其50%的多酚氧化酶活性，从而减轻其变色。但是处理时间过长（10min）可能对产品品质不利，如鲜切芒果经25kHz超声波处理30min，芒果原有黄色逐渐褪去。光照（2000lx）鲜切芹菜可以抑制多酚氧化酶和过氧化物酶活性，从而延缓组织褐变；紫外线照射也可以抑制鲜切胡萝卜中过氧化物酶活性而降低其白度值。加压处理可能使酶分子发生聚合，导致酶活性降低甚至丧失，从而防止鲜切果蔬发生酶促褐变，如鲜切胡萝卜在超高压处理之后，不会出现白变现象。

（2）化学技术

① 果蔬化学护色技术。果蔬化学护色主要包括化学护色剂和可食性涂膜，其中化学护色剂包括直接控制相关酶的护色剂、直接作用于反应物的护色剂和直接作用于生成物的护色剂。

a.直接控制相关酶的护色剂。这类护色剂主要是通过螯合酶的活性辅基或是替代酶活性位点的氨基酸残基、改变pH以达到抑制相关酶的活性，从而控制鲜切果蔬颜色变化的目的。目前最常用的主要有抗坏血酸及其盐类、4-己基间苯二酚、柠檬酸、含巯基化合物等。其中，抗坏血酸是目前易褐变鲜切果蔬最理想的褐变抑制剂，如使用0.2%的抗坏血酸浸渍桃切片可以抑制多酚氧化酶和过氧化物酶活性，从而阻止褐变；异抗坏血酸是抗坏血酸的衍生物，具有类似的抑制褐变效果；4-己基间苯二酚可较好地抑制鲜切莲藕中的多酚氧化酶活性，从而控制其贮藏期间的褐变；柠檬酸处理鲜切苹果能有效抑制其褐变，处理萝卜条可以控制黄变；含巯基化合物如半胱氨酸溶液浸泡处理鲜切洋蓟可以非常有效地控制其褐变的发生[10]。此外，钠盐、钙盐、磷酸等浸泡处理也能通过与变色相关酶作用而抑制鲜切果蔬的变色。

b. 直接作用于反应物的护色剂。在鲜切果蔬组织中，可通过去除其表面的氧气和导致颜色改变的反应底物，以达到护色目的。例如，抗坏血酸由于其具有抗氧化性，可以直接与氧气发生反应，避免了氧气参与酶促褐变。此外，使用其他护色剂也可以达到清除引起变色的反应底物的目的。例如，焦亚硫酸钠可以与萝卜条中的硫苷结合，从而抑制 4-甲硫基-3-丁烯基异硫氰酸酯的降解，从而抑制黄色素的形成，因此可以较好地保护其原有色泽。

c. 直接作用于生成物的护色剂。主要是抗坏血酸、氨基酸等，这些护色剂主要是用来抑制酶促褐变，它们可以还原醌类物质，或与其形成无色的复合物，中断醌类物质聚合形成色素物质，从而抑制褐变。例如采用乙酰半胱氨酸、异抗坏血酸或抗坏血酸溶液处理鲜切菠萝，都有效地抑制褐变的发生。

d. 可食性涂膜。目前采用的可食性涂膜材料主要包括多糖（壳聚糖、卡拉胶、藻酸盐、果胶、环式糊精等）、蛋白质（乳清蛋白粉、乳清蛋白制品、大豆蛋白粉等）、脂质（蜂蜡、乙酰化甘油酸酯、脂肪醇和脂肪酸等）和树脂等。一方面，很多可食性涂膜的成分本身具有护色作用；另一方面，可食性涂膜可以在鲜切果蔬的表面形成一层保护层，起到了隔绝氧气的作用，从而在一定程度上具有护色作用。可食性保鲜膜具有保鲜效果好、使用方便、实用性好等特点，且制作工艺简单、成本低、易降解、对环境不产生污染，是一种极具开发潜力的食品包装材料。但是可食用保鲜膜也存在着一些问题，多糖亲水性强，导致膜的阻湿性能差，在较高的湿度环境下容易吸潮发黏；蛋白质膜具有很强的亲水性，抗水能力差，在高湿条件下应用受到限制。这说明复合膜改善单一膜的特性是当前的发展趋势，以适应不同果蔬的需要。

② 鲜切花卉化学护色技术。鲜切花卉色泽发生改变是其在贮藏过程中逐渐衰老萎蔫造成的，因此解决鲜切花卉变色问题的根本方法是要延缓其衰老进程，最大限度地维持其观赏部位的新鲜状态。切花保鲜主要应用保鲜剂和抗蒸腾剂两大类。

a. 保鲜剂。通常根据保鲜剂使用的时间、方法和目的不同，分为预处理液、催花液和瓶插液。保鲜剂的配方成分、浓度、种类繁多复杂，随切花种类而异，但主要成分有：水、营养物质、乙烯抑制剂（硫代硫酸银、硝酸银、氨氧乙基乙烯甘氨酸，硫代硫酸银是目前切花产业使用最好的乙烯抑制剂）、生长调节剂（6-苄氨基腺嘌呤、丁酰肼、赤霉素、吲哚乙酸、芸苔素唑、多效唑等，以 6-苄氨基腺嘌呤的应用最多）等。

液膜剂保鲜是最近兴起的一种切花保鲜技术，其方法是采用液膜剂对鲜切花进行浸液或喷涂处理，具有成本低、操作方便、保鲜效果好的特点。它的操作流程是：鲜切花→预冷→前处理→轻微脱水→上液膜剂→干制→包装→销售→复水→鲜切花。液膜剂的主要成分包括复合改性魔芋葡甘聚糖、甘油、乳化剂、蒸馏水等。若在液膜剂中添加适量的杀菌剂、抗氧化剂、植物生长调节剂、营养成分等，可以提高切花的保鲜技术和观赏价值。

b. 抗蒸腾剂。抗蒸腾剂可以阻止切花气孔的张开，从而减少蒸腾作用，延长切花寿命，同时抗蒸腾剂还具有防病害的作用，尤其是月季切花使用此法处理后，保鲜效果十分明显。常见的抗蒸腾剂有蜡、高级醇、硅树脂等[11]。

近年来，国内在切花采后生理、化学保鲜技术方面的研究取得了不少的成果，但是，目前化学保鲜剂的昂贵、环境污染是正待解决的问题，因此研制出高效、廉价、无毒无害的鲜切花化学保鲜剂是日后工作的重点。

（3）生物技术　应用天然植物提取液处理鲜切果蔬也可以有效地控制其变色，主要原因是由于其具有某些生物活性物质，能够降低鲜切果蔬中变色相关酶的活性。采用从香樟树叶子中提取出的提取液配制成保鲜剂，处理番茄、青椒等果蔬，结果表明具有明显的护色保鲜效果，能大幅度延长果蔬的贮存期，并保存果蔬原有风味和营养成分。松针提取液中因含有甲基松柏苷和阿魏酸-β-D-葡萄糖苷两种活性成分，能显著抑制单酚酶及多酚酶活性，用该提取液浸泡鲜切苹果片，可以较好地控制其褐变。黄连、黄芩和连翘提取液既可以抑制鲜切莴苣褐变，也可以控制鲜切胡萝卜白变，主要是该提取液可抑制其多酚氧化酶和过氧化物酶活性。

四、脱涩

涩味的产生是由于引起涩味的物质与口腔黏膜上或唾液中的蛋白质生成了沉淀或聚合物，从而引起口腔组织产生粗糙折皱的收敛感觉和干燥感觉。除了鞣质等多酚类化合物这类引起涩味的主要物质外，铁金属、明矾、醛类，有些果蔬中的草酸、香豆素等也会使人产生涩感。鞣质分子可以让人产生涩感的机理是发生疏水作用和交联反应。鞣质分子具有很大的横截面，易于同蛋白质发生疏水结合；同时鞣质含有的能转变成醌式结构的苯酚基团可以与蛋白质发生交联反应。

柿起源于中国，原产于长江流域。柿果营养丰富，风味独特，具有很高的食用价值，一直以来深受人们的喜爱。此外，柿果中含有大量的鞣质、丰富的维生素 A 源——胡萝卜素、较多的膳食纤维和果胶以及矿物质等成分，使得柿子有极高的药用保健价值。鞣质预防心脑血管疾病、抗肿瘤、促进免疫、抗氧化和延缓衰老的功效已经被证实。柿分为完全甜柿、不完全甜柿、不完全涩柿和完全涩柿。目前，完全涩柿在我国的柿生产中仍占主导地位，如磨盘柿、恭城水柿和富平尖柿等品种，其果个大、品质优、丰产，深受人们喜爱。我国有些地方仍然使用一些传统的脱涩方法，严重影响了柿果的品质和风味，脱涩后柿果不耐贮运，造成了大部分柿果只能在当地鲜销，不能远销、外销，导致产地果品积压，价格低廉，而非产区却没有柿果销售，这种产销矛盾严重阻碍了我国柿业的可持续发展。因此，寻找适合不同品种的脱涩方法是发展我国涩柿产业的当务之急。

1. 脱涩机理

完全甜柿和不完全甜柿在树上能自然脱涩，不完全涩柿和完全涩柿在树上不能自然脱涩，需要人工处理。4 种类型柿果的脱涩机理各不相同。

（1）完全甜柿　之所以在树上就可以实现完全脱涩是由于鞣质细胞的稀释效应，而不是依赖在成长过程中生成的乙醛实现的。与其他三种柿果相比较，完全甜柿的鞣质细胞含量少，而且停止生长早，但是果肉薄壁细胞会不断地生长膨大，这就减小了果肉中鞣质细胞所占的比例，也就是鞣质细胞被稀释，从而达到脱涩的效果。完全甜柿的脱涩与种子的有无无关。脱涩一般是靠乙醇、乙醛跟鞣质作用实现的，但是大部分完全甜柿的种子不产生乙醇、乙醛，即便是有少量完全甜柿柿果种子会产生大量的芳香气体，但是用乙醇处理未成熟的完全甜柿柿果，并不能使得这些柿子脱涩，由此可以推断完全甜柿的脱涩不依赖于种子产生乙醇、乙醛。

（2）不完全甜柿和不完全涩柿　柿果中的种子产生乙醇和乙醛是二者脱涩的原因。首先，在乙醇脱氢酶的作用下，乙醇转变为乙醛，可溶性鞣质就会与乙醛缩合成树脂状物质沉淀而使得柿子脱涩，使得不完全甜柿和不完全涩柿成熟之后种子周围有大量的褐斑。但二者还是有区别的，即不完全甜柿在树上可以实现脱涩，而不完全涩柿种子的作用不足以使柿果在树上实现完全脱涩，需要采摘后进行人工脱涩。在厌氧或高二氧化碳的条件下，如果柿果处于发育早期，就能够使柿子种子产生大量乙醇，而且在不同气体条件下，不完全甜柿比不完全涩柿的种子产生的乙醇更多。

（3）完全涩柿　必须经过人工处理才能脱涩，人工脱涩的机理主要包括以下几方面。

① 缺氧环境迫使柿子进行无氧呼吸，无氧呼吸的产物会有乙醇、乙醛、丙酮酸等物质。细胞中存在乙醇脱氢酶和丙酮酸脱羧酶，两种酶均是在 40℃ 左右活性最高。在乙醇脱氢酶的作用下乙醇转变为乙醛，在丙酮酸脱羧酶的作用下，丙酮转变为乙醛。最后，鞣质细胞内的可溶性鞣质会与乙醛反应缩合生成树脂状物质沉淀而实现脱涩。也就是说，脱涩程度与柿子中乙醇脱氢酶和丙酮酸脱羧酶的活性有关，不同品种的柿子起主要脱涩作用的酶也会有所不同。

不同品种柿子的脱涩机理不相同是因为各品种的乙醇脱氢酶和丙酮酸脱羧酶的活性不同。

② 金属盐类沉淀反应。可溶性鞣质可以与多种金属离子结合生成不溶性盐类，从而使得可溶性鞣质变为不溶性沉淀而达到脱涩的作用。

③ 生物碱类胺类沉淀反应。可溶性鞣质与生物碱类、胺类反应生成沉淀而脱涩。

④ 柿果自然放置至软化后的自动脱涩，是由于可溶性鞣质与细胞壁物质发生黏合作用。

2. 脱涩方法

（1）混果脱涩法　将涩柿与成熟的其他种水果混放于密闭室内，在室温下放置约一周即可实现脱涩的目的。这是因为成熟的果实释放出乙烯等气体能刺激柿子的软化和成熟，从而达到脱涩的目的。

（2）温水脱涩法　乙醇脱氢酶和丙酮酸脱羧酶在 40℃左右活性最高，柿果此时产生的乙醛最多，脱涩时间短。其具体方法为：将新鲜柿果装缸，倒入 40℃温水淹没柿果，密封 10～24h 即能脱涩。此法的关键是控制水温：水温过低，脱涩慢；水温过高，果皮易被烫裂，果肉呈水渍状，果色变褐，而且酶的活动受到抑制或遭到破坏，长时间后涩味仍然很浓。此外，脱涩时间的长短还与品种、成熟度高低有关。这种方法脱涩的柿果味稍淡，不耐久贮，2～3d 后颜色发褐变软，不适合大规模处理。但该法脱涩快，对小规模、就地供应较理想，适合零售和家庭处理。

（3）冷水脱涩法　柿果在冷水中进行无氧呼吸产生乙醇、丙酮，再转变为乙醛而脱涩，此时酶活性较低，脱涩时间比较长。其具体方法为：将柿果装筐浸入冷水，经 5～7d 便可脱涩。冷水脱涩时间较长，但无需加温设备，果实也比温水脱涩的脆。

（4）石灰水脱涩法　此法除使柿果进行无氧呼吸产生乙醛使鞣质沉淀外，同时钙离子渗入鞣质细胞中，可引起可溶性鞣质沉淀和阻止原果胶的水解作用。其具体方法为：每 50kg 柿果用生石灰 1～2kg，加水溶解，3～4d 后便可脱涩。脱涩后的柿果肉质硬脆，对于刚着色的柿果效果特别好。但脱涩后果实表面附有一层石灰，不美观，处理不当也会引起裂果。

（5）二氧化碳脱涩法　目前多采用高浓度二氧化碳处理柿果。将柿果置于密闭容器内，注入二氧化碳气体，室温下 2～3d 即可脱涩，果实脆而不软。此方法的缺点是二氧化碳浓度不好控制，而且当脱涩时二氧化碳浓度过高时，柿果果肉容易发生褐变。

（6）酒精脱涩法　目前酒精脱涩，多采用喷洒、浸泡两种方法。一种方法是装柿果时每装一层，就喷少量的酒精，密封保温，9d 左右可脱涩。另一种方法是将柿果浸泡在一定浓度的酒精溶液里面，取出后密封保温。酒精脱涩时间长，而且脱涩完全后，即为软柿。酒精用量过多或者浓度过大时，果皮表面会发生皱缩。

（7）乙烯利脱涩法　乙烯利脱涩处理跟酒精脱涩方法相近，目前采用的方法也是喷洒和浸泡。可以将乙烯利溶液喷至柿果表面，也可以将柿果浸泡在乙烯利溶液中，然后密封。脱涩速度的快慢与柿子自身因素、乙烯利的浓度、处理时间和外界温度有关系。这种脱涩方法较简单，脱涩后风味较好，适合大量生产，但是处理后的果实稍软，不便于运输。

（8）混合气体脱涩法　高浓度二氧化碳制造了无氧的环境，充入氮气克服了由高浓度二氧化碳引起的柿果软化与褐变。利用80%二氧化碳和20%氮气对柿果进行脱涩，此法既能使柿果快速脱涩，又能使柿果的货价寿命延长，但操作成本较高，只适合大规模的生产。

3. 影响柿果脱涩的因素

（1）品种及成熟度对柿果脱涩的影响　脱涩难易程度随品种不同而不同。品种不同脱涩的难易程度不同，相应的脱涩方法也应该不同。一般来说，同一品种用二氧化碳脱涩比酒精脱涩保鲜时间长，晚熟品种比早熟品种耐贮，含水量少的比含水量多的耐贮。同一品种成熟度不同，脱涩难易不同，软化程度亦不同。由于幼果早期代谢旺盛，产生乙醛、乙醇多，脱涩容易，但幼果脱涩后会出现返涩，幼果呼吸作用强，乙烯合成量大，所以幼果比成熟果软化快，为了使柿果具有较长货价寿命，必须适时采收。

（2）温度对柿果脱涩、返涩的影响　柿果乙醇脱氢酶能加速可溶性鞣质的凝固，在一定的温度范围内，随温度升高酶活性增强，温度降低则酶活性下降。由此可见，温度通过影响酶活性，影响乙醛积累，从而影响柿果脱涩。脱涩以后的柿果煮沸时，90%已凝固的鞣质会重新溶解而使柿果返涩。二氧化碳脱涩处理的柿果在温度高于30℃的情况下，固体鞣质会重新溶解变成可溶性鞣质；柿返涩的临界温度为60℃，随着温度的升高和时间的延长，可溶性鞣质和涩味均增加。

（3）脱涩方法对柿果脱涩的影响　各脱涩方法的脱涩机理各不相同，有的是直接作用，有的是间接作用，或者两者兼有，因此柿果脱涩快慢以及脱涩后柿果的质量相差悬殊。通过对以上国内外多种脱涩方法进行总结发现，二氧化碳脱涩、酒精脱涩和乙烯利脱涩操作简单、省时省力、食用安全性高，适合商业化生产，符合现在我国柿产业发展现状，应加大推广力度，使其规范化、标准化，解决产销矛盾。同时，在此基础上探索更加安全、高效、方便的脱涩方法，保证我国柿产业的健康发展。

第三节　果蔬花卉保鲜与鲜切应用实例

一、樱桃保鲜

樱桃是落叶果树中果实成熟最早的树种之一，其果实色泽鲜艳、香味浓郁、营养丰富并具有一定的医疗保健价值，因此深受国内外消费者的欢迎。但由于樱桃果实肉软、皮薄、汁多，属于不耐贮运的易腐烂水果，再加上采收上市时间正值5～7月的高温季节，采后常温贮运极易出现枯梗、褐变、果实软化、腐烂变质等现象，极大地限制了樱桃的异地销售。近年来随着樱桃生产的快速发展，樱桃的贮运保鲜日益受到人们的重视，国内外对樱桃的采后生理与贮藏保鲜技术进行了大量的研究，以适应延长销售期和远途运输的需要。

1. 樱桃果实采后生理特性

(1) 呼吸作用　通常认为，樱桃是一种中等呼吸强度的果实，但不同品种、不同贮藏条件下的樱桃的呼吸速率存在着较大差异。通常早熟品种果实的呼吸速率要高于晚熟品种，因此较不耐贮存。此外，在一定温度范围内，樱桃的呼吸强度随着贮藏温度的升高而增强，一般温度每提高10℃，其呼吸速率可提高约1.5倍[12]。因此，在高温季节，采用预冷排除田间热和呼吸热，降低果实的生理活动和抑制病原菌活动，从而达到降低果实褐变和腐烂率、延长保鲜期、保证樱桃品质的目的。

(2) 乙烯作用　乙烯是植物衰老过程中的一种重要激素，其在呼吸跃变型果实成熟与衰老过程中的作用及调控机制早已得到了广泛的研究。果实在贮藏过程中本身会产生内源乙烯并向外释放，使环境中乙烯浓度增高，从而又促进果实呼吸代谢，加速其成熟和衰老。

(3) 膜质过氧化及活性氧代谢相关酶活性的变化　活性氧衰老理论认为，植物衰老是体内活性氧代谢失调积累的结果。果实采后衰老与贮藏过程中果实内活性氧代谢平衡密切相关，活性氧物质导致的膜质过氧化对细胞膜具有严重的伤害作用，导致果实衰老。丙二醛是膜质过氧化的重要产物，能直接对细胞产生毒害作用，使生物膜中酶蛋白发生交联、失活，导致膜产生孔隙，透性增加，各种功能受损，其含量可以作为膜质过氧化程度的指标。樱桃果实在贮藏过程中丙二醛含量呈上升趋势，表明膜质过氧化程度随贮藏时间的延长而逐渐加深。樱桃过氧化物酶活性在贮藏过程中呈上升趋势，并与樱桃果实的衰老进程密切相关；脂氧合酶和过氧化氢酶活性则均呈下降趋势，但贮藏后期脂氧合酶活性又趋于上升。

(4) 果肉褐变及多酚氧化酶活性的变化　樱桃果实在贮藏过程中，伴随着多酚氧化酶活性的升高，果肉发生褐变，并随着贮藏时间的延长而加深。但随着褐变程度的进一步加深，多酚氧化酶活性却又有所下降。而当果实处在超高氧条件下多酚氧化酶活性受到抑制时，果肉褐变反而加剧。这说明樱桃果实的褐变并不完全是由多酚氧化酶酶促反应引起的，可能还与其他氧化反应或衰老进程有关。

（5）营养成分变化　樱桃的营养成分主要包括糖、蛋白质、有机酸、矿物质、维生素等。贮藏过程中果实可溶性固形物、可滴定酸、维生素 C 含量均呈下降趋势，但下降速度存在着较大差异。红灯樱桃果实在 1℃下贮藏 46d，可溶性固形物含量比采收时下降了 11%，而可滴定酸和维生素 C 含量则分别下降了 21%和 58%。由于可滴定酸含量下降的速度要快于可溶性固形物含量下降的速度，因此造成贮藏后期果实糖酸比失调，严重影响果实风味。如何控制或减缓果实贮藏过程中可滴定酸和维生素 C 含量的快速下降是甜樱桃贮藏保鲜技术的重点之一。

2. 樱桃贮藏保鲜技术

（1）温度控制

① 贮前热处理。贮前热处理，一般是指用高于果实成熟季节的温度对果实进行采后处理的一种技术，可抑制果实的后熟、软化和病害，减少腐烂，改善果实品质，具有无化学污染等特点。樱桃果实经 42℃热水处理 10min 后，明显抑制了樱桃果实苯丙氨酸解氨酶、多酚氧化酶和过氧化物酶活性的上升，减少或避免了樱桃果实褐变的发生，其色泽、风味和口感均优于对照；另外，热水结合维生素 C 处理强化了抑制甜樱桃果实褐变的效果。但热处理时应该慎重，处理不当会造成果皮的皱缩褐变、果实贮期活性氧代谢失调等不良效果。

② 冷激处理。冷激处理技术的研究始于 20 世纪 70 年代末。用 0℃冰水处理 30min，可明显降低樱桃的冷害指数和冷害发生率，降低果实的呼吸强度，抑制果实维生素 C、可溶性固形物和可滴定酸含量的下降，保持果肉硬度，从而延缓了果实的成熟与衰老。冷激处理具有耗能少、操作简便、保鲜效果明显等特点，因而具有广阔的商业应用前景。但冷激处理必须把握好处理时间，不适宜的冷激时间会造成腐烂率和冷害率的增加。

③ 低温贮藏。降低温度是延长水果寿命的有效措施，适度的低温能够降低果蔬的呼吸强度，减少水分流失，而且可减缓糖、酸的消耗过程。目前，生产上为提高樱桃贮藏效果，在入贮时先进行及时、快速的预冷，使果品温度降至 2℃以下，然后置于－1～0.5℃、90%～95%相对湿度条件下冷藏，可以抑制细菌性腐烂，保持果实原有色泽，贮藏期可达 20～30d。

（2）气体控制

① 人工气调。在（0±1）℃条件下，当氧气浓度为 2%～3%，二氧化碳浓度为 12%～14%时，能有效抑制樱桃果实的呼吸强度，保持果实酸度，降低腐烂

率，延长贮藏期。一般认为，适宜樱桃贮藏的氧气浓度为3%～10%，二氧化碳浓度为10%～15%，在此条件下，樱桃可贮藏40～50d。应注意的是二氧化碳浓度不宜超过30%，否则会引起果实褐变或产生异味。但对于不同品种的樱桃，其最佳贮藏气体配比模式不尽相同，环境中氧气及二氧化碳的浓度直接影响着果实的品质及耐贮性。

② 自发性气调。自发性气调是指依靠贮藏产品的呼吸导致环境气体成分的改变，同时依靠包装材料自身的透过性来调节包装内外的气体交换，从而控制果蔬的呼吸强度并延缓衰老的方法。已有研究表明，聚乙烯、聚氯乙烯保鲜膜对樱桃的贮藏有较为显著的保鲜效果，不仅可使樱桃的贮藏期和货架期明显延长，而且还可保持樱桃的品质。

③ 高氧贮藏。高氧气调贮藏是指控制贮藏环境中氧气浓度高于空气的一种气调方式，一般控制氧气浓度在80%～100%，并结合低温进行贮藏。高浓度氧气对樱桃果实的作用效果可能与品种和氧气浓度有关，当氧气浓度较高（大于70%）时，也会对一些不耐高氧气的果蔬造成伤害。

（3）减压贮藏　减压保鲜可使果实色泽保持鲜艳，果梗保持青绿，与常压贮藏相比，果实腐烂发生的要晚一些，贮藏期长，果实的硬度和风味损失很小。在0℃条件下，压力控制在400mmHg（1mmHg＝133.322Pa），每4h换气一次，樱桃可贮藏6～10周。但是减压贮藏成本较高，操作比较烦琐，果实容易失去水分，目前尚不适合大规模发展。

（4）辐照保鲜　γ射线可以抑制果蔬的新陈代谢、延缓衰老，并有杀菌作用，被广泛地用来控制果蔬的采后病害。采用300Gyγ射线处理甜樱桃果实，0℃条件下贮藏14d后，樱桃果实的腐烂率低于对照组、热处理组及溴化甲烷处理组，果实质量也比其他处理组表现良好。

（5）化学方法保鲜

① 1-甲基环丙烯处理。1-甲基环丙烯作为一种新型乙烯作用抑制剂，具有无毒、低量、高效等优点，能明显阻断果蔬内源乙烯的生理效应，在采后园艺作物中具有广阔的应用前景。樱桃果实经浓度为1μL/L的1-甲基环丙烯处理后，其色泽、风味和口感均优于对照，1-甲基环丙烯处理可抑制果实的褐变及腐烂，保持较高的维生素C含量，进一步提高果实的货架品质。

② 钙处理。钙对果实的生理代谢有多重作用，适当增加采后果实中钙的水平，对果实的呼吸、乙烯释放和褐变等都有明显的抑制作用，还可改变蛋白质和叶绿素含量、细胞壁及膜的流动性，并能提高果实品质等。适宜浓度的钙处理能有效地改善樱桃在贮藏过程中的质变，明显降低樱桃的褐变指数，增强果实的抗腐和贮藏性能。同时，采前钙处理也能够明显降低樱桃果实的腐烂率、掉梗率和褐变指数，并有利于保持果实的营养成分。

③ 二氧化硫处理。二氧化硫作为一种防腐保鲜剂，已经成功应用于葡萄保鲜生产中，其作用不可替代。缓释二氧化硫保鲜剂有利于抑制樱桃的呼吸作用，降低果实的腐烂率和失重率，其中保鲜剂与樱桃的质量比为 1∶36 时，樱桃的保鲜效果最好。目前将二氧化硫应用于樱桃保鲜的报道较少，可能是樱桃的耐药性比较弱的原因，今后还有待继续研究。

④ 二氧化氯处理。二氧化氯是一种新型果蔬保鲜剂，具有消毒、杀菌、防腐、保鲜等功效，已成功应用于板栗、甜瓜、番茄、杏、苹果等果蔬的防腐保鲜。二氧化氯处理能够降低冷藏甜樱桃的呼吸强度，较好地保持果肉硬度，降低腐烂率。但随着消费者对食品安全的日益关注，二氧化氯的安全使用量、保鲜有效用量以及果蔬中的残留量还需要进一步深入研究。

⑤ 涂膜处理。由于果实涂膜后，可改善外观品质，提高商品价值，因此已成为商业上提高商品竞争力的一种重要手段。漂白紫胶涂膜处理对降低樱桃的呼吸强度、减缓樱桃失水与腐烂具有明显的作用，同时也保持了果实较好的内在品质。经芦荟凝胶涂层处理的大樱桃耐贮性明显增强，减缓了果柄褐变和脱水干缩，对口味和水果视觉感官方面没有任何不利影响，香气和味道持久。

⑥ 生物保鲜剂处理。

a. 纳他霉素。纳他霉素是由链霉菌发酵生成的多烯类抗生素，可有效抑制酵母菌和霉菌的生长。10mg/L 的纳他霉素可有效降低甜樱桃果实的呼吸速率并抑制病害的发生，使贮藏期延长 10d 以上，复配维生素 C 可显著增加防腐保鲜效果。

b. 植物激素。赤霉素作为一种生长激素在作物上的应用相当广泛，近年来国内外对其在甜樱桃上的应用研究有防止春季霜害、提高坐果率、增加产量、改善果实品质、延迟采收、延长贮藏期等方面。另外，采用外源水杨酸（100mg/L）和脱落酸（50mg/L）处理并在 0℃贮藏，减小了甜樱桃贮藏过程中的失水程度，延缓了好果率的下降，抑制了果实腐烂。

c. 天然植物提取物。采用 0.1%的八角茴香提取物复合保鲜液处理果实，可很好地保持甜樱桃的外观品质，减缓果实硬度和维生素 C 的下降速度，降低甜樱桃的腐烂率、失重率和呼吸强度。

虽然国内外对樱桃采后生理及保鲜技术进行了较广泛的研究，但到目前为止，仍然有许多问题未能解决。在樱桃保鲜方法中，气调保鲜法和减压保鲜法投资较大，保鲜费用高；化学保鲜剂处理会使果实中残留相应的化学毒物；生物保鲜剂具有无毒、无害、无污染等特点，是现代保鲜技术的发展方向，然而由于与生产实际应用还存在一定距离，推广性较差以及产品性能不稳定等问题，还有待继续研究。目前，生产上还是以低温冷藏作为主要的贮藏保鲜手段。因此，研究低温条件下配合不同保鲜剂和包装处理对甜樱桃果实生理与病理、品质和贮藏性的影响具有重要的应用前景。

二、马铃薯保鲜与鲜切

马铃薯具有生长适应性广、综合加工和利用产业链长、营养丰富、粮菜兼备等诸多优势，是全球第四大重要粮食作物。我国是名副其实的马铃薯生产大国和消费大国，马铃薯产业已成为发展我国农村经济的重要产业之一，形成全国优势互补、竞相协调发展的态势。目前，我国的马铃薯贮藏保鲜技术落后，致使马铃薯发芽、绿化、腐烂损耗严重，以及加工企业原料不足、开工期短、企业效益低等问题。因此，探索马铃薯采后的生理生化变化、选择合适的贮藏方式对我国马铃薯种植和加工业的发展具有重大意义。

1. 马铃薯保鲜技术

（1）马铃薯采后生理特点

① 后熟期。收获后的马铃薯块茎还未充分成熟，生理年龄不完全相同，大约需要半个月到一个月的时间才能达到成熟，这段时间称为后熟期。这一阶段块茎的呼吸强度由强逐渐变弱，表皮也木栓化，块茎内的含水量在这一期间下降迅速（大约下降5%），同时释放大量的热量。因此，刚收获的马铃薯要在背阴通风处摊开晾晒15d左右，使运输时破皮、挤伤、表皮擦伤的块茎进行伤口愈合，形成木栓层和伤口周皮并度过后熟阶段，然后装袋入库或窖。

② 休眠期。后熟阶段完成后，块茎芽眼中幼芽处于稳定不萌发状态。块茎内的生理生化活动极微弱，有利于贮藏。0.5～2℃可显著延长贮藏期。

③ 萌发期。马铃薯通过休眠期后，在适宜温湿度下，幼芽开始萌动生长，块茎质量明显减轻。作为食用和加工的块茎要采取如喷抑芽剂等措施。马铃薯贮藏过程中，前后期要注意防热，中间要注意防冻。

（2）贮藏管理

① 基本要求。贮藏马铃薯的目的是为了有计划、均衡地供应商品薯和提供种薯。贮藏食用块茎，应使贮藏期间有机营养物质的消耗降低到最低水平，避免食味变劣，保持新鲜状态。贮藏加工用块茎，应防止淀粉转化成糖。贮藏种薯，应保持健壮和优良种性，还必须防止块茎腐烂、发芽和病害扩展蔓延。贮藏期间尽量减少损耗，杜绝各种病害的发生及造成腐烂，防止伤热、受冻、发芽，达到接近新鲜马铃薯的水平，保持商品薯和种薯的特性。

② 贮藏条件。

a. 温度。贮藏温度应稳定在1～4℃为宜，在此范围内薯块呼吸微弱，皮孔关闭，各种菌类不易发展，块茎不发芽，质量损失最小。5℃时个别霉菌开始活动；8～11℃时薯块呼吸强烈，菌类迅速繁衍，薯块易发生腐烂；温度在0～1℃时，薯块中的淀粉开始转化为糖分，食味变甜，种薯变劣；低于－1℃时薯块受冻，其后大量腐烂。

b.湿度。薯窖的相对湿度应保持在80%～90%。如果高于此湿度，薯块容易腐烂并提早发芽；湿度太低，薯块易失水失重并变软、皱缩，失去食用和种用价值。

c.空气。马铃薯在窖藏期间不断进行呼吸，吸收氧气，放出二氧化碳、热量和水分。如果不通风换气，窖内氧气减少，二氧化碳增加，温度湿度增高，会妨碍薯块的生理活动，易引起病菌萌发、侵染，导致薯块发病腐烂。

d.光照。光照能使薯块变绿，并形成对人畜有害的龙葵素，所以薯窖必须保持黑暗无光。不过光照对种薯无任何影响。

③ 薯块入窖后的管理。根据马铃薯贮藏期间生理反应和气候环境变化，薯块入窖后应分贮藏初期、中期和末期三个阶段进行管理。

a.贮藏初期。11月底（即入窖初期），块茎呼吸旺盛，放热多，此阶段的管理以降温为主，窖口和通气孔要经常打开，尽量通风散热，随着外部温度逐渐降低，窖口和通风孔应改为白天大开，夜间小开或关闭。如窖温和薯堆温过高，也可以倒堆散热并剔除病烂薯块。

b.贮藏中期。从当年12月至第二年2月份，正是严寒冬季，外部温度很低。此阶段的管理主要是防寒保温，要密封窖门和通气孔，必要时可在薯堆上盖草吸湿防冻。

c.贮藏末期。3～4月份，外界温度转高，窖温可能升高，易造成块茎发芽。此阶段重点是保持窖内低温，勿使逐渐升高的外部温度影响窖温，以免块茎发芽。白天避免开窖，若窖温过高可在夜间打开窖口通风降温，也可倒堆散热。

（3）主要技术环节

① 收获与运输。为了减轻病毒积累，收获的块茎要及时运回，不能大量堆放在露天地里，更不能用发病的薯块覆盖，并防止雨淋和薯堆发热腐烂。运输要轻装轻卸，不要使薯皮大量损伤或碰伤，否则病菌易侵入，影响贮藏。

② 精细筛选。入窖前，薯块要严格筛选，剔除病、烂、虫蛀、机械损伤的薯块和残枝败叶，并放在阴凉处预贮15～20d，使块茎表面水分蒸发，表皮伤口愈合后下窖贮藏。

③ 温度湿度调控。马铃薯贮藏期与温湿度的关系十分密切，一般应在低温下贮藏。贮藏中期正处于寒冬季节，薯块进入全休眠状态，容易受冻，要注意保温，温度控制在1～3℃，并尽量减少通风次数。贮藏窖相对湿度最好在85%左右，宜干不宜湿。

④ 通风。贮藏窖内必须保持清洁的空气，如果通风不好，窖内二氧化碳浓度过高，会妨碍块茎的正常呼吸。如果薯块长期保存在二氧化碳浓度过高的窖内，会发生窒息，出现黑心现象，即二氧化碳中毒。

⑤ 光照处理。薯块下窖前，如果通过 5～7d 的光照处理，可以减少真菌侵染块茎，防止疫病在贮藏期发生，能提高薯块的抗病力和耐贮性。

⑥ 贮藏方法。永久砖窖的贮藏方法一般为袋装垛藏，用编织袋，每袋装 30～35kg，每垛高 6～7 袋，长度视窖的大小而定。这样贮藏，便于通风、观察，且贮藏期不用倒窖，省时省工，出窖方便。

⑦ 贮藏窖处理。马铃薯贮藏期病害很多，许多细菌、真菌都能引发贮藏期病害蔓延。由于马铃薯致病菌种类繁多，往往同类一块茎上发生多种病害，甚至同一块茎上也有几种病菌，因此化学防腐相当重要。入窖前，要将窖内清理干净，用石灰水、瑞毒霉、多菌灵等处理地面和墙壁；用虫螨净熏蒸杀虫；也可用杀毒矾杀菌消毒。

2. 马铃薯鲜切

长期以来由于对马铃薯资源的认识不足，我国有 90%的马铃薯用于鲜食，而且加工技术落后，导致我国马铃薯资源的加工利用远远落后于发达国家，且马铃薯价格偏低。大力发展马铃薯加工产业有利于提高产品附加值，增加农民收入，具有非常重要的现实意义。鲜切马铃薯又以其方便、快捷、营养、卫生等特点迎合了当代人的消费习惯（彩图 6）；马铃薯常温销售过程中易失水、发芽、绿变，不仅影响其商品价值，还会产生龙葵素等有毒有害物质，危害消费者的身体健康，经过去皮和切分加工后，将极大地降低这些不利影响，以上因素使得鲜切马铃薯成为今后的发展趋势。

（1）影响鲜切马铃薯保鲜效果的主要因素

① 切割。切割后马铃薯的组织受到机械伤害，薯块失去了皮层的保护作用，与空气接触易产生褐变；切割产品的表面覆有水膜，影响气体扩散，导致二氧化碳浓度升高，氧气浓度降低，薯块发生无氧呼吸，同时还会加快水分的损失；切割造成马铃薯营养物质外流，为微生物的生长提供了有利的基质[13]；受伤组织由于伤呼吸的产生而使呼吸迅速增强，消耗大量的物质和能量，使风味损失的同时降低了自身对逆境的抵抗力，且伴随大量伤乙烯的产生，加速其衰老进程，缩短货架期。

② 褐变。鲜切马铃薯的主要质量问题是褐变，褐变造成外观变差、产生不良风味，降低了产品的商品价值。马铃薯鲜切加工中褐变以酶促褐变为主，酶促褐变的产生必须具备三个条件：酚类物质、多酚氧化酶和氧气。切割破坏了细胞膜的结构，使膜透性提高，导致隔离的多酚类物质流出，与外界氧气接触，在多酚氧化酶的氧化作用下形成邻醌再相互聚合或与蛋白质、氨基酸等作用形成高分子配合物而使组织发生褐变。

③ 微生物污染。鲜切果蔬一般处于高湿的加工环境中，并且组织受到了不同程度的破坏，营养物质随之流出，为微生物的生长繁殖提供了良好的营养基

础。鲜切果蔬表面的微生物数量通常在 $10^3 \sim 10^6$CFU/g 之间，引起切割组织腐烂变质的主要是细菌和真菌，如欧文氏菌、假单胞菌等。一般来说，切割面只有腐败菌而无致病菌。但在环境条件改变下，可能会导致一些致病菌生长，并产生毒素危及人类健康。

④ 温度。温度是影响鲜切马铃薯品质的一个关键因素。温度高时，会使生理生化反应加速，不利于鲜切马铃薯的品质保证；温度过低，也会引起不同程度的冷害发生。适当的低温（2～7℃），可以有效地延缓组织细胞的新陈代谢速率，抑制微生物的生长繁殖，降低多酚氧化酶的活性，延长净菜的货架期。

⑤ 包装。鲜切马铃薯加工后，如果暴露于空气中就会发生失水萎蔫、切割面褐变，通过合适的包装可以防止或减轻这些不利变化。包装材料通常都是采用透明的塑料薄膜，可以让消费者清楚地看到产品的新鲜程度、清洁状况等。用得最多的包装薄膜是聚乙烯、聚丙烯、低密度聚乙烯、复合包装膜乙烯-乙酸乙烯共聚物等，可以满足不同的透气率。

（2）鲜切马铃薯保鲜措施

① 优质原料的选择。优质的品种对于马铃薯鲜切加工来说非常重要。研究表明，从美国引进的夏波蒂，其多酚氧化酶活性和褐变强度以及还原糖（引发非酶褐变）的含量都明显低于国内品种。这和美国马铃薯制品发展快、历史悠久是分不开的。现在选用的加工品种一般为美国的大西洋、夏波蒂、布尔班克等。这些品种薯块大而均匀，芽眼浅，干物质含量高，还原糖、龙葵素含量低，多酚氧化酶活性低，耐贮藏性好，非常适合加工。同时，由于人们健康意识的提高，原料最好从无公害基地采购，以确保农药残留、重金属含量、化肥的施用等都符合国家标准。此外，刚从田间采收的马铃薯必须进行预贮，以降低块茎所带的田间热，促进表皮的木栓化、伤口的愈合，提高块茎的抗病性以及促进其生理后熟的完成。掌握好贮藏技术可以降低马铃薯原料的损耗，维持原料的品质，延长原料的使用期限。

② 消毒液的使用。马铃薯鲜切加工过程中的各种接触都可能增加感染微生物的可能性，引起交叉感染，所以必须对加工用水、设备等进行消毒处理，还要提高工作人员的卫生水平。含氯的消毒液使用最普遍，常见的形式为液体氯、次氯酸钠、次氯酸钙，但由于残留的氯可能与有机物形成致癌物，现在倾向于开发氯的替代品，目前研究较多的有过氧化氢、臭氧、过氧乙酸等。

③ 护色剂处理。切割后的马铃薯要立即浸入护色剂中。护色剂除可抑制微生物外，还可抑制薯块的呼吸作用、酶促反应，降低褐变程度，延长货架期等。传统的护色剂中含有亚硫酸盐，亚硫酸盐能有效地抑制酶促褐变，但使用亚硫酸盐后，产品中会残留一些二氧化硫，引发哮喘，同时还会产生不良风味以及明显降低马铃薯的营养价值。美国已经禁止亚硫酸盐类在某些食品生产中使用。现在

使用较多的护色剂为有机酸、抗氧化剂、氯化钙的组合，其保鲜机理在于有机酸可降低 pH 值，抑制多酚氧化酶的活性，抑制微生物生长，作为还原剂将邻二醌还原成邻二酸，从而遏制多酚类物质的氧化，保持切面良好的色泽[14]。氯化钙中的钙离子具有稳定膜系统的功能，并能够与细胞壁上果胶的游离羧基形成交叉连接，生成果胶酸钙，增加组织的硬度，从而阻止液泡中的多酚类物质外渗到细胞质中与酶类接触，降低褐变程度；同时钙离子可竞争性地螯合酶中的铜离子，进一步起到抑制褐变的作用。

④ 可食性膜涂层。目前最具有发展潜力的保鲜方法就是涂膜保鲜。随着人们环保意识和健康意识的增强，20 世纪 80 年代起国内外兴起了可食性膜的研究。可食性膜能被生物降解，无任何环境污染，具有简单、方便、快捷、造价低的特点，还能作为食品添加剂（如天然防腐保鲜剂、色素、风味、营养物质等）的载体，发展前景非常广阔。可食用类成膜物质主要有糖类、蛋白质类和脂质三大类，现在国内外对壳聚糖研究较多，因为壳聚糖涂膜保鲜剂对于果蔬类保鲜包装具有显著效果。壳聚糖作为果蔬的涂膜物质除了有抑菌作用外，其保鲜机理还在于能够抑制果蔬的呼吸，减少失水，控制酶促褐变，维持果蔬的品质，从而延长货架期。

⑤ 不同的包装方式。加工后的鲜切马铃薯要采用合适的包装，以减轻外界气体及微生物的影响，降低生理生化反应速率，提高产品的质量和稳定性。我国市场上多见的是简易包装，即用塑料托盘盛装后再用塑料薄膜进行密封，而国外运用较多的包装方式主要有自发调节气体包装、减压包装、活性包装三种。自发调节气体包装通过调节包装单元内部的气体，降低产品的呼吸活性，抑制微生物的生长；减压包装能营造一个低压的环境，除了能抑制生物的生长，还能加速产品内不良挥发性物质的扩散，延缓产品的衰老，延长货架期；活性包装利用在包装袋中加入各种气体吸收剂和释放剂，来影响产品的呼吸活性、微生物活力以及植物激素的作用浓度。不管采用何种包装方式，包装材料的透气率是一个很重要的问题。透气率大或真空度低时，产品容易发生褐变；透气率小或真空度高时，产品容易发生无氧呼吸而产生异味。

⑥ 冷链的采用。低温是鲜切果蔬贮藏保鲜成功的关键，低温可有效减缓组织新陈代谢速率，延缓组织的代谢分解，也可使微生物生长繁殖受到抑制。但是，冷链的低温并不是一成不变的，要根据不同的状态或目的做相应的调整。冷链物流如彩图 7 所示。预冷后的马铃薯原料，如果只做短期贮藏后就加工，冷库的理想温度是 10～12℃；如果为了延长生产加工季节而进行长期贮藏，国外多采用 5～7℃的恒温库，并使用发芽抑制剂。要使马铃薯切片质量高，块茎内还原糖含量少，也可对马铃薯原料采用变温贮藏，即先在 3.3℃的低温下贮藏，然后在 15℃左右的较高温下贮藏 2～4 周，再进行加工。加工时，环境的温度最好

控制在15℃以下。在此温度下，多数鲜切马铃薯的呼吸和褐变都相对受到抑制，20℃以上则呼吸和褐变都严重增加。切割前的马铃薯比切割后的对低温敏感得多，更容易发生冷害。鲜切马铃薯的冷藏温度以4～8℃为宜。

⑦ 其他保鲜技术。科技的发展使各边缘学科相互融合，越来越多的新型保鲜技术得到进一步的研发和应用。利用基因工程技术、生物防腐剂、射线辐照处理、振荡磁场、微波、紫外线、高压处理等，对于鲜切马铃薯都具有不同程度的保鲜效果。

参考文献

[1] 张慜，刘倩. 国内外果蔬保鲜技术及其发展趋势. 食品与生物技术学报，2014，33(8)：785.

[2] 王文哲，徐珊珊，梁青. 鲜切花采后保鲜技术和养护方法. 中国园艺文摘，2010(12)：128.

[3] Nanos G D，Romani J. Respiratory metabolism of pear fruit and cultured cells exposed to hypocic atmospheres. Associated change in activities of key enzymes. J Amer Soc Hort Sci，1994，119 (2)：288.

[4] 刘慧. 现代食品微生物学. 北京：中国轻工业出版社，2004：508.

[5] Xu L. Use of ozone to improve the safety of fresh fruits and vegetables. J. Food Technology，1999，53 (10)：58.

[6] Kim J，Moreira R，Castell-Perez E. Simulation of pathogen inactivation in whole and fresh-cut cantaloupe (Cucumismelo) using electron beam treatment. J. Food Eng，2010，97 (3)：425.

[7] 尚郑，张宇，王萌，章程辉. 40%乙烯利水剂催熟对香蕉品质的影响. 热带农业科学，2014，34 (6)：48.

[8] 乔勇进，徐芹，方强，等. 果蔬护色保鲜技术与商业化应用. 农产品加工·学刊，2007(6)：4.

[9] 熊兴耀，龙岳林，刘丽辉. 切花保鲜实用技术. 长沙：湖南科学技术出版社，1999.

[10] Cabezas-Serrano A B，Amodio M L，Colelli G. Effect of solution pH of cysteine-based pre-treatments to prevent browning of fresh-cut artichokes. Postharvest Biol Tech，2013，75：17.

[11] 张爱芹，王保民，任萌圃. 切花采后生理与技术研究进展. 种子，2006，25 (7)：63.

[12] 焦中高，刘杰超，王思新. 甜樱桃采后生理与贮藏保鲜. 果树学报，2003，20(6)：498.

[13] 王俊宁，饶景萍，任小林，等. 切割果蔬加工与贮藏的研究进展. 西北农林科技大学学报，2002，30 (1)：141.

[14] 陈海光，姚青. 切片马铃薯护色及涂膜保鲜. 食品与机械，2004，20 (3)：20.

第三章 果蔬花卉干制与制粉

03 Chapter

干燥是最古老、最常见和最多样化的化工操作单元。中国果蔬花卉种植范围广、资源丰富，但由于其含水率高，造成货架期较短，而干制可以有效地防止腐烂，便于运输和贮存。干制作为典型的全果利用技术，一方面所制备的产品可以保持原有功能成分，营养全面；另一方面加工过程废弃物少，可显著减少损失，提高经济效益。近年来，随着方便食品需求量和干制品出口量的增加，中国干制品行业发展较为迅速，对改善人民生活、增加农民收入有着重要的作用。将干制果蔬加工成粉，利用其中的膳食纤维实现果蔬的全效利用；还可将果品皮核等一并超细粉碎，配制和深加工成各种功能食品，提高果蔬原料的利用率。果蔬粉几乎能应用到食品加工的各个领域，例如：面制品、肉制品、乳制品、婴幼儿食品和调味品等。

第一节 果蔬花卉干制与制粉原理

一、干制原理

1. 干燥过程

干燥通常是指将热量加于湿物料并排除挥发性湿分（一般情况下是水），而获得一定湿含量固体产品的过程。干燥过程原理主要涉及：湿物料和干燥介质在热力干燥过程中所表现的热力学及物理特性及其变化规律；湿物料内部以及干燥介质间的热量和质量传递过程机理；干燥过程动力学原理；干燥过程的模型、模拟等内容。

湿分以松散的化学结合形式或以液态溶液存在于固体中，或聚集在固体的毛细微结构中。这种液体的蒸气压低于纯液体的蒸气压，称之为结合水。而游离在表面的湿分则称为非结合水[1]。当对湿物料进行热力干燥时，恒速干燥过程和降速干燥过程相继发生，并先后控制干燥速率。

① 恒速干燥过程。在恒速干燥阶段内，物料内部水分扩散至表面的速率，可以使物料表面保持着充分的湿润，即表面的湿含量大于干燥介质的最大吸湿能力，因此干燥速度取决于表面汽化速度。由于干燥条件（气流温度、湿度、速度）基本保持不变，因此干燥脱水速度也基本一致，故称为恒速干燥阶段，此阶段热气流与物料表面之间的传热、传质过程起着主导作用。恒速阶段物料吸收的热量几乎全部都用于蒸发水分，物料很少升温，故热效率很高。恒速阶段内脱去的水分属于非结合水。

② 降速干燥过程。随着物料水分含量不断降低，物料内部水分的迁移速度小于物料表面的汽化速度，干燥过程受物料内部传热、传质作用的制约，干燥的速度越来越慢，此阶段称为降速干燥阶段。相对恒速干燥过程，降速干燥脱水要困难很多，能耗也高很多。因此，为了提高干燥速度，降低能耗，在生产工艺许可的情况下，应尽量采取打散、破碎、短切等方法，减小物料的几何尺寸，这将有利于干燥过程脱水。

2. 湿物料性质及干燥特性

（1）湿物料性质　干燥操作的对象湿物料通常是由各种类型的干骨架和液体湿分所组成的。对干燥过程产生影响，最重要的因素是湿分的类型、湿分与骨架的结合方式以及骨架的结构。

① 按照湿物料在干燥过程中的除水特性分类。

a. 胶体物料。物料在干燥过程中有明显的尺寸变化，但保留其弹性特征。

b. 毛细多孔物料。它们在干燥过程中会变脆，有轻微收缩，干燥后可碾成粉末，如沙子、木炭等物料。

c. 胶体毛细多孔物料。这类物料同时具有上述两种物料的特性，即毛细孔壁是弹性的，增湿后会膨胀，如泥煤、木材以及皮革等。

② 按照湿分在物料内部的状态分类。

a. 非收湿性物料。不存在结合水的无孔或多孔物料。

b. 收湿性物料。物料孔道大多为微孔孔道，内为结合水，但水分承受的蒸气压低于相同温度下的纯水蒸气压。

c. 半收湿物料。主要是指那些具有较大孔道，尽管其内部还是结合水，且承受的蒸气压低于相同温度下的纯水蒸气压，但仅比自由水表面的蒸气压稍低的物料，其湿分吸收特性介于上述两者之间。

（2）干燥特性　对于某种特定的物料，对平衡湿含量值和与其对应的保存环

境相对湿度值作图，就得该物料在特定温度下的吸附或解吸等温线。物料在干空气状态下，逐步增加环境湿度作出的等温线称为吸附等温线；在饱和湿空气条件下，逐步降低环境湿度作出的等温线称为解吸等温线。

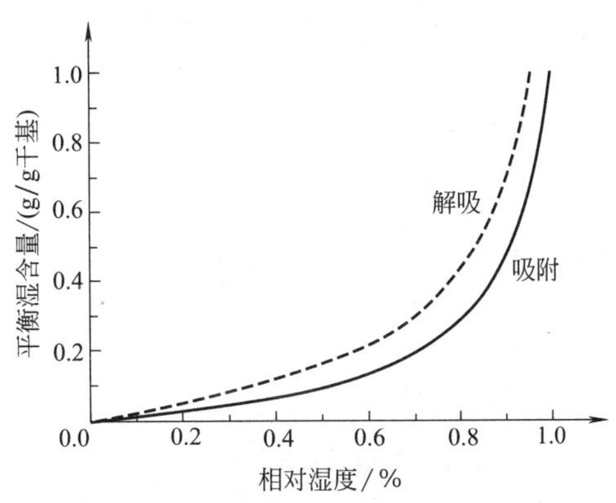

图 3-1 吸附和解吸等温线

图 3-1 为等温下某种果蔬的吸附、解吸等温线，其中的吸附和解吸等温线并不重合，即在相同外部条件下，分别通过吸湿和干燥的方法测得的平衡湿含量值并不相同，这称为“滞后”现象。一般认为这是因为靠近物质表面的空隙被湿分饱和后，阻碍了更深处空隙对湿分的吸附，因此使得吸附过程得到的平衡湿含量低于解吸过程得到的值。事实上，滞后现象受物质结构、干燥收缩等因素的影响，原因很复杂[1]。

在干燥过程中，对干燥产品的要求包括对干燥产品形态的要求，在食品干燥中，对产品几何形状的要求是使产品含水率达到干燥要求的关键。此外，还包括对干燥均匀性和产品卫生的要求。对产品的一些特殊要求，如对咖啡、香菇、蔬菜等物料的干燥，要求产品能保持其特有的香味，所以不能采用高风温的快速干燥[2]。

3. 干燥动力学

干燥过程通常可以分为一个恒速干燥段和一个或两个降速干燥段。恒速干燥段与降速干燥段的分界点称为临界点，此时湿物料的平均湿含量称为临界湿含量。由于恒速干燥段的机理明确、计算方法简单，并且在实际干燥过程中对于许多物料来说恒速干燥段都很短或根本不存在，因此干燥动力学的研究一般都集中在降速干燥段[1]。

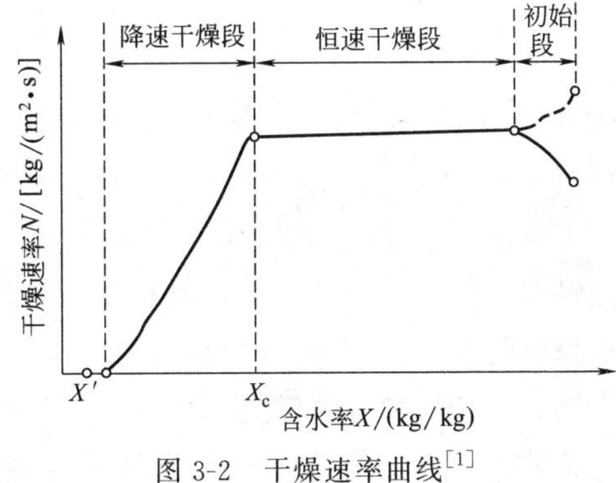

图 3-2 干燥速率曲线[1]

图 3-2 为在恒定干燥条件下的干燥速率曲线。当物料的温度达到干燥条件下的湿球温度时，开始恒速干燥阶段。很多农产品根本没有明显的恒速干燥阶段。该干燥速率完全取决于外部的热质传递条件，几乎与被干燥物料的特性无关。当含水率等于临界含水率 X_c 时，干燥速率开始下降。由于此时内部水分向

物料表面的传递速率低于恒速段的水分蒸发速率，因此没有足够的水分可供蒸发，而由干燥介质提供的热量不变，多余的热量则导致物料的温度升高。在这个阶段，被干燥表面首先变得部分不饱和，然后当它达到平衡含水率 X'时变得完全不饱和。

干燥速率，即单位时间通过单位干燥表面积的水分通量为：

$$N=-\frac{M_s}{A}\times\frac{dX}{dt}=-\frac{M_s dX}{A dt} \tag{3-1}$$

式中 A——物料的蒸发表面积，m^2；

M_s——绝干固体的质量，kg；

X——物料的平均湿含量（干基），kg/kg；

t——时间，s。

值得注意的是，当干燥速率曲线形状呈现出急剧转变时，食品材料可能有不止一个临界含水率。这通常与由于组织或化学变化而导致的干燥机理变化有关。此外，临界含水率 X_c 不仅仅只是物料属性，也取决于干燥条件，必须由试验来加以确定。

4. 干燥过程中的热质传递

按干燥所用能源可分为空气对流干燥、热传导干燥、能量场作用下的干燥和综合干燥。在实际生产中，对流干燥技术应用较广泛。恒定的对流干燥条件下（干燥介质的流量、温度、湿度不变）热空气环绕湿物料流过，从而将本身的热量传递给湿物料，同时又将湿物料中蒸发出的水蒸气带走，从而达到干燥的目的。

对流干燥流程如图 3-3 所示，空气经风机送入预热器，加热到一定温度后送入干燥器与湿物料直接接触，进行传质、传热，最后废气自干燥器另一端排出。

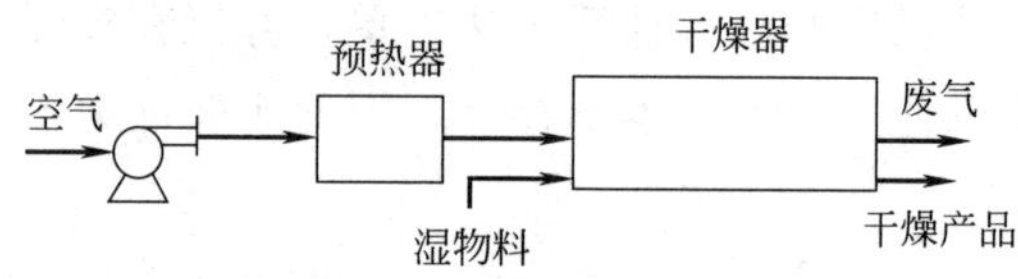

图 3-3 对流干燥流程示意图[3]

干燥若为连续过程，物料被连续加入与排出，物料与气流接触可以是并流、逆流或其他方式。若为间歇过程，湿物料被成批放入干燥器内，达到一定的要求后再取出。

经预热的高温热空气与低温湿物料接触时，热空气传热给固体物料，若气流的水汽分压低于固体表面水的分压时，水分汽化并进入气相，湿物料内部的水分以液态或水汽的形式扩散至表面，再汽化进入气相，被空气带走。传热的推动力是温度差，传质的推动力是水的浓度差，或水蒸气的分压差，所以干燥是传热、

传质同时进行的过程，但传递方向不同[3]。

5. 果蔬干燥

水分是果蔬的主要成分之一，同时也是确定果蔬性质和耐藏性的重要因素。不同种类的品种间的含水率差异很大，大多为 70%～95%。苹果、梨、葡萄、白菜的含水率在 90%以上，马铃薯的含水率为 85%，大蒜和山楂的含水率较低，为 65%。果蔬中的水分是以三种不同的状态存在的，分别为自由水、胶体结合水和化学结合水。自由水借助于毛细管和渗透作用进行迁移，流动性大，在干燥过程中很容易被去除；胶体结合水可在干燥过程中去除一部分；而化学结合水一般不能通过干燥的方法去除。干燥过程不能去除的结合水即为果蔬组织在该干燥介质条件下的平衡水分。对果蔬进行脱水干燥，就是将新鲜果蔬细胞中所含的大量自由水和部分胶体结合水蒸发，使之成为干的状态。随着果蔬含水量降低，水分活度相应降低，便可阻碍微生物生长繁殖，抑制果蔬中酶的活性，从而延长果蔬贮藏时间。

果蔬干燥加工采用的方法有自然干燥和人工干燥两种。人工干燥起始于 18 世纪，当时由于战争的需要，很多蔬菜包括青刀豆、胡萝卜、菠菜等经过干燥运往前线，在战争中起了很大作用，之后蔬菜干制发展很快。人工干燥不受气候条件的限制，可以人为地控制干燥条件，因此干燥速度快、效率高、干制品品质较好，完成干燥所需时间短，例如一般自然干燥需 7～30d 或更长时间的蔬菜，人工干燥只需 2～3h 到 6～8h，人工干燥具有自然干燥不可比拟的优越性，是果蔬干燥的必然趋势。果蔬干制技术包括热风干燥、真空冷冻干燥、微波干燥、红外干燥、喷雾干燥、太阳能干燥、气体射流冲击干燥等，每种干燥方法都有其各自的特征，根据果蔬和产品要求选用合适的干燥技术，详见本章第二节。

果蔬干燥是一个复杂的传热传质过程，物料在干燥过程中要发生物理、化学和生物等方面的变化，这些变化都与物料内部的水分分布和温度分布密切相关。如果能了解物料内部的水分、温度分布及其变化，就能为合理选择干燥的较佳工艺提供依据。果蔬从加热源吸取热量，将一部分热量用于果蔬温度的升高，另一部分热量用于果蔬中水分的蒸发。果蔬水分蒸发的第一个阶段为干燥初期，果蔬表面水分向外界环境大量蒸发。当果蔬表面水分扩散至一定程度后，物料内部水分含量高于表面水分，造成果蔬内部与表面之间形成压力差，此时内部水分向果蔬表面转移，然后从表面被去除，此为干燥的第二个阶段。果蔬干燥过程中，控制水分的内外扩散之间的协调平衡，对果蔬产品品质的影响非常重要。

6. 花卉干燥

干燥花卉是将花卉经过脱水、保色和定型处理而制成的具有持久观赏性的植物制品。它保持了活体植物叶、花、果等原有的形态与色彩，并能较长期地保存与应用。干燥花卉包括平面干燥花（压花）和立体干燥花（干花）两大类。干燥花有鲜花所不及的耐久性，也有比人造花真实、自然的优点。

将干燥技术和干燥理论用于鲜花干燥首先要保证鲜花的外形、色泽等美观，其次要考虑干燥的效率，并设计适合于干燥花规模生产的干燥设备。实际上，在对鲜花的干燥研究中已经意识到对干燥机理研究的重要性，在干燥特性、干燥平衡、过程动力学研究方面有了一定的基础，采用的薄层干燥动力学方程就有多种。此外，还可采用神经网络模型描述鲜花干燥过程和机理[4]。

干燥花植物资源在不同的国家和地区分布不同，且由于技术水平及欣赏习惯等方面存在的极大差异，使得干燥花生产及制作、加工方面形成了不同的特色，由此产生了三大体系：欧美干燥花体系、亚洲干燥花体系和澳非干燥花体系。随着人们对干燥花及其装饰品的要求越来越高，干燥花贸易市场的日益扩大，干燥花的研制工作也在不断深入。其研究方向主要集中在以下两个方面：筛选干燥花植物的种类及发展干燥花的加工工艺。

(1) 花卉干制的主要方法

① 自然干燥法。将花材在成熟季节采收后切割悬挂在室内干燥的空气中，通过自然空气的流通使水分蒸发，来除去植物材料中的水分，是最原始、最简单的一种干燥方法。此方法适用于纤维素多、含水量低、韧性较好、花型小的植物材料，通常需要3～4周时间。

② 加温干燥法。是给植物材料适当加温以破坏其内部原生质结构，促使植物内水分加速蒸发的强制干燥方法。可以缩短干燥时间，适用于含水量高的花材。常用的有烘箱干燥法和微波干燥法。

③ 包埋干燥法。是将采下来的鲜花埋入干燥剂或河沙等颗粒状材料中，利用干燥剂来吸收植物材料中水分的干燥方法。适用于干燥月季、玫瑰、芍药、牡丹等大型含水量高的花材。常用的定型材料有硅胶、食盐、河沙、石灰、明矾、玉米淀粉等。

④ 液剂干燥法。利用具有吸湿性而非挥发性的有机液剂处理植物材料，使植物材料吸收部分有机液剂而代替水分。制成的干花具有好的光泽和柔软的质感，但在高温环境中易出现液剂渗出和花材霉变、色彩较暗等现象。常用液剂为甘油和福尔马林。

⑤ 真空冷冻干燥法。是将植物材料在较低的温度下（−50～−10℃）先冷冻成固态，然后在高真空（133～13300Pa）下，将其中的水分不经液态直接升华成气态而脱水的干燥过程，具有干燥速度快、效率高、产品质量好的特点，但设备投资费用相对较高。

⑥ 各种干燥方法的综合运用。由于每种干燥方法各有其优点与缺点，常常需要把各种干燥方法进行综合利用，才能取得最佳的干燥效果。如采用干燥剂包埋法与烘箱干燥法相结合进行玫瑰干花的制作[5]。

（2）影响花材品质的主要因素

① 形状的变化。在干燥中，由于细胞失水引起原生质体收缩，较薄的细胞壁承受不了外界大气压力和原生质体收缩所产生的牵拉作用致使花材发生强烈的缩小、皱褶等形态变化。

② 组织成分的变化。由于水分的减少，造成花材内胶体状态改变；芳香物、挥发性液体丧失，有些芳香植物在干制后香气变淡或消失；糖类、蛋白质、不稳定色素因外界因素的作用受到破坏。

③ 色泽的改变。植物材料在干燥中会发生色彩加深、变浅、迁移等现象。

（3）干燥花卉的特点

① 干燥花运输无须飞机，销售不怕凋萎，就生产者来说对自然条件、运输能力的要求，远比生产其他花卉产品要宽松得多。因此，干燥花卉是典型的低投入高产出、劳动力密集型产业。

② 姿态自然质朴，干燥花卉都是由植物材料加工制作而成的，不仅具有植物的自然风韵，而且保持了植物故有的色彩和形态。

③ 使用管理方便，已经干燥定形的干燥花与鲜花比较，不仅可在较长的时间里保持其形态和色彩，而且贮存、销售期长。只要保持清洁的环境和较低的空气湿度，可以随时取用，特别是在周年供应上有更高的自由度和稳定性。

④ 创作随意、应用范围广，由于干燥花不受保鲜条件的限制，因而在干燥花装饰品的创作手段上就更加灵活方便。

二、制粉原理

将新鲜果蔬加工成果蔬粉，使干燥脱水后的产品容易贮藏，且果蔬粉能应用到食品加工的各个领域。目前果蔬粉加工正朝着超微粉碎（superfine grinding）的方向发展。果蔬干制再经过超微粉碎后，颗粒可以达到微米级。采用机械粉碎法制粉的理论基础，仍是基于在给定的应力条件下，研究颗粒的断裂、颗粒的破碎状态、颗粒的碰撞以及新增表面的特性问题。

1. 颗粒断裂物理学

颗粒断裂物理学是材料科学的一个分支，它研究了材料变形的力学性能、脆性断裂与强度以及材料的热学、光学、电导、介质、压电和磁学等性能，它是研究颗粒破碎的前提和基础。早在 1920 年，格里菲斯为了解释玻璃的理论强度与实际强度的差别，提出了微裂纹理论，后来经过不断地发展和补充，逐渐成为脆性断裂的主要理论基础。格里菲斯微裂纹理论认为，实际材料中总是存在许多细小的裂纹和缺陷，在外力的作用下，这些裂纹和缺陷附近产生应力集中现象，当应力达到一定程度时，裂纹开始扩展而导致断裂。研究表明，颗粒断裂的微观形式有三种：由颗粒内部的滑移引起的剪切断裂；内部晶格分离开的断裂；颗粒与颗粒间从滑移直到分离。

不同的载荷形式作用于颗粒，导致颗粒的断裂形成破碎机理不同。如冲击载荷作用于颗粒时，认为其作用时间非常短，实际的冲击载荷的作用是瞬时和不连续的，应力在颗粒中的传递是以连续的应力波进行的，材料在冲击载荷下的断裂具有许多明显不同于静载条件的特点，这个表现在随着应变速度的提高，材料强度的延伸率、断裂韧性等指标有所改变。对将要粉碎的颗粒，弄清其粉碎时的机理，然后根据颗粒物性的特点选择合适的施力方式，从而可生产出合乎要求的粉碎产品。

2. 颗粒的破碎与能耗学说

颗粒在粉碎后粒径分布规律是粉碎过程中首先要解决的问题，因为粉碎的目的就是将大的颗粒粉碎为一定粒度分布要求的细小颗粒。常用的粉碎能耗同给料和产品粒度间关系的三种假说，在一定程度上能反映粉碎后粒径的大小情况。Riffinger P. R 提出了“表面积假说”，该假说认为，粉碎能耗和粉碎后物料的新生表面积成正比，或粉碎单位质量物料的能耗与新生表面积成正比；Kich 等人提出了“体积假说”，该假说认为，粉碎所消耗的能量与颗粒的体积成正比，粉碎后颗粒的粒度也成正比减小；Bond F. C 提出了介于“表面积假说”和“体积假说”之间的“粉碎能耗的裂缝假说”。以上三种假说有各自的适用范围及局限性，表面积假说适合于细粒（10μm 以下）的粉碎估算，体积假说适合于粗粒的粉碎估算，裂缝假说由于考虑了变形能和表面能两项，其适用范围则介于以上两者之间。以上假说只适用于原料和破碎产品都是均匀粒度的颗粒群，但在实际情况中，物料产生局部粉碎和整体粉碎的裂缝从而碎成具有各种粒度的颗粒群。因此，假说与实际粉碎过程差别很大。采用以上三种假说对粉碎过程和粉碎设备的能耗进行评价、对比和估算时，必须根据实验资料对假说中公式的系数及实验结果进行修正。

在研究过程中，人们希望能够较为确切地知道在一定的粉碎环境中，颗粒破碎后粒径的分布。两个较为重要的用以描述颗粒粒径的对数正态分布的 Rosin-Rammler-Sperling-Bennett 公式及形式更为简单的 Rosin-Rammler 公式，已在理论研究及实际生产中得到广泛的应用。Rosin-Rammler 公式的形式为：

$$F=100[1-\exp(-bx^{n})] \tag{3-2}$$

式中 F——颗粒的累积分布数；

b——与粒度范围有关的常数；

n——与被测颗粒系统物质特性有关；

x——颗粒粒径。

Rosin-Rammler 公式在实际应用中较为广泛，因为该公式与其他方程相比，

能更好地描述颗粒的粒径分布，而且能用于各种粉碎条件以及各种粉碎物质的分析研究。以上这些基础性的研究对于指导实际粉碎过程的优化及粉碎机械的设计具有重要意义。有关颗粒的碰撞、新增表面的特性等方面的研究同样是粉碎理论的一个重要组成部分，其涉及一些相关的领域及学科，如动力学、流体力学、表面科学等。但以往对这方面的研究相对较少，广泛研究的是颗粒的破碎特性问题。颗粒的破碎是粉碎的基本过程，在研究粉碎的规律中相当重要，只要全面掌握粉碎过程中的基本知识，就能开发出一些新的粉碎技术[6]。

第二节　果蔬花卉干制与制粉加工技术

一、自然干制技术

自然脱水即利用太阳和由此产生的热风为热源，将原料置于阳光下暴晒成干，或放在通风良好的室内、凉棚下阴干。此类方法简便易行，无需专门的设备，成本低，节约能源。但不足之处是制品卫生状况较差，产品营养成分损耗量较大，同时加工过程受天气的影响严重，不可控因素多，故难以获得高品质的果蔬干制品。

花卉自然干制技术包括悬挂干燥法、平放干燥法和竖立悬挂干燥法。

(1) 悬挂干燥法　将整理好的花卉用细线在枝干中下段扎好，以花穗向下的方式悬挂于避雨、避光、干燥、通风的场所，让花卉自然干燥，观察其干燥后的形态。该方法适用于花朵大、枝干韧性中等的素材，如麦秆菊、千日红等。

(2) 平放干燥法　将整理好的花卉平放，以便花朵自然展开，平放于通风、避光、避雨的平台上，待其自然干燥即可。该方法适用于茎秆较软，花穗较重的素材，如尾穗苋、苔藓。

(3) 竖立悬挂干燥法　将整理好的花卉插于空标本瓶中，放置在干燥、通风、避光、避雨的平台上，待其自然干燥即可，该方法适用于枝茎较硬的素材。

二、传统干制技术

人工干制是指在人为控制的条件下，使用专门的装置，利用各种能源向果蔬原料提供热源，调节空气的流动方式和状态，促使物料水分快速蒸发、排除的干燥方法。其优点是不受天气条件的限制，干燥迅速，产品质量高，安全卫生；缺点是设备投资大，消耗能源，相对自然干制而言的成本较高。但从发展趋势看，人工脱水将成为果蔬和花卉脱水的主要方法。其中，传统干制技术与现代干制技术差异的关键特征，包括：传统干燥器是稳定的热能输入，新型干燥器能量间歇输入；传统干燥器是恒定的气流，新型干燥器是变化的气流；传统干燥器是热单一输入模式，新型干燥器是热组合输入模式；传统干燥器是单一类型的干燥器——单级，新型干燥器是多级的（每级可以是不同的干燥器类型）；传统干燥器是空气/燃气作为干燥介质，新型干燥器是过热蒸汽作为干燥介质[1]。

下面以热风干燥为例介绍传统干制技术。

（1）概述　热风干燥（hot air drying）主要利用流动的热风对产品进行加热和干燥，适合于固体物料的干燥。热风干燥过程中，热风和相接触的物料产生热湿交换，当干燥介质（热空气）与原料接触后，就被原料所吸收，待原料温度升高到一定程度时，其所含水分就由液态变为气态，随着流动的空气散发出去。在干燥过程中果蔬水分不断地蒸发，是水分外扩散和内扩散作用的结果。热风干燥是人工干燥广泛使用的果蔬干燥方法，目前我国的脱水果蔬加工业中90%都采用这种方法。该干燥方法量大面广，设备较简单，常以烘箱、烘道和烘房的形式实施，吹向多层物料盘的热风将热量传递给物料，使之升温脱湿，达到干燥要求。它具有投资少、成本低、操作简单、维护方便等优点；缺点在于干燥温度高，时间长，干燥后物料品质较差，例如色泽变化大，香味、营养素损失大，质地变硬，复水性差等，对于热敏性的物料，热风处理会大大降低其品质。目前我国较常用的热风干燥设备如隧道式干燥机、筛式干燥机、流化床干燥机等，技术方面都较为成熟；并且这些设备操作简单、成本低廉，但与干燥新技术相比，产品质量较低，经济效益较差。干燥的热源主要有电加热、煤炭加热以及燃气加热。热风干燥过程中，水分蒸发和废气排空等所需的热量为热风干燥装置的主要能耗，而一些附属设备如风机的能耗所占比例很小。热风干燥是一种低能耗的干燥方式，其设备能耗均低于其他干燥设备。

（2）基本原理　在热风干燥过程中，传热和传质同时进行。热能以对流方式传给物料表面，然后再由物料表面传至物料中心；物料内部水分向表面扩散，被激化后由物料表面扩散至气相主体。传热的推动力是温度差，传质的推动力是水的浓度差，或水蒸气的分压差，传热和传质的方向相反，但密切相关。

（3）技术特点

① 干燥机的种类多样，对各种物料的适应性强。热风对流干燥技术的干燥机包括：厢式干燥机、喷雾干燥机、气流干燥机、流化床干燥机和转筒干燥机等多种类型，适用于各种不同形状的物料干燥。

② 热风干燥技术操作简单，易于控制，物料处理量大，设备成本及操作费用较低。热风干燥过程中的主要控制参数为热风温度、风速和相对湿度，这些参数在热风干燥过程中都较易控制。并且此类干燥机都有较长的应用历史，因此不论是对工艺的操作经验，还是对物料干燥性能的理解、认识都是其他干燥方式所

无法比拟的。

③ 热风干燥技术中，热风既是载热体又是载湿体，被干燥的物料升温和水分蒸发所需要的热量都由热风提供，同时蒸发出的水分也由热风带走，因此易造成能量利用率低，干制时间长。此外，干燥室内接近热风进口的湿物料干得快，远离进口的物料干得慢，从而导致干燥室内部物料干燥不均匀的现象。降速干燥阶段的干燥时间长，温度过高，对物料（特别对热敏性物料）的品质影响较大。

（4）应用与研究现状　近年来，国内外专家学者对热风干燥技术的应用与研究做了大量的工作。对果蔬方面的研究包括：番茄、栗子、红辣椒、哈密瓜、卷心菜、山楂果、蘑菇片、苹果片、甘蓝等，主要研究热风加工技术参数对果蔬品质、营养物质以及物料收缩和复水比等指标的影响，并得到了最优加工条件。由于热风干燥的产品特别是果蔬产品的品质不高，其发展趋势是与其他干燥技术组合，联合干燥。如各种联合干燥模式：热风与微波组合、热风与真空微波组合、热风与红外或辐射组合、热风与冷冻干燥组合等。

三、现代干制技术

1. 真空冷冻干燥

（1）概述　真空冷冻干燥（vacuum freeze-drying）技术，是冷冻技术与真空技术相结合的干燥脱水技术。该技术采用了低温低压下的传热传质机理，是将含湿物料预冻至共晶点以下的温度，使物料内部水分全部冻结成冰晶，随后在真空条件下使物料内部的水分直接由冰晶状态升华成水蒸气状态而从物料中升华逸出，并需要不断补充升华所需的热量，整个干燥过程分为升华干燥和解吸干燥两个阶段。物料经冷冻干燥后，仅仅是水分的升华，而其他物质则留在冻结时的冰架中，因此冻干制品体积变化比较小，并且疏松多孔。

（2）基本原理　根据冰、水、水蒸气的压力和温度变化关系可构成水的状态图，如图 3-4 所示。*OC* 线表示水的蒸气压曲线，蒸气压随温度升高而增大；*OA* 线表示冰的熔点与压力的关系曲线，压力增加而冰点下降；当压力降低到某一值时，沸点即与冰点相重合，固态冰可不经液态而直接变为气态，这时的压力称为三相点压力，相应的温度称为三相点温度。图 3-4 中 *O* 点就是水的三相压力点，亦即冰、水、气的平衡点，在此温度和压力时，冰、水、气共存，温度为 0.01℃，压力为 4.6mmHg。*OB* 线表示冰的蒸气压曲线，冰的蒸气压随温度的升高而增大；同样，

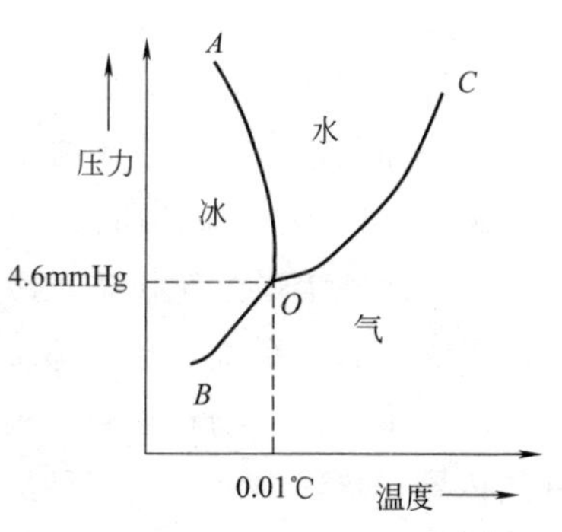

图 3-4　纯水的三相平衡图[7]

OA 线是冰、水共存线，*OB* 是冰、气共存线，OC 线是水、气共存线。由图 3-4 可看出，当压力低于 4.6mmHg 时，不论温度如何变化，水的液态不能存在，而只有固态和气态这两种形态[7]。

① 物料的预处理与制备。在对果蔬冷冻干燥之前，必须对其进行必要的物理、化学处理，包括清洗、分级、切片、漂烫、杀菌、浓缩等。对于不同物料，预处理内容也有所不同。在果蔬冷冻干燥时，一般不加添加剂。

② 物料冷却固化过程。将物料充分冷却，不仅使物料中的自由水完全冻结成冰，还要使其他部分也完全固化，形成固态的非晶体，通常将此过程称为冻结过程。

③ 升华干燥过程。物料中的水可以分为自由水和结合水两类，自由水在低温下可被冻结成冰，而结合水在低温下不可被冻结。升华干燥是指在低温下对物料加热，使其中被冻结成冰的自由水直接升华成水蒸气的过程。升华干燥过程中必须满足两个基本条件：一是升华产生的水蒸气必须不断地从升华表面被移走；二是必须不断地给物料提供升华所需要的热量。

④ 解吸干燥过程。指在较高温度下使物料中被吸附的结合水解吸，变成“自由”的液态水，再吸热蒸发成水蒸气的过程。经二次干燥后，冻干后物料的剩余水分含量一般应在5%左右。

⑤ 封装和贮存。已干制品应在真空或者充惰性气体的条件下密封包装，以利于长时间存储，在室温下一般可保存 2 年以上。

（3）技术特点　真空冷冻干燥技术已广泛应用于食品工业，特别适用于生物制药领域。

① 物料在低温下干燥，热敏性物料在干燥中不会变性，物料的物理、化学、生物学特性能够最大限度地保存。对果蔬产品而言，可以保留其色泽、营养、味道和香味。同样，对于鲜花来说，避免了热敏性反应和氧化反应，使鲜花的色泽和成分基本上保持不变。

② 复水性好，能很快地吸水还原成干燥前的鲜活状态。

③ 真空冷冻干燥后，物料能够保留原物质的结构和外观形态，不易收缩和龟裂。对鲜花而言，水分升华后，固体骨架基本保持不变，干燥后花不失原有的固体结构和状态，不易发生皱缩。

④ 脱水彻底，保存期长，贮存、运输、销售方便。

（4）冷冻干燥系统设备　冷冻干燥系统主要由干燥箱（或称冻干箱）、冷阱、制冷系统、真空系统、加热系统和控制系统等组成，如图 3-5 所示。

冻干箱内设有物料承载装置和加热系统，是物料进行干燥的场所。冷冻干燥有热传导、热辐射、微波三种加热方式。实际生产应用的常规冷冻干燥机，其冻干箱有两种配置方式：①箱内设有多层的金属搁板，物料可以放置在搁板上，以

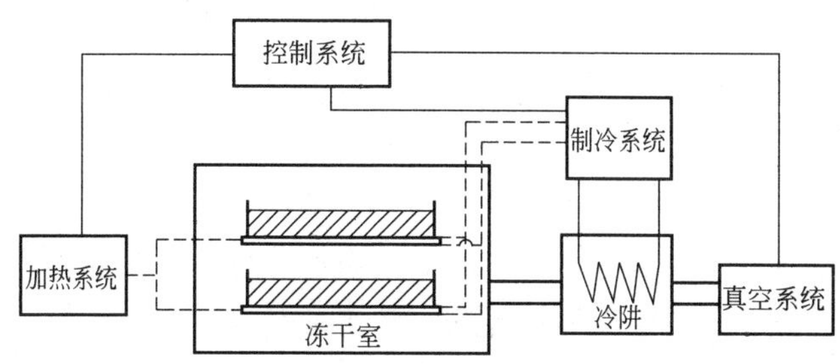

图 3-5　冷冻干燥系统组成示意图[8]

传导的方式对物料进行加热，该配置方式的冻干机常用于医药冻干领域；②物料用托架承载悬空置于上下搁板间，以热辐射的方式对物料加热。搁板中可以装置电加热器，也可以装有载热剂，载热剂经常使用水、蒸汽、矿物油、有机溶剂等，该配置方式的冻干机常用于食品干燥领域。物料的冷却固化过程，可以在冻干箱内进行，此时搁板内装有载冷剂，通过制冷系统进行降温。物料冻结过程也可以在冻干箱外进行，利用独立的冷冻设备将物料冷却固化，然后再放入冻干箱内进行冷冻干燥。

冷阱是冷冻干燥系统中十分重要的部件，其作用是在真空系统中提供一个低温环境，将干燥过程中逸出的水蒸气凝结成固态的霜，是水蒸气的冷凝器。真空系统的主要功能是抽走"非凝性"气体，既包括由外界大气漏入干燥箱的空气，也包括物料中逸出的空气或其他"非凝性"气体。

冷冻干燥的控制系统一般具有的功能包括：能根据不同的产品设定或修改冻干工艺参数；通过控制加热系统，使加热搁板温度跟踪设定的温度参数；通过控制制冷系统，使冷阱温度跟踪设定的冷阱温度参数；通过控制真空系统，使干燥仓压力跟踪设定的干燥仓压力参数；能够进行故障报警及处理，显示有关数据[8]。

(5) 应用与研究现状

① 果蔬干制方面的应用。食品冷冻干燥源于 20 世纪 30 年代，至 20 世纪 70 年代，冷冻干燥技术的研究已取得重大进展，研究成果及专利不断出现，冻干装备逐步完善。随着生产规模的扩大，冷冻干燥技术在工业化、实用化方面有了很大进步。但由于真空冷冻干燥能耗大、产品成本高，冷冻干燥产品脱离了当时的消费观念和消费水平，这些工厂不久即陷入困境，冷冻干燥技术的发展一度陷入低谷。近三十年来，食品冻干技术在日、美、西欧发展迅速，技术设备、工艺日趋成熟和完善，食品冷冻干燥已向自动化、大型化、工业化方向发展，整个生产过程可由电脑全自动控制。

与发达国家相比，我国真空冷冻干燥技术的发展历史较短。真空冷冻干燥在我国果蔬加工行业还处于初级阶段，大多数生产真空冷冻干燥产品的企业规模小，生产能力低，经济效益不高。国内生产的设备很难满足生产要求，因此需要进口大量设备，大大提高了生产成本，这是真空冷冻干燥产品在推广过程中的最大问题。20 世纪 50 年代引进了真空冷冻干燥技术，当时主要用于医药生产及生物制品。至 20 世纪 60 年代，出于战略的需要在北京、上海、天津建立了冷冻干燥食品基地。近十年来，随着国际上冻干技术和我国经济建设的快速发展，以及人民生活水平的不断提高，真空冷冻干燥技术在我国也重获生机。

目前，国际国内市场对冷冻干燥食品的需求量越来越大，生产的果蔬产品主要有大蒜、胡萝卜、马铃薯、食用菌等 20 多个品种，产品主要用于特殊部门和出口，投入国内市场很少，家庭消费基本空白。我国建立的冷冻干燥生产企业缺乏冷冻干燥工艺技术的支持，质量控制环节薄弱，生产和发展带有盲目性。冷冻干燥技术作为农产品加工领域的高新技术，若在特色农产品加工中充分应用，对提高农产品档次和国际竞争力，增加农产品附加值和出口创汇，以及对农业产业结构调整、发展农村经济、增加农民收入都有着重要的现实意义[7]。

② 花卉干燥方面的应用。真空冷冻干燥技术干燥花卉是一种全新的干花制作技术，干燥花有别于食品和药品，干燥指标主要是花卉的形状和色泽，因此不能够完全采用食品和药品的干燥工艺，而需要针对花卉的不同生物学特性及干花的商品要求进行干燥工艺的研究和改进。真空冷冻干燥技术已应用于干燥月季、文竹、牡丹、兰花、玫瑰、康乃馨等[4]。

2. 微波干燥

（1）概述与基本原理　微波是波长在 1～1000mm 之间、频率在 0.3～300GHz 的具有穿透性的一种电磁波，可产生高频电磁场。在工业加热上允许使用两个频率：915MHz 和 2450MHz。微波干燥（microwave drying）物料时，是利用发生在分子和原子水平的极化作用。在交变电磁场的作用下，物料内的极性分子从原来的随机分布状态，转向依照电场的极性排列取向，由于分子间的摩擦挤压作用，使物料迅速发热。当暴露在交变电磁场中时，物料吸收的微波能为：

$$P=1.41f\left(\frac{E}{d}\right)^2\varepsilon'\mathrm{tg}\delta\times10^{12} \tag{3-3}$$

式中　f——电磁场的频率；

E——电压；

d——电极间的距离；

ε'——物料的介电常数；

$\mathrm{tg}\delta$——损耗正切；

P——单位体积内物料吸收的微波功率[9]。

由于物料中液态水介电常数大，水优先受热蒸发，此时大量吸收微波能并转变为热能，使物料温度不断升高，且透入物料内部的微波对物料进行整体加热，

也就是内外同时加热，避免了“外焦，内生”现象的发生，进而得到更佳的干燥效果。此外，微波加热过程中，水蒸气从内部向外迅速逸出，这种水蒸气的向外流出也可帮助阻止物料组织结构收缩现象，因此，微波干燥的产品具有更好的复水性。

微波干燥的技术路线如下：

果蔬→洗涤→去皮去核、切片→护色→热烫→甩水→微波干制→回软→成品→包装。

（2）技术特点

① 微波干燥具有许多优点：能量在物料中迅速分散，能量利用率高；可使物料蓬松，减小水溶性成分转移；容易与其他干燥技术联合使用，可与真空处理相结合降低产品温度。

② 微波干燥也存在许多缺点：如物料受热不均匀，产品边缘和角落温度过高可能导致不可逆的过热，导致产品质量下降；需要通过控制能量输入来控制质量传递，因为传质太快可能会引起物料组织“蓬松”破坏；微波设备复杂，操作费用高，昂贵的磁控管需要频繁更换，且单位耗能高等，限制了微波干燥工业化应用及推广。

（3）应用及研究现状　微波干燥技术在国外已有大量应用，在我国也有近三十年的发展，各个行业都在推广这项技术。由于水具有快速吸收微波能的介电性质，微波干燥更适用于高含水率的产品。目前，已经报道的应用微波干燥的果蔬产品主要有：苹果、草莓、猕猴桃、大豆、蘑菇、胡萝卜、绿色蔬菜等。研究主要集中在微波干燥方法、影响微波干燥的因素、微波干燥对果蔬质量的影响和微波干燥的特性等方面。为了缩短干燥时间、提高终产品质量、降低成本，微波干燥常与其他干燥方法（如真空干燥、热风干燥、冷冻干燥和渗透干燥等）联合使用[9]。如在微波干燥和真空干燥的基础上发展起来的微波真空干燥（microwave-vacuum drying），它继承了微波干燥速度快、真空干燥温度低的优点，其结构如图3-6所示[10]。微波干燥技术的关键是微波设备的良好运行。国内的设备在整体运行的可靠性、自动控制水平、机电一体化、生产配套能力等方面与国外设备还有一定差距，这对微波干燥技术的推广造成了影响，是目前急需解决的问题。

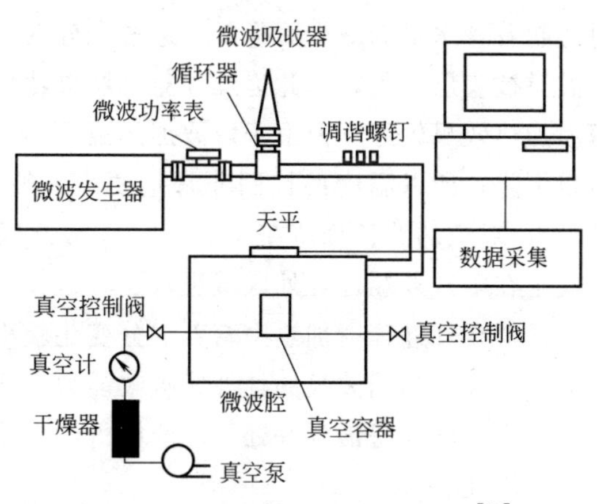

图3-6　微波真空干燥设备示意图[10]

在微波干燥花卉方面，由于干燥时间极短、设备简单，微波干燥在平面压花材料的制备中备受瞩目，很快成为平面压花材料制备的首选干燥方法。

3. 红外干燥

（1）概述　红外干燥方式分为燃气红外干燥和电热红外干燥两种，其红外辐射热量可直接抵达果蔬内部，不需要传热介质，且可对物料局部实施加热，因此脱水效率较高、能耗较低。物料干燥原理是水分从物料内部向表面扩散，然后从物料表面扩散到周围环境中。红外线是一种波长在 0.75～1000μm 的电磁波，当辐射在果蔬上的电磁波频率与物料自身分子的振动频率相一致时，就会产生共振并伴随能量转化，使得物料内外同时加热，有利于物料水分的外溢。根据波长的不同，红外辐射分为近红外辐射、中红外辐射和远红外辐射，其中远红外波长为 4～1000μm。图 3-7 为果蔬干燥的中短波红外干燥箱[11]。

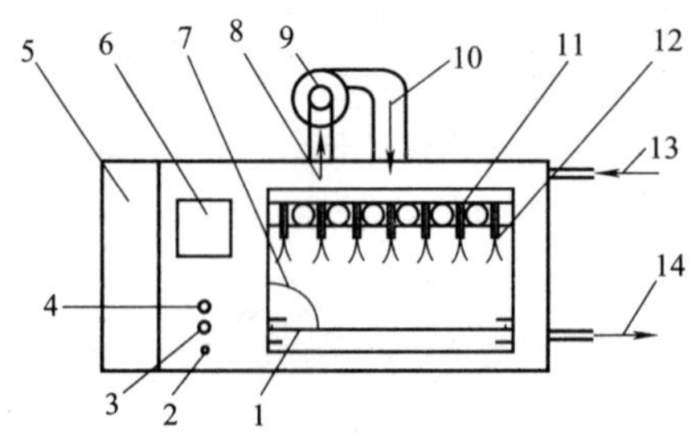

图 3-7　中短波红外干燥箱[11]

1—物料托盘；2—风速调节旋钮；3—触摸屏开关；4—风机开关；5—电源控制箱；6—触摸屏；7—温度传感器；8—回风管道；9—离心风机；10—进风管道；11—红外加热管；12—喷嘴；13—进风口；14—出风口

（2）基本原理　通常红外辐射只能穿透湿孔物料表层，并且之间的传递机制依赖于含水量，在干燥过程中，果蔬的辐射特性会发生变化，其反射和吸收的辐射能随着含水量的减少而降低。透过水分的红外辐射波主要集中在短波区域，而长波只被表层吸收，因此远红外对薄层果蔬加热效率比较高，而厚一点的果蔬用短波加热效果较好。但由于短波加热温度高，容易在果蔬干燥过程中造成变色和质量下降，所以温度的控制非常重要。一般在加热过程中把温度控制在 150～220℃，对应的波长峰值在 9.6～0.75μm 之间。所以，对红外加热农产品的研究都集中在中红外和远红外区域进行。

果蔬在红外辐射加热中营养成分变化较小，因此能够保证干制品具有良好的品质。果蔬对不同波长的红外线吸收能力不同，只有果蔬的吸收光谱与红外元件的辐射光谱匹配得恰到好处，才能够得到果蔬较好的干燥品质，且最大限度地降低能源消耗。

（3）技术特点　红外辐射果蔬干燥传热效率高、负面影响小、物料不易热分

解，主要原因是：红外线具有较强的穿透性，能够对被干燥果蔬内外同时加热；果蔬水分迁移方向与温度梯度方向一致，加速了水分的扩散；红外辐射能与果蔬内部分子摩擦振动，有利于水分移动与外迁。由于红外辐射穿透层含水率与果蔬内部各层的含水率有所差异，故果蔬薄层干燥更易发挥红外干燥优势。此外，果蔬红外辐射传热传质过程极为复杂，一般通过分析试验数据来建立数学模型的方法，研究物料内部的水分迁移规律，深入了解红外干燥机理，以探索各种干燥方式条件下的最佳干燥工艺流程和最优工艺参数。红外干燥与传统干燥技术相比有许多优点，如干燥时间短，能耗少，可得到更好的产品质量等，并且红外干燥不需要加热介质，增加了热传导的效率。

然而红外辐射穿透能力弱是其存在的缺陷。红外辐射的穿透能力与红外线波长有关，波长越短穿透能力越强。较多学者利用间歇式红外干燥方式对物料进行干燥处理，能够得到较高质量的产品，同时也可有效地避免红外辐射穿透能力弱的缺陷，这为红外技术用于较厚物料的干燥提供了较好的方法。此外，红外干燥工业应用过程中，还存在干燥不均匀，干燥后期干燥速率降低，干燥终点难确定等问题，以及产品局部温度过高，将导致部分产品烧焦，产品质量下降。

（4）研究及应用现状　果蔬红外干燥的研究以干燥动力学研究居多，影响因素主要包括 2 个方面：一是物料本身特性，包括结构特性、生物特性、理化特性及热物理特性等内在因素；二是供热条件，包括供热参数与供热方式等外在因素，供热参数又包括辐射加热温度、加热功率、干球及湿球温度、气流方向与速度等，供热方式又包括恒条件供热和变条件供热，快速升温或慢速升温，以及恒温时间、降温方式等。综合内在因素与外在因素，研究水在物料内部迁移或扩散过程受到哪些阻力，这些阻力又与物料的结构及吸取外界的能量有何关系，即研究湿物料的传热、传质特性。

通过分析国内外远红外干燥果蔬的应用现状，发现利用远红外干燥果蔬的技术当前都是处在不同的摸索阶段。因此，针对不同的果蔬种类，采用不同的干燥方法进行研究，在很大程度上仍需要探索远红外加热技术，来更好地优化果蔬的脱水干燥过程。将红外辐射加热与其他技术联合进行干燥时，红外穿透物料而获得较多的动能，能缩短果蔬的干燥时间，并在一定程度上可提高干制品品质，这为果蔬产业可持续、多元化、健康和创新发展提供了新的解决路径。高效、可连续性进料和出料的智能控制技术，及装备研发是果蔬红外联合干燥未来发展的方向。

4. 喷雾干燥

（1）概述　喷雾干燥是将原料液用雾化器分散成雾滴，并用热空气（或其他气体）与雾滴直接接触的方式而获得粉粒状产品的一种干燥过程。一般喷雾干燥包括四个阶段：料液雾化；雾滴与热干燥介质接触混合；雾滴的蒸发干燥；干燥

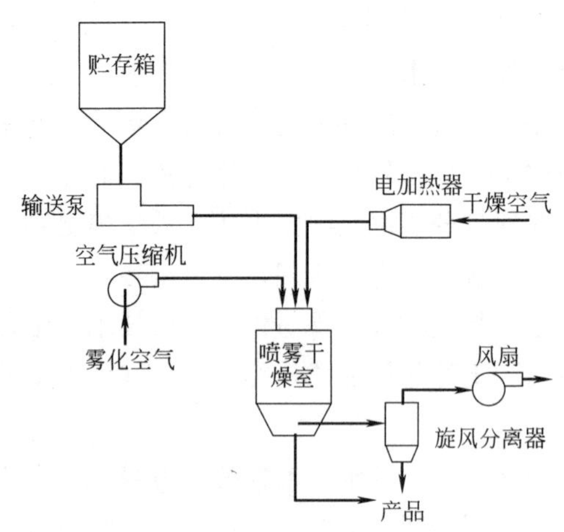

图 3-8 喷雾干燥机结构示意图[12]

产品与干燥介质分离。原料液可以是溶液、乳浊液或悬浮液，也可以是熔融液或膏状物。干燥产品可以根据需要，制成粉状、颗粒状、空心球或团粒状。图 3-8 是典型的喷雾干燥机结构示意图。

（2）基本原理 喷雾干燥时，经历恒速（第一干燥阶段）和降速（第二干燥阶段）两个阶段。雾滴与空气接触，热量由空气经过雾滴四周的界面层（即饱和蒸汽膜）传递给雾滴，使雾滴中的水分汽化，水分通过界面层进入到空气中，这是热量传递和质量传递同时发生的过程。此外，雾滴离开雾化器时的速度要比周围空气的速度大得多，因此，二者之间还存在动量传递。雾滴表面温度相当于空气的湿球温度。在第一阶段，雾滴有足够的水分可以补充表面水分损失。只要从雾滴内部扩散到表面的水分可以充分保持表面润湿状态，蒸发就以恒速进行。当雾滴的水分达到临界点以后，雾滴表面形成干壳。干壳的厚度随着时间而增大，蒸发速度也逐渐降低[12]。

（3）技术特点

① 喷雾干燥在众多干燥技术中占有重要位置，是因为它有着诸多优点。

a. 瞬间干燥。由于雾滴群的表面积/体积比很大，物料干燥所需的时间很短，当干燥时间 5～35s 左右时，已蒸发掉 90%～95%的水分。

b. 物料本身不承受高温。虽然喷雾干燥的热风温度比较高，但在接触雾滴时，大部分热量都用于水分的蒸发，所以尾气温度并不高（大多数尾气温度都在 70～110℃之间），物料温度也不会超过周围热空气的湿球温度，对于一些热敏性物料也能保证其产品质量。

c. 产品质量好。如果对产品有特殊需要，还可以在干燥的同时制成微粒产品，即所谓的喷雾造粒。能够提高分散性、流动性和溶解性，还具有防尘作用，如果芯材和壁材选择得当，在干燥的同时能制成微胶囊，保证被干燥物料原有的风味和特色，还能提高贮存性能。

d. 减少公害，保护环境。对于一些可能产生公害物料的干燥，可以在封闭的系统中进行干燥，在干燥的同时可将有霉、有味、污染性物质焚烧掉，防止污染环境。

e. 调节方便。该技术可以在较大范围内改变操作条件以控制产品的质量指标，如粒度分布、湿含量、生物活性、溶解性、色、香、味等。

② 喷雾干燥和其他干燥技术相比，也存在一些缺点。

a. 设备费用很高。

b. 当干燥介质入口温度低于 150℃时，干燥器的容积传热系数较低，所有设备的体积比较庞大。

c. 低温操作的热利用率较低，干燥介质消耗量大，因此，动力消耗也大。

d. 产品在干燥室内的沉积能导致产品质量下降，有起火或爆炸的危险。

(4) 应用及研究现状　喷雾干燥技术经常被用于果蔬粉的生产加工中，由于细小的雾滴与热空气接触迅速被干燥，颗粒在干燥室停留的时间最多为几秒钟，从而避免了营养成分与热空气接触时间过长而引起的热损失。喷雾干燥法加工成的果蔬粉，基本上保持了原料的色泽和风味，其主要营养物质损失小，粉体均匀、细腻，流动性及冲调性极佳，并且生产成本较低。目前我国已经利用国外引进的喷雾干燥生产线，规模化生产番茄粉、柑橘粉、红枣粉、山楂粉、枸杞粉、枸杞沙棘复合粉、番木瓜粉、胡萝卜粉等产品。此外，喷雾干燥技术目前越来越多地运用到微胶囊的制备中。由于喷雾干燥制备微胶囊是一个物理过程，它对设备的要求比较低，工艺参数可控，操作起来非常简便。对于固态或液态药物的微胶囊化，通过喷雾干燥技术，颗粒尺寸可以被非常容易地更改到适合调试的可控释放的形态，并得到理想的粉末性能。

5. 太阳能干燥

(1) 概述　太阳能干燥是利用太阳辐射能及太阳能干燥装置所进行的干燥作业。太阳能是一种数量巨大、用之不竭、没有污染的自然环保能源。在今天面对能源紧缺、环境污染之际，世界各国重新认识到太阳能是 21 世纪最重要的新能源。太阳能是我国西部得天独厚的优势资源，非常适合太阳能应用，加快在这方面的研究开发力度，可将资源优势转化为产业优势。

(2) 太阳能干燥设备　太阳能干燥装置有多种形式，以太阳能的收集方式，可将太阳能干燥装置主要归纳为三种类型：温室型、集热器型和集热-温室型。

① 温室型。温室型干燥器的结构与栽培农作物的温室相似，通过透明盖板(玻璃)的温室效应来捕捉太阳能，一般采用自然通风，也可装风机强制通风。这种装置干燥农产品是直接吸收太阳能辐射，温室内的空气被加热升温，农产品脱去水分，达到干燥的目的。由于温室型干燥装置空间体积大，周边热损大，保温性能不好，温度一般较低，温室型干燥器如果通风不好，将直接影响干燥效果。

这种干燥器由于结构简单，造价低廉，在山西、河北、北京、广东等地的农村很快发展了起来。山西省稷山、大同等地，利用温室型太阳能干燥对红枣、黄花菜、辣椒、棉花等农产品进行干燥试验，成功使这些农产品干燥到安全贮存的湿度，而且干燥效率较高，产品质量好。

② 集热器型。集热器型干燥器是太阳能空气集热器与干燥室组合而成的干燥装置，这种干燥系统采用空气集热器替代常规能源预热空气。新鲜空气首先经过空气集热器被加热至 60～70℃，然后通入干燥室，并以对流干燥的方式使物料蒸发脱水，达到干燥的目的。这种干燥器容易与常规能源相结合，也可以添加废气回流设施，实现连续干燥。图 3-9 为一种隧道式太阳能温室干燥器，主要结构为两部分：一是空气集热室，二是烘干室[13]。

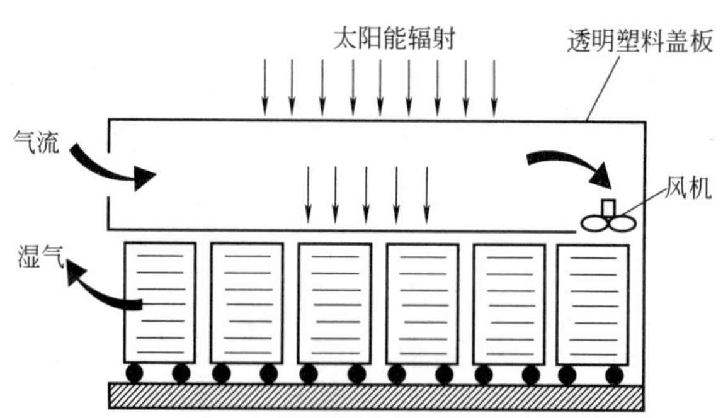

图 3-9　隧道式太阳能温室干燥器结构截面图[13]

干燥器一般设计为主动式，用风机鼓风以增强对流传热效果，这种干燥器有以下优点：可以根据物料的干燥特性调节热风的温度；物料在干燥室内分层放置，单位面积能容纳的物料多；强化对流传热，干燥效果更好；适合不能受阳光直接暴晒的物料干燥，如一些中药材等。中科院广州能源研究所设计的集热器型干燥器，与蒸汽热能相结合，用于干燥腐竹、凉果、荔枝、蔬菜等果副食品，不但解决了当地果副食品精加工问题，而且还促进了荔枝、龙眼、蔬菜等农副产品种植业的发展。

③ 集热-温室型。对于干燥含水率较高的物料，温室型干燥器所获得的能量不足以在较短时间内使物料干燥至安全含水率以下。为增加能量以保证被干物料的质量，在温室外增加一部分集热器，就组成了集热器-温室型太阳能干燥装置。物料一方面直接吸收透过玻璃盖层的太阳辐射，另一方面又受到来自空气集热器的热风冲刷，物料以辐射和对流换热方式被加热。集热-温室型干燥装置适用于全年气温较高的南方和北方地区下半年使用。

(3) 技术特点

① 太阳能干燥是农产品干燥的理想方式之一，它具有以下优势。

a. 节能环保。干燥过程的能耗相当可观，据有关资料报道，用于干燥产生的能耗占国民经济总能耗的 5%～10%，太阳能干燥中由于太阳辐射转变为热能，直接减少了常规能源的消耗。

b. 缩短干燥周期。采用太阳能烘房干燥腊肠的周期在 44～45h，可缩短干燥周期三分之一。

c. 提高产品质量。采用传统摊晒法，产品易受昆虫、老鼠的叮咬和灰尘的污染，卫生条件差；而太阳能清洁、无污染，还具有一定杀虫灭菌效果。由于一般温度都在 45～65℃，使得产品口感和色泽品质都较好，可有效地保持原料的质量品质。

d. 投资回收期短。根据我国各地实践，太阳能干燥装置的投资回收期一般为 2～3 年。

② 太阳能干燥技术也有一定的局限性。

a. 太阳能是间歇性能源，能源密度低，不连续，不稳定。

b. 简易太阳能干燥装置投资少，但是热容小，热效率低；而大中型装置及与其他能源联合的系统，如复合式太阳能、太阳能-热泵、太阳能-炉气等形式，使干燥的总投资增加。

c. 低成本有效贮能材料及其贮能形式效果不理想，且占地面积大。

（4）应用及研究现状　利用太阳能干燥技术的研究和推广应用工作，已在世界上许多国家展开，研究工作主要在发达国家如美国、英国、法国、德国、加拿大、澳大利亚、新西兰和日本等国。早在 20 世纪七八十年代，美国等发达国家就在本国和一些发展中国家建立了不同规模的太阳能干燥试验装置，初期以小型为主，也有较大规模的太阳能干燥系统。1978 年投入运行的美国加州太阳能葡萄干燥器，是世界上最大的太阳能干燥器，集热器面积达 1952m^2，每天可干燥 6～7t 葡萄。在印度、泰国、印度尼西亚等国有小批量的商业性应用，然而在欧洲商业性的太阳能干燥室则较少[3]。在我国，由于一开始对太阳能干燥的规律和机理缺乏系统的基础性研究，建造的太阳能干燥装置有一定的盲目性，系统设计不够合理，实验装置存在低水平重复现象。后来得到国家有关科研单位的重视，我国太阳能干燥的研究和应用在“七五”期间达到了它的鼎盛时期，无论是理论还是应用方面都取得了较多成果，在国际上也有一定的地位。

6. 气体射流冲击干燥

（1）概述　气体射流冲击干燥技术是一种新的干燥技术。由喷雾喷出的具有极高速度的气体直接冲击到需干燥物料的表面，因气流与物料表面之间产生非常薄的边界层，所以换热系数比一般热风换热要高出几倍甚至一个数量级。气体射流冲击干燥技术现已被成功应用于纸张和纺织物等的干燥中，也被用于果蔬的干燥加工，并取得了十分显著的效果[14]。

图 3-10 是气体射流冲击干燥装置图，主要由气体射流冲击主体装置（射流冲击回风管道、离心风机、电加热管、进风管道、气流分配室、干燥室等）以及温湿度控制和采集系统两部分组成。

（2）基本原理　气体射流冲击干燥技术是将具有一定压力的加热气体，经一定形状的喷嘴喷出，并直接冲击物料表面的一种干燥新方法。由于喷雾距离物料

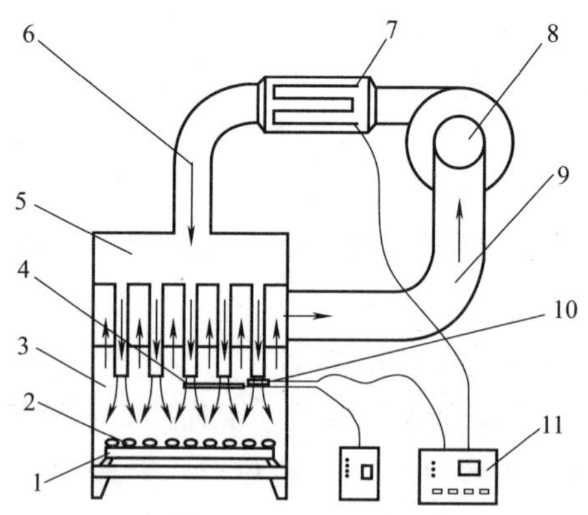

图 3-10　气体射流冲击干燥试验装置[14]

1—物料托盘；2—物料；3—干燥室；4—湿度传感器；5—气流分配室；6—进风管道；7—电加热管；8—离心风机；9—回风管道；10—温度传感器；11—温度风速控制器

的距离较近，气体在冲击物料时，气流与物料表面之间形成非常薄的边界层，因此具有较高的传热系数。气体射流冲击干燥技术喷嘴产生的高速气流可以产生一个空气床，使产品处于悬浮状态，从而形成一个虚拟的颗粒流化床。颗粒状产品将获得更高的干燥速率，并且水分含量分布均匀，通过提高干燥空气温度可以显著提高干燥速率。气体属低质量的流体，用它作为介质来加工物料，可使气体以较高的速度冲刷物料表面，尤其是对不规则形体的物料，可扩大物料的加热面，从理论上避免了辐射式烤箱热源对物料辐射能量传递不均和局部过热的矛盾。因此，该技术可适用于多种形状的物料，并可使物料在较短的时间内获得足够的热量而脱水[2]。

(3) 技术特点　气体射流冲击干燥装置的特点包括：高含水率食品物料干燥后均匀一致；能够改善产品品质；干燥速度快；传热系数和热效率高；可处理柔软物料；无筛孔堵塞问题；结构紧凑，节能，对环境污染小。

(4) 应用及研究现状　气体射流冲击干燥装置可用于粉状、胶体、片状、叶状、条状、颗粒状等形态的物料干燥及烘焙领域的食品加工。其加热与烘烤速度比传统红外加热快近一倍，而且烘焙后的食品色泽、水分一致。在国外的食品工业中，气体射流冲击干燥技术被用在焙烤和烹饪中，产品有玉米粉圆饼、马铃薯、比萨饼、饼干、面包和蛋糕等，这些产品比在对流烤箱中焙烤得更快、更均匀。这项技术也已经应用在了果蔬干燥加工中，比如胡萝卜、葡萄、杏子、哈密瓜、圣女果、辣椒等物料的干燥。

四、制粉加工技术

(1) 概述　果蔬粉的生产在我国刚刚起步，是果品蔬菜加工的一个很好的途

径。传统工艺是将果蔬原料先干燥脱水，再进一步粉碎；或先打浆，均质后再进行喷雾干燥，但此种工艺原料的利用率较低、成本高。粉碎和干燥是果蔬粉加工过程中两个重要的工艺环节，目前，粉碎工艺正朝着超微粉碎的方向发展，而低温干燥则是干燥工艺的发展趋势。

目前市面上的各种果蔬粉基本上是粗加工粉和喷雾干燥制粉。一是传统的果蔬粉不仅品种少，而且远未达到植物生物体基本组织——细胞级的粉碎和纤维束的断离，粉颗粒大，使用时不方便，食用中营养成分不能有效析出和吸收；二是制粉时物料的温度过高，加工后的果蔬粉营养成分损失高，色、香、味差异大，废渣多，甚至产生焦煳味。用于果蔬粉加工的干燥技术主要有喷雾干燥、热风干燥、真空冷冻干燥、微波干燥、变温压差膨化干燥及超微粉碎技术等。

由于上面已经介绍了果蔬的干燥技术，这部分主要阐述制粉技术。微粒化技术有化学法和机械法两种。化学法能够得到微米级、亚微米级甚至纳米级的粉体，但产量低、加工成本高、应用范围窄；机械粉碎法成本低、产量大，是制备超微粉体的主要手段，现已大规模应用于工业生产。机械法超微粉碎可分为干法粉碎（即将果蔬块干燥后再经粉碎制粉）和湿法粉碎（即先将果蔬打浆后再经干燥制粉）。根据粉碎过程中产生粉碎力的原理不同，干法粉碎有气流式、高频振动式、旋转球（棒）磨式、锤击式和自磨式等几种形式；湿法粉碎主要利用胶磨机（也称胶体磨）和均质机。

干法粉碎工艺干燥时间较长，成品含水量较高；而湿法粉碎工艺则可以有效缩短干燥时间，降低产品的含水量，并且可以通过添加护色剂、助干剂等添加剂提高产品的品质。经超微粉碎的果蔬粉在人体内吸收较快，湿法超微粉碎由于介质的黏度大，颗粒运动阻力大，在胶体磨等粉碎设备中可获得较细的产品。胶体磨主要由一固定表面和一旋转表面所组成。两表面间有可以微调的间隙（50～150μm），当物料通过间隙时，由于转动体高速旋转（3000～15000r/min），在固定体和转动体之间产生很大的速度梯度，使物料受到强烈的剪切从而产生破碎分散的作用，胶体磨能使成品粒度达到 2～50μm，从而达到超微粉碎的目的。

值得强调的是，超微粉碎是利用机械或流体动力的方法，克服固体内部凝聚力使之破碎，从而将 3mm 以上的物料颗粒粉碎到 10～25μm 以下的过程。食品超微粉碎技术是食品加工业一种新的手段，对于传统工艺的改进、新产品的开发必将带来巨大的推动力。超微细粉末是超微粉碎的最终产品，具有一般颗粒所没有的特殊理化性质，如良好的溶解性、分散性、吸附性、化学反应活性等。果蔬干燥后再经过超微粉碎，颗粒可以达到微米级大小，由于颗粒的超微细化，具有显著的优点：一是果蔬粉的分散性、水溶性、吸附性、亲和性等物理性能提高了，使用时更方便；二是营养成分更容易消化，口感更好；三是利用了果蔬中的膳食纤维，实现果蔬的全效利用，将果品皮核等一并超细粉碎，可配制和深加工成各种功能食品，开发新食品材料，提高了资源利用率，符合当今食品加工业“高效、优质、环保”的发展方向。

（2）技术特点　果蔬制粉产品具有多项独特的优点。

① 贮藏稳定性好。果蔬粉水分含量一般低于7%，既可以有效抑制微生物的繁殖，又可以降低果蔬体内酶的活性，从而利于贮藏，延长保质期。

② 运输成本低。果蔬干燥制粉后体积减小，质量减轻，节约了包装材料，同时也大大降低了运输费用。

③ 实现高效综合利用。果蔬制粉对原料的大小、形状等都没有要求，甚至部分果蔬的皮和核也可以得到有效的利用；同时可对加工中产生的大量富含活性因子的废弃物进行制粉加工，大大提高了果蔬原料利用率。

④ 营养丰富。加工后的果蔬粉基本保持原有果蔬的营养成分及风味，且使一些营养和功能组分更利于消化吸收，是一种良好的全营养深加工产品。

⑤ 满足特殊消费需求。果蔬粉可作为新鲜果蔬的替代品用于一些特殊消费人群，如满足婴幼儿、老年人、病人、地质勘探人员和航天航海人员等特殊人群需要。

⑥ 丰富产品种类。果蔬粉可以复配成多功能营养粉，生产营养咀嚼片或作为配料添加到其他食品中，不仅丰富了产品种类，还改善了食品的色泽、风味和营养[15]。

（3）应用及研究现状　果蔬粉能够应用到食品加工的各个领域，提高产品的营养价值，改善产品的色泽和风味，丰富产品的品种，可以添加于面食制品、糖果制品、肉制品、乳制品、焙烤制品、膨化食品、婴幼儿食品、固体饮料、调味品和方便面等食品中。果蔬粉制作固体饮料，可保持新鲜果蔬的风味；水果粉经调配、发酵、勾兑、过滤等工艺，可制成果酒和果醋；果蔬粉还可以添加于糖果、糕点、饼干、面包等诸多食品中；果蔬粉添加于老年和婴幼儿食品中，可以补充维生素和膳食纤维，均衡膳食。此外，某些果蔬还含有药用成分，可以通过生化途经从中提取有价值的副产品。

发达国家很重视果蔬加工业，其加工技术与设备日趋高新化、经营产业化、资源利用合理化，产品标准体系与质量控制体系更加完善。果蔬粉作为果蔬的一种重要加工形式，在国外已经有了很大的发展。国际上，果蔬粉加工正朝着低温和超微粉碎的方向发展，并且充分利用了果蔬的根、茎、叶、皮、核等，实现了果蔬的全效利用；而且使果蔬粉的分散性、水溶性、吸附性、亲和性等物理性能提高，使用更方便，营养成分更容易消化吸收，口感更好，很好地利用了果蔬中的膳食纤维。

由于我国果蔬加工业起步较晚，产后减损增值工程技术研发以及产业化发展严重滞后，且粗加工产品多而附加值低，始终制约着我国果蔬加工业和农业的整

体发展。国内果蔬粉的生产刚刚起步，果蔬粉加工企业的生产条件简单，已开发生产的果蔬粉品种较少，产品粗糙、风味较差，而且果蔬粉颗粒较大，食用时影响口感。果蔬粉的加工大多是采用热风干燥后粉碎的方法，制粉时由于物料的温度过高，破坏了产品的营养成分、色泽和风味。此外，部分果蔬粉是采用喷雾干燥而得，该工艺出粉率低，使得价位偏高，市场应用受限。

（4）果蔬粉贮藏稳定性　果蔬粉贮藏过程中易发生吸湿、结块等问题，这给果蔬粉加工、贮藏技术提出了更高的要求。水分活度是食品加工和贮藏过程中重要的控制参数之一，吸附等温线是预测食品货架期、计算食品水分变化、选择包装材料的重要依据。单分子层水是固态食品贮藏的另一重要参数，它是水分子和食品成分中的羧基和氨基等基团通过水-离子或者水-偶极作用牢固结合的第一分子层的水。这种水不能作为溶剂，不能冻结，不能被微生物利用，且对固态食品没有明显的增塑作用，因此食品行业经常将单分子层含水率作为固态食品贮藏时的安全含水率，单分子层含水率一般介于0.04～0.11g/g之间。但是，后来有研究者发现不同溶质所控制的同一水分活度条件下，对微生物生长的影响往往不同，如对诺氏梭菌来说，采用氯化钠或葡萄糖控制水分活度，在水分活度等于0.95时细菌停止生长；然而，采用甘油控制水分活度，在水分活度为0.935时细菌才停止生长。由此可见，在实际贮藏时，单独采用水分活度概念来衡量食品贮藏稳定性有一定局限性。

因此，后来提出了玻璃化转变温度的概念，来弥补水分活度作为贮藏稳定性衡量标准的缺陷。玻璃化转变温度的概念最早应用于材料学，20世纪80年代，Levine和Slade等科学家提出了“食品聚合物科学”理论，将玻璃化转变引入食品领域。根据非晶态无定形聚合物的力学性质随温度变化的特征，可以把它按温度区域的不同分为三种力学状态：玻璃态、高弹态（又称为橡胶态）和黏流态。玻璃态与橡胶态之间的转变称为玻璃化转变，对应的转变温度即为玻璃化转变温度 T_g，而橡胶态与黏流态之间的转变温度称为黏流温度，用 T_f 表示。当食品在玻璃化转变温度以下贮藏时，体系的分子扩散速率较小。相反，当贮藏温度大于玻璃化转变温度时，体系处于橡胶态，一些分子的流动性增大，导致食品中一些不良反应的发生。食品中的含水率对其玻璃化转变温度的影响很大，一般情况下，每增加食品总质量1%的水，玻璃化转变温度就会下降5～10℃。非晶态的玻璃化转变理论认为，粉体在玻璃化转变温度以下，结块倾向较小；温度在玻璃化转变温度以上，粉体处于高弹态，易由分散状变成整体块状。因此，在加工或贮藏过程中，为了保持果蔬粉的品质以及营养成分的稳定性，应尽量保持在玻璃态下。近年来的研究表明，结合水分活度与玻璃化转变两种理论，能够更加科学地预测不同食品加工与贮藏稳定性[16]。

第三节 果蔬花卉干制与制粉应用实例

一、葡萄干

葡萄干是新鲜葡萄经过干燥得到的果干，可以直接食用，也可作为烘焙和糖果食品的配料，因其口味酸甜，营养丰富，受到人们的广泛青睐（彩图 8）。新疆是我国葡萄干的主要产区，制干产量占全国总产量的 90％以上。市场上葡萄干原材料主要为“无核白”“无核白鸡心”“黑加仑”和“绿马奶”等品种，其中“无核白”和“无核白鸡心”葡萄干所占比重最大。葡萄干中含有丰富的有机酸、白藜芦醇、多酚等多种活性物质，因此具有抗氧化等健康功效，还可降低心血管疾病、龋齿的患病风险，增加饱腹感降低能量摄入等。

1. 生产工艺流程

鲜果选择→剪串→浸碱处理→干制→回软→包装。

2. 操作要点

（1）鲜果选择　新鲜葡萄一般要求皮薄、无籽、果肉丰满柔软、含糖量较高、外形美观。品种以无核白、无籽露为好，玫瑰香、牛奶等有籽葡萄品种也可干制成葡萄干。果实要选择充分成熟的为好。

（2）剪串　采收新鲜葡萄后，剪去太小、有伤、腐烂的果粒，如果果串太大剪成几个小串，在晒盘上铺放一层。

（3）浸碱处理　采用浸碱处理的目的是为了除去表皮上的蜡质层，加速干燥，缩短水分蒸发时间。一般在浓度 1.5％～4％的氢氧化钠溶液中浸泡 1～5s，薄皮品种可用 0.5％浓度的碳酸钠或碳酸钠与氢氧化钠的混合液处理 3～6s，或在 0.3％氢氧化钠、0.5％碳酸钾和 0.4％橄榄油的混合液中 35～38℃浸渍 1～4min。原料浸碱处理后，应立即放到清水里冲洗干净。经过浸碱处理的果实干制时间可缩短 8～10d。

（4）干制　干制葡萄干的方法有日晒，在太阳下暴晒 10d，当 2/3 的果实呈干燥状，即用手捻果粒无葡萄汁液渗出时，再阴干 1 周。在气候条件较好时，全部干燥时间需 20～25d。另一种传统的葡萄干制方法为阴凉通风处自然风干，其晾房四壁布满梅花孔，大概 40d 左右干热风吹晾即可。还可采用烘房干制，或采用现代干制技术加工，比如微波干燥、太阳能干燥、气体射流冲击干燥和渗透脱水等干燥技术生产葡萄干。

（5）回软　将果串堆放 2～3 周，使之干燥均匀。最后除去果梗，去石去杂，即成制品。

（6）包装 采用塑料食品袋防潮包装。

3. 产品质量要求

（1）感官指标 无核葡萄干分为特级、一级、二级和三级4个等级。特级和一级葡萄干的外观应该果粒饱满，具有本品固有的风味，无异味，质地柔软，大小均匀整齐，色泽一致，无虫蛀果粒；二级和三级葡萄干的外观为果粒较饱满，具有本品固有的风味，无异味，质地较柔软，大小基本均匀整齐，色泽基本一致，无虫蛀果粒。特级葡萄干主色调（仅适用于绿色葡萄干）为翠绿色，一级为绿色，二级和三级为黄绿色。特级葡萄干杂质（%）≤0.3，一级≤0.5，二级≤1.0，三级≤1.5。特级葡萄干劣质果率（%）≤2.0，一级≤5.0，二级≤7.5，三级≤10.0。

（2）理化指标 水分≤15g/100g；重金属含量低于国家标准；农药最大残留限量低于国家标准。

（3）微生物指标：致病菌不得检出。

4. 应用现状

我国的葡萄干几乎全部产自新疆，新疆葡萄干的80%是绿葡萄干，亮丽的绿色是我国葡萄干特有的优势。常见的葡萄干燥方式有日晒、阴凉通风处自然风干和现代干制技术等。日晒和自然风干这两种方法为传统葡萄干制生产加工方式，其干制时间长，且晾干后容易褐变，并多带有泥沙，含杂量高，大大限制了产品的商品价值与葡萄干产业的发展。因此，快速干燥技术和制干后品质的保持已经成为今后我国葡萄干产业发展的趋势。目前关于葡萄干干制新技术的报道包括：采用微波加工葡萄干，发现微波干燥不仅明显地缩短了无核白葡萄干制的时间，并且显著地提高了产品的品质；采用集热太阳能干制设备加工葡萄干，发现与传统晾房干制葡萄干相比，太阳能的集热效果显著，可以有效地加快干制速率，并且葡萄干的质量也显著提高，维生素C含量也比传统晾房高1倍；采用气体射流冲击干燥葡萄，能够显著提高恒速段干燥速率，缩短干燥时间，并提高葡萄干的品质。

二、冻干蔬菜

目前蔬菜加工的主要方式有冷藏、气调和脱水，其中脱水蔬菜加工方式包括热风干燥和冷冻干燥。常压热风干燥是常用的加工方式之一，热风干燥的产品具有成本低的特点，但复水性差，营养成分损失大。随着人们生活水平的提高，对高质量食品的需求越来越多，冻干蔬菜开始生产，如彩图9所示冻干胡萝卜。冻干蔬菜是将新鲜蔬菜快速冷冻后，再送入真空容器中脱水而成的。与其他脱水食品相比，冻干蔬菜具有以下优势：蔬菜在低温和真空条件下脱水，一些热敏性成分不易氧化变质，色泽和芳香物质损失极少；冻干蔬菜的水分含量较低，能抑制微生物的生长，可长期贮存；蔬菜冻结后，其形状得到固定，组成物料的物质形成骨架，冰晶直接升华，物料骨架可保持原状；冷冻干燥后不破坏物料的结构，保证了冻干蔬菜复水性好的特点。

1. 生产工艺流程

蔬菜→预处理→切割→漂烫→冷却→速冻→真空干燥→后处理→包装→杀菌→成品。

采用该工艺可以生产西兰花、菠菜、百合、蘑菇、洋葱、青辣椒、大葱、红辣椒、大蒜片、蒜苗、胡萝卜等。

2. 操作要点

（1）预处理　选用农药残留低、新鲜的蔬菜为原料，除去黄叶和有虫害的菜叶，再反复清洗，并检查是否有杂质。

（2）漂烫　蔬菜清洗后，一般在80～85℃的热水中浸烫60～90s，从而可抑制蔬菜中酶的活性，减少因酶引起的质量下降；此外，漂烫还能够破坏蔬菜表面的蜡质，使蔬菜中的水分更容易挥发，利于冻干。

（3）速冻　由于蔬菜在冷冻过程中会发生一系列复杂的生物化学及物理化学变化，因此速冻的好坏将直接影响到冻干蔬菜质量。

首先测量蔬菜的共晶点，将蔬菜在其共晶点以下的温度进行冷冻，为了使得水分都能冻结成冰晶（最大冻结浓缩状态），选择比共晶点低10℃或更低的温度冻结。多数蔬菜和水果的共晶点在－2℃左右，一般冻到－20℃左右即可。此外，还要根据物料的品种、形状和重量，来适当掌握冻结时间。一般经1～2h或更长时间能达到冻结温度，再保留1～2h使之冻透。

（4）真空干燥　真空干燥是冻干蔬菜最重要的一步，要控制好工艺条件。在装载量方面，干燥时冻干机的湿重装载量（单位面积干燥板上被干燥的质量）是决定干燥时间的重要因素；被干燥蔬菜的厚度也是影响干燥时间的因素。在实际干燥时，被干燥物料均被切成15～30mm的均一厚度。单位面积干燥板所应装载的物料量，应根据加热方式及干燥蔬菜的种类而定。此外，干燥温度必须控制在不会引起被干燥物料中冰晶融解和已干燥部分不会因过热而引起热变性的范围内。

（5）后处理　把干品中过大和过小的筛出，并挑出少量品质不合格产品。

（6）包装　冻干蔬菜干燥后具有较大的表面积，以至于冻干蔬菜中的一些成分直接暴露到空气中，容易发生吸湿和氧化反应，导致品质下降。因此，冻干蔬菜应抽真空包装，最好充氮包装。

3. 产品质量要求

（1）感官指标　色泽呈现原料蔬菜应有的色泽；形态为片状或颗粒状，允许有少量碎末；具有该种蔬菜特有的滋味和气味，无异味；95℃热水浸泡2min基

本恢复冻干前的状态；无肉眼可见的杂质；无霉变。

（2）理化指标　水分含量≤5g/100g；总灰分≤6g/100g（干基）；重金属含量低于国家标准；农药最大残留限量低于国家标准。

（3）微生物指标　菌落总数≤10000CFU/g；大肠菌群≤30MPN/100g；致病菌不得检出。

4. 应用现状

冻干蔬菜已被国外广大消费者公认为是高档次的脱水产品，而且正广泛地应用到食品行业的各个领域。

（1）汤料领域　用冻干蔬菜搭配的各种汤料，用开水即冲即饮，既美味可口，又方便卫生。

（2）粉末蔬菜领域　将冻干蔬菜加工成粉末，加入面粉，制成含蔬菜的挂面、饼干和各种糕点。

（3）颗粒蔬菜领域　选多种冻干蔬菜，根据人体营养需求合理搭配，制成颗粒。该蔬菜颗粒含有天然的叶绿素、维生素、胡萝卜素及人体必需的微量元素，尤其适宜儿童、老人、病人以及一些难于吃到蔬菜的人食用。

三、枣粉

红枣是一种药用和营养价值极高的果品。鲜枣甜酸可口，含有丰富的蛋白质、氨基酸、糖、维生素及微量元素等。红枣的营养保健价值主要在于其所含的环磷酸腺苷、多糖、黄酮类化合物、三萜类物质以及生物碱类化合物，这些物质所特有的营养价值，使其越来越受到医学界的重视。其保健价值在于抑制癌细胞、防治心血管疾病、增强免疫力、保护肝脏、延缓衰老、补气养血等功效。但由于红枣含有80%的水分，不易保存，不易运输，加工基本处于手工和初级加工阶段，没有形成大规模批量生产。鲜枣干制可大大延长其贮藏期，而干制后加工成枣粉（彩图10），使得红枣的用途更加广泛，不仅可以单独使用作为速溶枣粉，也可用作辅料添加到其他食品中，提高其营养价值。

1. 生产工艺流程

目前加工枣粉的方法有很多，主要分为两大类。一是枣干制后制粉：红枣→挑选→清洗→去核→去皮→烘干→粉碎→检验→包装→灭菌。二是浓缩枣汁干燥制粉：红枣→挑选→清洗→去核→去皮→预煮→打浆→过滤→浓缩→干燥→检验→包装→灭菌。

无论哪种制粉方式，干燥都是枣粉加工中的重要环节。目前用于枣粉加工的干燥技术主要有热风干燥、变温压差膨化干燥、真空冷冻干燥、喷雾干燥等。枣的粉碎加工可分为普通粉碎和超微粉碎两大类。

2. 操作要点

（1）挑选　挑选时除去霉烂和残缺的枣果，否则会影响产品的色泽与气味，甚至还可能造成更多的污染。

（2）去皮　红枣清洗后，浸泡于4%的氢氧化钠溶液中3min，温度为80～85℃，这可以破坏红枣表皮结构，增加表皮通透性，提高干燥效率。浸泡后，捞出立即在水中清洗，至无滑腻感。

（3）预煮　枣坯放入不锈钢锅中，加入一定量水，进行预煮，既可以使组织软化，也可以钝化酶、稳定与提高色泽。

（4）打浆　将果肉在打浆机中破碎，再经过胶体磨均质2次进一步微细化，以增强产品的稳定性。

（5）粉碎　一般采用超细粉碎技术，粉碎机的细度应设置为200目，否则颗粒过大会影响食品的口感、速溶性等，颗粒过小，则增加成本。

（6）浓缩　在真空浓缩设备中进行浓缩，真空度为1330～4000Pa，温度为45℃，枣汁出料质量浓度为40%左右。

（7）干燥　干制后制粉工艺中的干燥应该控制温度在55～65℃，有利于红枣特有枣香味的形成。枣汁干燥制粉工艺中浓缩枣汁采用真空干燥，经过浓缩后的枣汁，盛入料盘，放入真空干燥机内，在真空度为270～400Pa，温度10～40℃下真空干燥制成粉。

3. 产品质量要求

（1）感官指标　色泽呈淡黄色；质地为粉末状或颗粒状；具有枣应有的气味和滋味，无异味；无肉眼可见的杂质。

（2）理化指标　水分≤10g/100g；总糖≥60g/100g；重金属含量低于国家标准；农药最大残留限量低于国家标准。

（3）微生物指标　菌落总数≤10000CFU/g；大肠菌群≤0.9最大可能数/g；沙门氏菌、志贺氏菌以及金黄色葡萄球菌不得检出；霉菌≤50CFU/g。

4. 应用现状

在食品行业中微粉化或纳米技术的应用，已经获得高度重视。物料的粉体学特性对粉体的应用有显著影响，具体包括粉的粒径、比表面积、堆积密度、空隙率、颜色、流动性和溶解性等物理特性。大多数果蔬均可利用超微细粉碎技术生产果蔬全粉。目前，采用超微细粉碎技术制备的高细度红枣粉，既营养无损、口感好，又使用方便、用途广，且表皮色素等也得以充分利用。

四、南瓜粉

南瓜是我国南北方普遍种植的一种果蔬植物，它由皮、肉、籽、瓤、蒂组

成，含有多种氨基酸、维生素、碳水化合物以及果胶和微量元素等，具有较高的营养、保健和药用价值。南瓜粉（彩图 11）的营养成分全面而独特，同时还具有保健作用。南瓜粉中含粗蛋白 10.8%、粗脂肪 1.84%、可溶性总糖 45%、膳食纤维 28.8%，还富含果胶、环丙基氨酸、甘露糖醇、胡萝卜素、葫芦巴碱、腺嘌呤、多种维生素及矿物质等，都是对人体非常有益的功能成分。南瓜粉具有防治糖尿病、预防心血管疾病、补锌、减肥美容、防癌抗癌等保健作用。

1. 生产工艺流程

南瓜粉能有效地保留南瓜的有效成分，可作为精深加工产品或其他食品的原料，也可直接食用。南瓜粉生产的工艺流程如下：

工艺一：南瓜→清洗→去皮、籽→切块→热烫护色→打浆→过滤→浓缩→喷雾干燥→包装。

工艺二：南瓜→清洗→去皮、籽→切块→热烫护色→干燥→粉碎筛分→超微粉碎→包装。

2. 操作要点

（1）清洗、去皮籽　选用金黄、老熟、新鲜的南瓜作为原料，在 50℃温水浸泡 3min，清水喷淋，除去南瓜籽、皮等不可食部分。

（2）热烫护色　将南瓜在含有柠檬酸、抗坏血酸和半胱氨酸的热水（95℃）中热烫 3min 进行护色，漂烫后立即冷却、沥水。

（3）浓缩　南瓜汁浓度较低，直接喷雾干燥能耗较大，因此需要先将南瓜汁进行适当的浓缩。真空浓缩可以较好地保持其色泽、风味和营养物质。真空浓缩的条件为真空度 0.13MPa、温度 55℃、转速 5000r/min，浓缩固形物含量为 40%左右时结束。

（4）喷雾干燥　将浓缩后的南瓜液喷雾干燥，喷雾干燥技术是将南瓜浆由液态经过雾化和干燥在瞬间直接变为南瓜粉的过程，简化了南瓜粉的加工工艺，较好地保持了南瓜的营养成分。优化进风温度、压缩空气流量和改良剂的添加量，选取最佳喷雾干燥条件。采用旋风分离器回收粉，出粉粒度 80 目，干粉水分含量在 5%左右。

（5）粉碎筛分　粉碎方式采用冲击式粉碎，粉碎后的南瓜粉应进行筛分，其主要目的是使南瓜粉具有合适的粒度。

（6）超微粉碎　为了提高产品的冲调性和食用方便性，采用超微粉碎机将南瓜粉进一步粉碎。

（7）包装　南瓜制粉后比表面积增大，容易吸潮和氧化，因此需要真空或充氮包装，并采用不透光、不透气的密封包装材料。

3. 产品质量要求

（1）感官指标　色泽呈淡黄色；组织形态为均匀疏松的粉末状，无颗粒，无结块；气味为南瓜粉应有的气味，无异味；无肉眼可见的杂质。

（2）理化指标　水分≤9g/100g；总灰分≤6g/100g（干基）；重金属含量低于国家标准；农药最大残留限量低于国家标准。

4. 应用现状

南瓜粉是最主要的南瓜加工产品，其附加值高、市场需求大，具有较高的经济效益和社会效益。南瓜粉因其色泽金黄、保存期长、携带方便并且具有优良的加工性能，而广泛应用于食品加工行业，它不仅可以作为方便食品直接食用，也可作为主料或辅料与其他原料混合加工成各种产品，例如：南瓜面包、南瓜奶粉、南瓜月饼等。目前，南瓜粉产品主要有南瓜全粉、速溶南瓜粉和即食南瓜粉等，不同的产品其加工工艺和产品特性不同。

（1）南瓜全粉　南瓜全粉的干燥方法通常采用热风干燥，然而烘干法干燥温度高，干燥时间长，很容易破坏南瓜中的营养物质，特别是维生素C等热敏性成分。此外，烘干法中物料受热不均匀，产品质量不理想。由于南瓜全粉保留了南瓜中的全部成分，致使产品口感粗糙、溶解性差，严重影响产品的冲调性、适口性，另外产品中淀粉糊化度较低，不能直接食用，一般作为精深加工产品的原料。为了改善南瓜全粉的口感和冲调性，开发出了超细南瓜粉。

（2）速溶南瓜粉　速溶南瓜粉多采用喷雾干燥法生产，产品特点是色泽金黄，具有天然南瓜的清香，粉粒细小疏松，具有蜂窝状小孔，速溶性好，且保留了大部分营养物质，有利于人体的消化吸收，可直接食用。生产速溶南瓜粉时，仍然有大部分的膳食纤维、果胶等非水溶性成分被过滤掉，造成营养物质的流失，并且降低了原料的利用率。

（3）即食南瓜粉　即食南瓜粉是一种新型的南瓜粉产品，它是一种可以即冲即食的方便食品，采用膨化工艺加工得到即食南瓜粉。具体工艺是将南瓜干燥后制成粉，与易膨化原料混合，再采用膨化加工得到即食南瓜粉，通过挤压膨化改善南瓜粉冲调性和适口性，因此，即食南瓜粉是食用方便、天然营养的保健食品。但采用膨化方法加工即食南瓜粉的工艺繁杂，耗时耗能，且南瓜中的营养物质受到破坏。因此，膨化方法生产即食南瓜粉的工业化应用存在一定的局限性。

参考文献

［1］ 刘相东，于才渊，周德仁．常用工业干燥设备及应用．北京：化学工业出版社，2004.

［2］ 崔春芳，董忠良．干燥新技术及应用．北京：化学工业出版社，2008.

［3］ 刘一健．利用混联式太阳能果蔬干燥设备干燥无核白葡萄、枣和杏的工艺研究．保定：河北农业大学，2009.

［4］ 谭颖，陈国菊，程玉瑾，等．干燥花干燥技术研究进展．现代园艺，2015，9：28.

[5] 郭彦萃.用真空冷冻干燥技术研制四种花卉的立体干燥花.哈尔滨：东北林业大学，2006.

[6] 李凤生.超细粉碎技术.北京：国防工业出版社，2000：15-18.

[7] 李斐.果蔬真空冷冻干燥工艺参数试验研究.晋中：山西农业大学工学院，2014.

[8] 王海鸥.微波冷冻干燥中试设备及关键技术研究.南京：南京农业大学，2012.

[9] 张慜，王瑞.果蔬微波联合干燥技术研究进展.干燥技术与设备，2005，3（3）：107.

[10] 段小明，冯叙桥，宋立，等.果蔬微波真空干燥（MVD）技术研究进展.食品与发酵工业，2013，39（9）：156.

[11] 巨浩羽，肖红伟，白竣文，等.苹果片的中短波红外干燥特性和色泽变化研究.农业机械学报，2013，44：：186.

[12] 范方宇.草莓粉喷雾干燥加工工艺的研究.合肥：合肥工业大学，2006.

[13] 班婷.太阳能果蔬干燥设备的优化设计及其试验.武汉：华中农业大学，2011.

[14] 肖红伟，张世湘，白竣文，等.杏子的气体射流冲击干燥特性.农业工程学报，2010，26（7）：318.

[15] 毕金峰，陈芹芹，刘璇，等.国内外果蔬粉加工技术与产业现状及展望.中国食品学报，2013，13（3）：8.

[16] Zhao J H，Liu F，Wen X，et al. State diagram for freeze-dried mango：freezing curve，glass transition line and maximal-freeze-concentration condition. J. Food Eng，2015，157：49.

第四章　果蔬花卉制汁与酿造

04 Chapter

果蔬花卉制汁与酿造是以水果、蔬菜、花卉等为原料，经加工或发酵将其制成液体饮品的过程。水果、蔬菜及花卉中富含维生素、糖类、膳食纤维、无机盐及水分等人体所必需成分，具有润肤、健胃、助消化及抗癌等多种保健功能。在美国、欧洲各国和日本等国家率先将果蔬花卉原料精深加工为饮料产品，以转换产品形式的方法解决果蔬安全贮藏问题，使水果、蔬菜、花卉得到充分利用，这也逐渐成为水果、蔬菜、花卉的一种重要加工形式，并伴随着果蔬花卉产量的逐年增加而稳定增长，目前已成为消费市场上最受欢迎的产品之一[1]。

第一节　果蔬花卉制汁与酿造原理

一、制汁原理

1. 果蔬花卉制汁

从食品工艺学的角度出发，一般认为以新鲜或冷藏果蔬（也有一些采用干果）为原料，经过清洗、挑选后，采用物理的方法如破碎、压榨、浸提、澄清、离心、过滤等方法得到的果蔬汁液，称为果蔬汁。因此果蔬汁也有“液体果蔬”之称。通常，工业生产果蔬汁可以理解为以水果、蔬菜为基料，通过加糖、酸、香精、色素等调制的产品，称为果蔬汁饮料。由于其具有丰富的营养成分，如糖类、矿物质、维生素、膳食纤维等，易被人体吸收，在维持人体正常生理机能方面起着重要的作用，是一种良好的功能性饮品。

2. 制汁分类

制汁生产以果蔬汁为主，根据《饮料通则》GB/T 10789—2015，主要有果

蔬汁（浆）、浓缩果蔬汁（浆）、果蔬汁（浆）类饮料等三大类。

（1）果蔬汁（浆） 以水果或蔬菜为原料，采用物理方法（机械方法、水浸提等）制成的可发酵但未发酵的汁液、浆液制品；或在浓缩果蔬汁（浆）中加入其加工过程中除去的等量水分复原制成的汁液、浆液制品，如原榨果汁（非复原果汁）、果汁（复原果汁）、蔬菜汁、果浆/蔬菜浆、复合果蔬汁（浆）等。

（2）浓缩果蔬汁（浆） 是以水果或蔬菜为原料，从采用物理方法榨取的果汁（浆）或蔬菜汁（浆）中除去一定量的水分制成的，加入其加工过程中除去的等量的水分复原后具有果汁（浆）或蔬菜汁（浆）应有特征的制品。含有不少于两种浓缩果汁（浆），或浓缩蔬菜汁（浆），或浓缩果汁（浆）和浓缩蔬菜汁（浆）的制品为浓缩复合果蔬汁（浆）。

（3）果蔬汁（浆）类饮料 以果蔬汁（浆）、浓缩果蔬汁（浆）为原料，添加或不添加其他食品原辅料和（或）食品添加剂，经加工制成的制品，如果蔬汁饮料、果肉（浆）饮料、复合果蔬汁饮料、果蔬汁饮料浓浆、发酵果蔬汁饮料、水果饮料等。

二、酿造原理

酿造以新鲜的果蔬花卉为原料，利用野生或人工添加微生物将果蔬花卉汁中的糖类进行发酵产生酒精，再在陈酿澄清的过程中形成酯化、氧化和聚合沉淀等作用，生成色、香、味俱佳并且营养丰富的含醇饮料。酿造的过程中除了产生酒精以及其他副产物，还发生了一系列复杂的生化反应，最终赋予果蔬花卉酒独特的风味和色泽[2~4]。

1. 果蔬花卉酒的酿造

（1）酒精发酵 酒精发酵是指在无氧条件下，微生物（如酵母菌）利用葡萄糖、果糖等有机物，产生乙醇、二氧化碳等氧化产物，同时释放少量能量的过程。这是一个相当复杂的生化过程，主要产物是乙醇，同时伴有许多中间产物的产生。酒精发酵大体上包括糖酵解和丙酮酸分解两个阶段。

① 乙醇的生成。

a. 糖酵解。糖酵解是指细胞将己糖转化为丙酮酸的一系列反应，在厌氧（酒精发酵、乳酸发酵）和有氧（呼吸）条件下都可进行。经过糖酵解，一分子的葡萄糖转化为1,6-二磷酸果糖，再在醛缩酶的作用下裂解成两个三碳化合物，然后转变为两分子的丙酮酸。

b. 丙酮酸分解。经糖酵解产生的丙酮酸，在丙酮酸脱羧酶的催化作用下生成乙醛，释放二氧化碳，乙醛又在乙醛脱氢酶的催化作用下生成乙醇。

② 主要副产物。在酒精发酵过程中，还存在着其他的代谢活动，酵母菌将果蔬花卉汁中90%左右的糖发酵生成乙醇、二氧化碳和少量能量，剩余的糖在酵母的作用下产生一系列其他的化合物，统称为酒精发酵副产物，如甘油、乙醛、醋酸、乳酸、高级醇和酯类等，它们不仅影响果蔬花卉酒的风味和口感，部分副产物还对酵母的生长具有抑制作用。

a. 甘油。甘油主要由糖酵解过程中产生的磷酸二羟丙酮转化而来，当然还有一部分是由酵母细胞的卵磷脂分解而形成的。甘油味甜稠厚，可以赋予果蔬花卉酒以清甜味，增加酒的稠度，使其口感圆润。甘油的产生不仅受代谢条件影响，还取决于菌株产甘油能力和基质，在葡萄酒中甘油的含量大约为6～10mg/L。

b. 乙醛。乙醛主要由丙酮酸脱羧而产生，也可能由乙醇氧化产生。乙醛是葡萄酒的香味成分之一，在新发酵的葡萄酒中乙醛的含量一般在75mg/L以下。乙醛可以与二氧化硫结合，形成稳定的乙醛-亚硫酸化合物，这种物质对葡萄酒的质量没有影响。陈酿时，由于氧化或者产膜酵母的作用，乙醛含量逐渐增多，含量最高可达500mg/L，过多的游离乙醛会使葡萄酒具有氧化味。

c. 醋酸。醋酸由乙醇氧化而来，乙醛氧化也可以产生醋酸。醋酸是挥发性酸，风味强烈。正常发酵情况下，果蔬花卉酒中醋酸的含量为200～300mg/L，白葡萄酒中醋酸含量低于880mg/L，红葡萄酒中醋酸含量低于980mg/L。若果蔬花卉酒中醋酸的含量超过1500mg/L，就会破坏其风味，从而具有明显的酸味。在陈酿过程中，醋酸可以形成酯类物质，赋予果蔬花卉酒香味。

d. 乳酸。乳酸来源于酒精发酵和苹果酸-乳酸发酵，在果蔬花卉酒中含量一般低于1000mg/L。

e. 高级醇。高级醇是比乙醇多一个或者多个碳原子的一元醇，主要由氨基酸、六碳糖、低分子酸等形成，可以溶于酒精，难溶于水，酒度低时呈油状，又称为杂醇油。高级醇包括异丙醇、异丁醇、活性戊醇、丁醇等，这类醇在酒中含量很低，但却是构成果蔬花卉酒香气的主要成分。如果这些醇含量过高，会使酒产生不愉快的粗糙感，使人头疼致醉。

f. 酯类。酯类物质通过发酵过程的生化反应和陈酿过程中的酯化反应两个途径产生，赋予果蔬花卉酒独特的香味。酯类的形成受温度、pH、菌种及加工条件等因素影响，如温度高、pH低，促进酯化反应，酯的生成量就多。

此外，果蔬花卉酒中还存在其他副产物，如甲醇，它主要来自于原料中的果胶，果胶脱甲氧基生成低甲氧基果胶时，同时生成甲醇，甘氨酸脱羧也可生成甲醇。甲醇具有毒害作用，含量高对产品品质不利。

③ 酒精发酵微生物。果蔬花卉酒的酒精发酵与微生物的活动有密切关系。

果蔬花卉酒酿造的成败与品质的好坏，首先取决于参与发酵的微生物的种类。若霉菌或细菌等有害微生物存在并参与发酵，则会导致酿造的失败。酵母菌是果蔬花卉酒发酵的主要微生物，它将基质中的绝大多数糖转化为乙醇和二氧化碳，同时生成甘油、高级醇、酯类、醛类等代谢产物，直接影响到酒的味道、香气和色泽，决定着酒的质量与风格。酵母菌的种类很多，其生理功能也各异，有良好的发酵菌种，也有危害性的菌种，不同果蔬花卉酒产品需要的酵母菌品种也不同。果蔬花卉酒酿造必须选择优良的酵母菌进行酒精发酵，同时防止杂菌的参与，来烘托固有的酒香，并且还通过酵母协调香气，以得到独具特色的酒型和酒种。果蔬花卉酒的优良酵母菌品种是葡萄酒酵母菌，它具有优良酵母菌的主要特征：发酵能力强，发酵效率高；抗逆性强；产酒率高；生香能力强。葡萄酒酵母菌在果蔬花卉酒酿造中占十分重要的位置，它不仅是酿造葡萄酒的优良酵母，也是其他苹果酒、柑橘酒等果蔬花卉酒酿造的较好菌种。

果蔬花卉原料上还附着大量的野生酵母菌，随着原料的破碎压榨进入汁液参与酒精发酵，常见的品种有巴氏酵母菌和尖端酵母菌等。

a. 巴氏酵母菌。又称卵形酵母，是附着在葡萄果实上的一类野生酵母。巴氏酵母菌的产酒能力强，抗二氧化硫的能力也强，但繁殖缓慢，导致产酒效率低，产生1%的酒需要20g/L的糖。这种酵母菌一般出现在发酵后期，进一步把残糖转化为乙醇，也可引起甜葡萄酒的瓶内发酵。

b. 尖端酵母菌。也叫柠檬型酵母菌，是从外形上来区分的一大群酵母菌，其中有些明显的种类，能形成孢子的称为汉逊孢子酵母或尖端（真）酵母，不生成孢子的称为克勒克酵母。这类酵母广泛存在于各种水果的果皮上，耐低温，可忍耐470mg/L的游离二氧化硫，其繁殖速度快，在发酵初期活动占优势，但其发酵能力较弱，只能发酵酒度为4%～5%（体积分数），在这种酒度下尖端酵母菌被杀死。产酒效率也很低，转化1%的乙醇大约需22g/L的糖。尖端酵母菌发酵产生的挥发性酸也多，对发酵不利。

c. 醭酵母和醋酸菌。醭酵母是空气中的一大类产膜酵母菌，俗称酒花菌。在果蔬花卉汁未发酵前或发酵势微弱时，这两类微生物通常在发酵液表面繁殖，生成一层灰白色或暗黄色的菌丝膜。它们有强大的氧化代谢能力，可将糖和乙醇转化为挥发酸、醛类等物质，对酿酒危害很大。但是它们的繁殖一般需要充足的空气，并且抗二氧化硫能力弱，可在酿造中采用减少空气、添加二氧化硫以及接入大量优良酿酒酵母等措施杀灭它们或者抑制其活力。

d. 乳酸菌。乳酸菌在葡萄酒酿造中具有双重作用。在陈酿过程中，乳酸菌把苹果酸转化为乳酸，使新酿造葡萄酒的酸涩、粗糙等缺点消失，从而变得醇厚饱满，柔和协调，并且增加了生物稳定性。所以，苹果酸-乳酸发酵是酿造优质红葡萄酒的一个重要工艺过程。在发酵过程中，由于发酵醪中含有较高的糖，乳酸菌可以把糖分解为乳酸、醋酸等，使酒的风味变坏，这是乳酸菌的不良作用。

e.霉菌。霉菌一般对果蔬花卉酒酿造不利，众所周知，用感染了霉菌的葡萄很难酿造出好的葡萄酒。但是法国南部的索丹地区，用感染了灰葡萄孢、产生“贵腐”现象的葡萄，酿造出了闻名于世的贵腐葡萄酒。

④ 影响酒精发酵的因素。

果蔬花卉酒微生物的生存与作用受发酵环境直接影响，进而会影响果蔬花卉酒的品质。

a.温度。酵母菌活动的最适温度为20～30℃，在该温度范围内，酵母繁殖速度随温度上升而加快，30℃时繁殖速度达到最大值。当温度升到35℃时，酵母菌呈疲劳状态，繁殖速度迅速下降，发酵可能停止。如果在40～45℃下保持1～1.5h，或60～65℃下保持10～15min，就可以杀死酵母。酵母菌在10℃以下的条件不能生长繁殖或繁殖很慢，但其孢子可以抵抗－200℃的低温。当温度不高于35℃时，温度越高，开始发酵越快；温度越低，糖分转化越完全，生成的酒度越高。红葡萄酒发酵的最佳温度为26～30℃，白葡萄酒和桃红葡萄酒发酵的最佳温度为18～20℃。

b.pH值。酵母菌在pH值2～7范围内都可生长，在微酸条件下（pH值4～6）发酵能力最强。当汁液的可滴定酸含量为0.8～1.0g/100mL，pH值为3.5时，酵母菌能很好地繁殖和进行酒精发酵，并且有害微生物的繁殖受到有效抑制。但是，若pH值下降到2.6以下时，酵母菌则会停止繁殖和发酵。在实际生产中，为了控制有害微生物的活动，保证酵母菌良好繁殖和进行酒精发酵，常将pH值控制在3.3～3.5范围内。

c.空气。酵母菌是兼性厌氧微生物，在有氧条件下，酵母菌生长发育旺盛，大量繁殖。在缺氧条件下，酵母菌的个体繁殖受到明显抑制。在酒精发酵开始前，原料的破碎、榨汁、均质等工序后混入大量的空气，足够酵母菌发育繁殖所需。当酵母菌停止发育时，通过倒灌的方式适量补充氧气。但是如果提供氧气过多，会导致酵母菌过多地进行有氧呼吸，产生的乙醇减少，因此果蔬花卉酒的酿造一般在密闭条件下进行。

d.糖分。酵母菌的生长繁殖和酒精发酵都需要糖，为使发酵正常进行，基质中的含糖量应在20%～30%之间。当含糖量高于30%时，由于高渗透压的作用，会使酵母菌失水而失去活性；当含糖量高于60%时，酒精发酵停止。因此生产酒度较高的果蔬花卉酒时，可采用分次加糖的方法，这样就可以缩短发酵时间，保证发酵正常进行。

e.乙醇和二氧化碳。乙醇和二氧化碳都是发酵产物，它们对酵母菌的生长繁殖和发酵都有抑制作用。乙醇对酵母菌的抑制作用因菌种、细胞活力和温度而异，在发酵过程中对乙醇的耐受性差别是酵母菌菌群更替转化的自然手段。尖端

酵母菌在乙醇含量达到5%时就不能生长，葡萄糖酵母菌可以忍耐13%的乙醇，甚至忍耐16%～17%的乙醇，贝酵母在16%～18%的乙醇浓度下仍能发酵，甚至生成20%的乙醇。这些耐乙醇的酵母是生产高酒度的有用菌株。在发酵过程中二氧化碳的压力小于101.3kPa时，酵母菌繁殖稍微受到阻碍，但酒精发酵不受影响。当二氧化碳的压力达到101.3kPa以上时，好气微生物的活动完全受到抑制。因此，果蔬花卉酒多采用密闭条件来发酵，以便积累较多的二氧化碳，使每克糖产生较多的乙醇，减少用于繁殖酵母菌的糖。

f. 二氧化硫。果蔬花卉酒发酵一般都采用亚硫酸（以二氧化硫计）来保护发酵。葡萄糖酵母菌具有较强的抗二氧化硫能力，当发酵液中二氧化硫含量为10mg/L时，能有效地抑制多数有害微生物的活动，而对酵母菌没有影响。当发酵液中二氧化硫含量为20～30mg/L时，会延迟发酵进程6～10h；二氧化硫含量达到50mg/L时，延迟发酵进程18～24h；二氧化硫含量达到100mg/L时，延迟发酵进程4d。

g. 其他因素。与高等生物一样，酵母菌的生长繁殖还需要其他物质，如生物素、吡哆醇、硫胺素、泛酸、内消旋环已六醇、烟酰胺、固醇和长链脂肪酸；酵母菌繁殖还需要提供氨、氨基酸、铵盐等氨态氮源。而高浓度的乙醛、二氧化硫、二氧化碳以及辛酸、癸酸等都是酒精发酵的抑制因素。

（2）苹果酸-乳酸发酵　有些果蔬花卉酒在酒精发酵后的贮酒前期，会出现二氧化碳逸出的现象，并伴随着新酒的浑浊，色泽的减退，甚至伴随不良风味的出现，这种现象就称为苹果酸-乳酸发酵（malolactic fermentation）。原因是酒中某些乳酸菌（如酒明串珠菌）将苹果酸分解为乳酸和二氧化碳等。

苹果酸-乳酸发酵是酿造过程中一个重要的环节，它可降低新酒酸度，增加果香、醇香，使口感变得柔软、醇厚，质量提高，酒的稳定性增加。优质的红葡萄酒，首先是糖被酵母菌发酵，苹果酸被乳酸菌分解，但要避免乳酸菌分解糖和其他酒的成分。然后使糖和苹果酸尽快消失，以缩短酵母菌和乳酸菌繁殖的时间。当酒中不再含有糖和苹果酸时，就要立即去除这些微生物。影响苹果酸-乳酸发酵的因素主要包括以下几个方面。

① 乳酸菌的数量。当发酵醪入池（罐）发酵时，乳酸菌与酵母菌共同发酵，但在发酵初期，酵母菌发育占据优势，乳酸菌受到抑制，主发酵结束后，经过潜伏期的乳酸菌重新繁殖，当数量超过100万个/mL时，苹果酸-乳酸发酵才开始。

② pH值。pH值在3.1～4.0时，pH值越高，发酵开始越快；pH值低于2.9时，发酵不能正常进行。

③ 温度。在14～20℃时，苹果酸-乳酸发酵随温度上升而加快，结束得也越早；低于15℃或者高于30℃，发酵速度减慢。

④ 氧气和二氧化碳。增加氧气对苹果酸-乳酸发酵产生抑制作用；二氧化碳对乳酸菌的生长发育有促进作用，因此主发酵结束后去除酒渣以保持二氧化碳的含量，有利于苹果酸-乳酸发酵。

⑤ 乙醇浓度。当乙醇浓度超过12%时，苹果酸-乳酸发酵就很难诱发。通常葡萄酒的酒度在10%～12%，对苹果酸-乳酸发酵影响不大，但乳酸菌在低酒度时生长更好。

⑥ 二氧化硫。二氧化硫在50mg/L以上时，对苹果酸-乳酸发酵具有抑制作用。

(3) 酯化反应　果蔬花卉酒中含有有机酸和醇类，在一定温度下可以发生酯化反应，生成酯类化合物和水。酯类具有香味，是果蔬花卉酒芳香味的主要来源之一。酯化反应进行得非常缓慢，并且是可逆反应，受到多种因素的制约。在一定温度范围内，其反应速率与温度成正比，与时间成反比。葡萄酒中酯类形成有两个途径：一是陈酿和发酵过程中的酯化反应生成酸性酯，比如酒石酸乙酯；二是发酵过程中的生化反应形成的挥发性酯，比如醋酸乙酯。

(4) 氧化还原反应　氧化还原反应是果蔬花卉酒生产中的一个重要反应，氧化和还原是同时进行的两个方面，酒中有的成分被氧化，同样有的成分被还原。果蔬花卉酒中可氧化的物质有鞣质、色素、维生素C等。氧化还原反应与酒的质量密切相关，在酒成熟阶段需要有氧化作用，来促进鞣质和花色素缩合，使某些不良风味物质氧化。在酒的老化阶段以还原作用为主，促进芳香物质的产生。此外，氧化还原反应对酒的色泽、透明度还有影响。

2. 果蔬花卉酒的分类

果蔬花卉酒种类很多，分类方法各异。通常根据酿造方法、成品特点或原料对其进行分类。

(1) 酿造方法

① 发酵酒。用果蔬花卉汁（浆）经酒精发酵酿造而成的，如葡萄酒、苹果酒。与其他果蔬花卉酒不同之处在于它不需要在酒精发酵之前对原料进行糖化处理。根据发酵程度的不同，又分为全发酵酒与半发酵酒：全发酵酒，果蔬花卉汁（浆）中的糖分全部发酵，残糖1%以下；半发酵酒，果蔬花卉汁（浆）中的糖分部分发酵。

② 蒸馏酒。果蔬花卉汁（浆）经酒精发酵后，再通过蒸馏所得到的酒，如白兰地、水果白酒等。通常所说的白兰地是以葡萄为原料进行酒精发酵，再经过蒸馏而得的产品。以其他果蔬花卉为原料酿造的白兰地，通常在原料的名称后面加上白兰地命名，如苹果白兰地、李子白兰地等。不同地区生产的白兰地酒度不同，饮用型蒸馏酒的酒度多在45%（体积分数）左右，当酒度在70%以上时，可用于配制果露酒及其他果酒的勾兑。

③ 加料酒。加料酒是以发酵果蔬花卉酒为基酒，加入植物性芳香物等增香物质或药材等而制成的。常见的加料酒以葡萄酒为多，如加香葡萄酒是将各种芳香的花卉及其果实利用蒸馏法或浸渍法制成香料，加入酒内，赋予葡萄酒以独特的香气。还有将人参、丁香、五味子和鹿茸等名贵中药加进葡萄酒中的，以使酒具有滋补和防治疾病的功效。这类酒有人参葡萄酒、丁香葡萄酒、参茸葡萄酒等。

④ 起泡酒。起泡酒包括香槟酒和汽酒。香槟酒是一种含二氧化碳的白葡萄酒，这种酒是在上好的白葡萄酒中加糖，经二次发酵产生二氧化碳而制成的，其乙醇含量在1.25%～14.5%，二氧化碳要求在20℃下保持0.34～0.49MPa的压力。汽酒则是在配制酒中人工充入二氧化碳而制成的一种酒，二氧化碳要求在20℃下保持0.098～0.245MPa的压力。二次发酵的香槟酒的二氧化碳气泡及其泡沫细小均匀，较长时间不易散失；汽酒的二氧化碳气泡比较大，保持时间短，容易散失。

⑤ 配制酒。配制酒也称为果露酒，将果实或果皮、鲜花等用酒精或白酒浸泡取露，或用果汁加糖、香精、色素等食品添加剂调配而成。配制酒有柑橘酒、樱桃酒、刺梨酒等。

(2) 含糖量　按含糖量（以葡萄糖计，g/L）将果蔬花卉酒分为干酒、半干酒、半甜酒和甜酒：干酒，含糖量低于4.0g/L；半干酒，含糖量为4.1～12.0g/L；半甜酒，含糖量为12.1～50.0g/L；甜酒，含糖量在50.0g/L以上。

(3) 酒度　按照酒中含乙醇的多少将果蔬花卉酒分为高度酒和低度酒：高度酒，乙醇含量在18%（体积分数）以上；低度酒，乙醇含量在17%以下。

(4) 原料　按照生产果蔬花卉酒的原料不同将其分为很多种类，如葡萄酒、苹果酒、柑橘酒、猕猴桃酒等。

3. 果醋酿造

果醋是以水果，包括棠梨、山楂、桑葚、葡萄、柿子、杏、柑橘、猕猴桃、苹果、西瓜等，或果品加工下脚料为主要原料，利用现代生物技术酿制而成的一种营养丰富、风味优良的酸味调味品。果醋中醋酸的含量在3%～7%，它兼有水果和食醋的营养保健功能，是集营养、保健、食疗等功能为一体的新型饮品。

果醋发酵需要经过两个阶段。先是酒精发酵阶段，酒精发酵微生物与果蔬花卉酒发酵微生物相同，将糖转化为乙醇；然后是醋酸发酵阶段，醋酸菌将乙醇氧化为醋酸，即醋化作用。如果以果蔬花卉酒为原料，则只需进行醋酸发酵阶段。

醋酸发酵过程中乙醇转化为醋酸又可分为两个阶段：一是乙醇在乙醛脱氢酶的作用下生成乙醛；二是乙醛吸水形成乙醛水化物，再由醛脱氢酶氧化为醋酸。

(1) 果醋酿造的微生物

① 酵母菌。果醋酿造所用酵母菌与果蔬花卉酒酿造所用酵母菌相同，酵母

菌将可溶性糖转化为乙醇和二氧化碳，这是酒精发酵阶段。

② 醋酸菌。醋酸菌，即醋酸杆菌。按照醋酸菌的生理生化特性，可将醋酸杆菌分为醋酸杆菌属和葡萄糖氧化杆菌属两大类。醋酸杆菌主要作用是将酒精氧化为醋酸，在缺少酒精的醋醅中，会继续把醋酸氧化成二氧化碳和水，也能微弱氧化葡萄糖为葡萄糖酸。葡萄糖氧化杆菌能在低温下生长，增殖最适温度在30℃以下，主要作用是将葡萄糖氧化为葡萄糖酸，也能微弱氧化酒精成醋酸，但不能继续把醋酸氧化为二氧化碳和水。酿醋用醋酸菌菌株，大多属于醋酸杆菌属，仅在传统酿醋醋醅中发现葡萄糖氧化杆菌属的菌体。

醋酸菌有以下几个方面的特性。

a. 菌体细胞形态。醋酸菌是两端浑圆的杆状菌，单个或呈链状排列，有鞭毛，无芽孢，属革兰氏阴性菌。在高温、高浓度盐溶液中或营养不足时，菌体会伸长，变成线形或棒形，管状膨大等。

b. 氧的要求。醋酸菌为好氧菌，必须供给充足的氧气才能正常生长繁殖。醋酸菌在液体静置培养时，醋酸杆菌属会在液面形成菌膜，葡萄糖氧化杆菌不形成。在较高浓度酒精和醋酸环境中，醋酸杆菌对缺氧非常敏感，中断供氧会造成菌体死亡。

c. 环境要求。醋酸菌生长繁殖的适宜温度为28～33℃，在60℃的温度条件下经10min即死亡。醋酸菌生长的最适pH值为3.5～6.5，在醋酸含量达1.5%～2.5%的环境中，生长繁殖就会停止，但有些菌株能耐受醋酸达7%～9%。醋酸杆菌对酒精的耐受力颇高，酒精体积分数可达到5%～12%；其对食盐的耐受力很差，食盐质量分数达1%～1.5%时就停止活动。在生产中，醋酸发酵完毕就添加食盐，除可调节食醋滋味外，也有防止醋酸菌继续生长繁殖的作用。醋酸菌继续活动会将醋酸氧化为二氧化碳和水，降低醋的质量。

d. 营养要求。醋酸菌最适宜的碳源是葡萄糖、果糖等六碳糖，其次是蔗糖和麦芽糖等，但不能直接利用淀粉等多糖类。酒精也是很适宜的碳源，有些醋酸菌还能以甘油、甘露糖醇等多元醇为碳源。蛋白质水解产物、尿素、硫酸铵等都适宜作为醋酸菌的氮源。至于无机盐，则必须有磷、钾、镁三种元素。除少数酿醋工艺外，一般不再需要另外添加氮源、无机盐等营养物质。

e. 酶系特征。醋酸菌有活力相当强的醇脱氢酶、醛脱氢酶等氧化酶系活力，因此，除能氧化酒精生成醋酸外，还有氧化其他醇类和糖类的能力，生成相应的酸、酮等物质，例如丁酸、葡萄糖酸、葡萄糖酮酸、木糖酸、阿拉伯糖酸、丙酮酸、琥珀酸、乳酸等有机酸，以及氧化甘油生成二酮，氧化甘露糖醇生成果糖等。醋酸菌也有生成酯类的能力，接入产生芳香酯多的菌种发酵，可以使食醋的香味倍增，这些物质的存在对形成食醋的风味有着重要作用。

醋酸菌的种类虽多，但常见的醋酸菌有以下几种。

a. 奥尔兰醋酸杆菌。它是法国奥尔兰地区用葡萄酒生产醋的主要菌种，生长最适温度为30℃。

b.许氏醋酸杆菌。它是国外有名的速酿醋菌种，也是目前制醋工业中较重要的菌种之一。在液体中，许氏醋酸杆菌生长的最适温度为25～27.5℃，固体培养的最适温度为28～30℃，最高生长温度为37℃。该菌产酸高达11.5%，对醋酸没有进一步的氧化作用。

c.恶臭醋酸杆菌。它是我国醋厂常用菌种之一，该菌在液面处形成菌膜，并沿器壁上升，菌膜下液体不浑浊，一般能产酸6%～8%，有的菌株还能产生2%葡萄糖酸，能把醋酸进一步氧化为二氧化碳和水。

d.攀膜醋酸杆菌。它是葡萄酒、葡萄醋酿造中的有害菌，在醋醅中常能被分离出来。该菌最适生长温度31℃，最高生长温度44℃，在液面处形成易破碎的菌膜，菌膜沿容器壁上升得很高，菌膜下液体很浑浊。

e.胶膜醋酸杆菌。它是一种特殊的醋酸菌，若在酿酒醪液中繁殖，会引起酒酸败、变黏。该菌生成醋酸的能力弱，又会氧化分解醋酸，因此是酿醋的有害菌。

（2）影响果醋酿造的因素

① 果蔬花卉酒的酒度。当果蔬花卉酒的酒度大于14%（体积分数）时，醋酸菌不能忍受，繁殖速度减缓，被膜变成灰白色，不透明且易碎，生成物以乙醛为主，醋酸较少。当酒度在12%～14%时，醋化作用可以很好地进行，直至乙醇全部变成醋酸。

② 果蔬花卉酒中的溶解氧量。果蔬花卉酒中溶解氧量越多，醋化作用越完全，理论上100L纯酒精被氧化成醋酸需要38m^3纯氧，相当于空气量184m^3。实际上供给的空气量还要超过理论数15%～20%才能醋化完全。反之，缺乏空气，醋酸菌则被迫停止繁殖。

③ 果蔬花卉酒中的二氧化硫。果蔬花卉酒中的二氧化硫对醋酸菌的繁殖有抑制作用。若二氧化硫含量过多，则不适宜醋酸发酵，解除其二氧化硫后才能进行醋酸发酵。

④ 温度。20～32℃为醋酸菌繁殖最适宜温度，30～35℃醋化作用最快，到达40℃时停止活动。温度在10℃以下，醋化作用进行困难。

⑤ 酸度。果蔬花卉酒的酸度对醋酸菌的繁殖亦有妨碍。醋化时，醋酸量逐渐增加，醋酸菌的活动也逐渐减弱。当酸度达某限度时，其活动完全停止，醋酸菌一般能耐受8%～10%的醋酸浓度。

⑥ 太阳光线。太阳光线不利于醋酸菌繁殖。而各种光带的有害作用相比较，以白色为最烈，其次顺序是紫色、青色、蓝色、绿色、黄色及棕黄色，红色危害最弱，与黑暗处醋化时所得的产率相同。

4. 果醋分类

随着果醋的流行，果醋的类型也越来越多，品种也越来越丰富。

(1) 按加工方法分类

① 鲜果制醋。鲜果制醋是利用鲜果进行发酵，特点是产地制造，成本低，季节性强，酸度高，适合作调味果醋。

② 果汁制醋。果汁制醋是直接用果汁进行发酵，特点是非产地也能生产，不受季节影响，酸度高，适合作调味果醋。

③ 鲜果浸泡制醋。鲜果浸泡制醋是将鲜果浸泡在一定浓度的酒精溶液或食醋溶液中，待鲜果果香、果酸及部分营养物质进入酒精溶液或食醋溶液后，再进行醋酸发酵。特点是工艺简洁，果香好，酸度高，适合作调味果醋和饮用果醋。

④ 果酒制醋。果酒制醋是以酿造好的果蔬花卉酒为原料进行醋酸发酵。

(2) 按发酵过程不同分类

① 固态发酵法。该方法以粮食为主料，以果品（多用果皮渣和残次果）为辅料，经处理后接入酵母菌和醋酸菌固态发酵制得。其工艺流程为：果品原料→切除腐烂部分→清洗→破碎→与粮食加工品混合→蒸料→糖化及酒精发酵→固态醋酸发酵→淋醋→灭菌→陈酿→成品。这种方法制醋过程中加入的辅料和填充物多，基础物质较液态发酵法丰富，有利于微生物繁殖而产生不同的代谢产物，使成品中氨基酸、糖分浓度高，因此制品酸味柔和、酸中回甜、香气浓郁、果香明显，口味醇厚，色泽也好，是传统制醋法。但这种方法也有一些缺点，如卫生条件差、劳动强度高、生产周期长、原料利用率低、生产能力低，同时出醋率低，质量不易稳定。

② 液态发酵法。液态发酵法根据工艺不同分为静置表面发酵法和液体深层发酵法。前者是在醋酸发酵过程中将发酵液控温在28～30℃进行静置发酵，经过2～3d后，液面有薄膜出现，证明有醋酸菌膜形成，醋酸发酵开始，连续发酵直到酸度不再明显增加，这种方法耗时长。后者具有机械化程度高、酿造周期短、产量高、劳动强度低、原料利用率高、成品卫生好、占地面积小、质量稳定易控制等优点，因此是酿造工业发展的方向。液态发酵法也可分为果汁制醋和果酒制醋两类。

a. 果汁制醋。果汁制醋是先榨出果蔬花卉汁，然后采用液态发酵法进行发酵，这种方法具备液态制醋工艺的优点。但由于使用纯培养的菌种，酶系不丰富，再加上酿造周期短，产品的风味、色泽存在不足。因此，要经过两个月以上的陈酿过程，使果醋的色、香、味进一步形成，从而提高食醋品质。以苹果醋为例，其工艺流程为：原料选择、清洗→预处理（包括破碎、热处理、酶处理等）→榨汁→调配→发酵（酒精发酵、醋酸发酵）→陈酿→勾兑、装罐及灭菌→苹果醋。

b.果酒制醋。果酒制醋是以酿造好的果酒为原料进行醋酸发酵。液态发酵法由于使用纯培养菌种，其微生物种类少，酶系不丰富，再加上酿造周期短，产品的风味、色泽及体态较固态发酵法生产的食醋要差些。因此，常采用后熟和勾兑等手段增加产品的风味和质地。以苹果醋为例，其工艺流程为：苹果酒→醋酸发酵→陈酿→勾兑、装罐及灭菌→苹果醋。

③ 固态-液态酿造法。该方法根据酒精发酵和醋酸发酵两个阶段，分别采取固态或液态两种不同形式的工艺，分为前固后液发酵或前液后固发酵。

（3）按原料类型分类

① 单一果醋。单一果醋是选用一种水果酿造的果醋。市场上此类果醋居多，有台湾的百吉利、河南嘉百利、山西的紫晨醋爽、河南的原创和世锦、广东的天地一号等果醋饮料，还有汇源、华邦的系列果醋等，种类繁多。

② 复合型果醋。复合型果醋是根据各水果的特点，两种水果复合或水果与常见保健药等一起酿造而成的。如将五味子与木瓜复合研制果醋，把红薯、苹果复合酿造醋饮品，也有将蜂蜜等与水果复合酿造果醋的。复合果醋的研究和上市产品将越来越多，因为此类果醋更营养，营养物质的搭配也更均衡合理。

③ 新型果醋。新型果醋是为了满足人们对果醋产品越来越高的要求而出现的新品种。为丰富果醋品种，现在已有研究多菌种混合发酵果醋的，还有很多新型的苹果醋品种，如新型的无糖高纤维苹果醋爽、苹果醋肽饮料等。新型果醋营养丰富，口感佳，丰富了果醋的品种，将果醋开发推向了新的高度。

第二节　果蔬花卉制汁与酿造加工技术

一、榨汁

制备各种不同类型的果蔬花卉汁，主要区别在于后续工艺上。果蔬花卉汁生产一般经过原料验收、预处理（包括清洗、挑拣、破碎、热处理、酶处理等）、榨汁或制浆等共同工艺。在后续工艺上，不同类型果蔬花卉汁的制备需要一定的特定工艺，如均质、脱气、浓缩、发酵等工艺。在果蔬花卉制汁过程中，应尽量避免与空气接触，减少热处理影响，防止微生物及金属污染，造成不必要的损失[5,6]。

1.原料选择与清洗

制备优质果蔬花卉汁需要优质的原料，制汁应选择新鲜、甜酸比适宜、芳香纯正、风味浓郁的果蔬花卉原料，并且应汁液丰富、取汁容易、出汁率高。在原料选择过程中，应尽量选择大小均一、成熟度适宜、色泽鲜艳的果蔬花卉。根据不同的果蔬花卉种类，选择合适的加工工艺。水果一般选择的种类有苹果、柑橘类、山楂、葡萄、草莓、蓝莓、桃子、菠萝、芒果、西瓜等，蔬菜一般选择的种类有番茄、胡萝卜、芹菜、南瓜等，花卉一般选择的种类有菊花、百合、玫瑰花等。

清洗是制备果蔬花卉汁的必要工序，通过清洗可以去除果蔬花卉原料表面的尘土、农药残留、微生物等，减少污染。清洗的流程一般是先浸泡，再喷淋或流水冲洗。如果原料农药残留较多、微生物污染较重，一般加入 1%柠檬酸或 0.05%～0.1%高锰酸钾或 0.1%稀盐酸浸泡，然后再用清水反复冲洗。不同的原料，洗涤方式也不同。

① 浸洗式。浸泡洗涤，大多数的果蔬花卉原料都可以采用这种洗涤方式。将原料浸泡于清水中，加入酸、氯、臭氧等清洗剂，浸泡一定时间后再用清水反复清洗。

② 拨动式。适合质地比较硬的原料，如苹果、柑橘类等。通过与原料接触摩擦、刷洗，去除其表面杂质。

③ 喷淋式。适合质地较软的果蔬花卉原料，如草莓、树莓等。通过在传送带上下安置喷头对原料进行清洗。

④ 气压式。适用于大多数果蔬花卉原料。清洗槽中安装有带小孔的管道，管道中通入高压气泡，原料在管道中旋转、碰撞，以此方式清洗。

近年来，果蔬花卉清洗也采用了一些新技术，如超声波、臭氧等，提高了原料清洗效率与消毒效果，图 4-1 为汽浴毛刷清洗机。

2. 预处理

对原料的预处理包括破碎、热处理、酶处理等处理。

(1) 破碎　破碎的目的主要是破坏果蔬花卉原料的组织，使细胞壁易破裂，利于细胞中的汁液和可溶性固形物流出，获得较高的出汁率。破碎是利用机械力克服果蔬花卉内部凝聚力，通过挤压、剪切、冲击三种力的方式完成的。破碎的程度直接影响了出汁率，如果破碎的原料过大，榨汁时汁液流速慢，出汁率会降低；如果破碎的粒度过小，压榨时外层的果汁容易被榨出，形成一层致密的滤饼，从而使内层的果汁难以榨出，同样降低出汁率。许多果蔬花卉在榨汁前，必须经过破碎工艺，如苹果、梨、菠萝、芒果及某些蔬菜，破碎粒度以 3～5mm 较好，草莓、葡萄等以 2～3mm 较好，番茄的破碎粒度可以稍微大些。

图 4-1　汽浴毛刷清洗机

果蔬花卉的破碎方法包括磨碎、打碎、压碎和打浆等，一般用破碎机或磨碎机进行，有对辊式破碎机、锥盘式破碎机、锤式破碎机、孔板式破碎机、打浆机等。针对不同的果蔬花卉原料需要采用不同的破碎机械，如番茄、梨、杏一般采用锥盘式破碎机；葡萄等浆果采用对辊式破碎机；胡萝卜、桃子可以用打浆机。在破碎方面也产生了一些新工艺，主要有冷冻机械破碎和超声波破碎。冷冻机械破碎将果蔬缓慢降温至－5℃以下，利用细胞冰晶体积变大，刺破细胞壁，提高出汁率5%～10%左右；超声波破碎是用强度大于30000·W·m^{-2}的超声波处理原料，引起果肉共振从而使细胞壁破坏，达到提高出汁率的目的。

果蔬花卉原料经过破碎后，各种酶从破碎的细胞中释放，活性大大增加，并且和空气中的氧接触，极易发生酶促褐变和一系列氧化反应，如多酚氧化酶会引起果蔬花卉汁色泽发生变化，对制汁加工极为不利。另外，果蔬花卉破碎也为微生物的生长繁殖提供了良好的营养条件，非常容易造成原料腐败变质。为避免原料的色泽、风味和营养成分的损失，需要采用一些措施，如破碎时加入维生素C等抗氧化剂，也可以在密闭环境下进行充氮破碎或加热钝化酶活力。

（2）热处理　在果蔬花卉制汁生产中，通常采用热处理的方式来钝化酶的活性，抑制微生物的繁殖。并且加热可以使原料组织软化，细胞原生质中的蛋白质凝固，改变原生质膜的半透性，有利于细胞中可溶性物质向外扩散，使胶体物质发生凝聚，果胶水解，从而提高出汁率，如红色葡萄、红色西洋樱桃、李、山楂等水果，而柑橘类果实中宽皮柑橘加热有利于去皮，橙类加热有利于降低精油含量，胡萝卜等加热有利于去除不良风味。

一般热处理条件为60～75℃，时间10～15min。也可以采用瞬时加热，加热温度85～90℃，保温时间1～2min。热处理一般采用管式热交换器进行间接加热，换热器由壳体、顶盖、管板、管束和支架组成。果浆和蒸汽或热水在不同的热传导管中流过进行热交换，果浆迅速升温，达到热处理的目的。

（3）酶处理　酶处理即向果蔬花卉汁（浆）中加入果胶酶、纤维素酶、半纤维素酶等酶制剂。榨汁时，果胶含量高的原料由于汁液黏性较大，榨汁比较困难。果胶酶可以有效地分解组织中的果胶物质，降低果蔬花卉汁（浆）黏度而使汁（浆）容易过滤，从而提高出汁率。果胶酶的添加量通常为0.03%～0.1%，同时控制作用的温度（40～50℃）和时间（2～3h）。若酶制剂用量不足或作用时间短，则果胶物质的分解不完全，达不到提高出汁率的目的，具体应根据原料种类及酶的种类进行试验确定。苹果浆在40～50℃条件下用果胶酶处理60min左右，可以将出汁率提高10%。

添加果胶酶制剂时，为使之与组织均匀混合，最好采用间歇搅拌的方式，但泵速要适当，避免对原料产生不利影响。为了防止酶处理阶段的过分氧化，也会将热处理与酶处理相结合。简便的方法是将原料在 90～95℃条件下进行巴氏杀菌，然后冷却至 50℃加入酶制剂处理，并用管式热交换器作为原料的加热器和冷却器。

3. 榨汁或制浆

根据果蔬花卉原料的质地、组织结构和生产的果汁类型，确定采用何种方式进行榨汁或制浆。常见的榨汁（制浆）方式有压榨、浸提、打浆等几种方式。汁液含量丰富的原料大都采用压榨法，汁液含量较少的原料可采用浸提法，浆果类原料可以采用打浆处理。榨汁（制浆）方式是影响出汁率的重要因素之一。果蔬花卉出汁率的公式如下：

出汁率＝汁液质量/果蔬花卉原料质量×100％(压榨法)

出汁率＝汁液质量×可溶性固形物/(果蔬花卉原料质量×果蔬花卉可溶性固形物)×100％(浸提法)

(1) 压榨法　压榨法是利用外部的机械压力，将果蔬花卉汁从原料中挤出的过程，适用于柑橘类、梨、苹果、葡萄、蓝莓、沙棘、树莓等大多汁液含量高、压榨易出汁的原料，是果蔬花卉制汁最广泛的一种方式。压榨法的效果不仅取决于果蔬花卉的质地、品种、新鲜度和成熟度等，还受挤压力、挤压速度、挤压厚度等因素的影响。

压榨用榨汁机进行，榨汁机有多种类型，按操作方法分为间歇式榨汁机和连续式榨汁机两类。间歇式榨汁机的动力源为液压加压，原料加入到室中或布袋中，间歇式操作，劳动强度大，其优点是得到的果蔬汁果肉及纤维等杂质少，汁比较清，出汁率高（如裹包式榨汁机的出汁率最高），适用于澄清汁的生产，典型代表是杠杆式榨汁机和裹包式榨汁机。连续榨汁机动力源是电动螺杆机械推动，可实现连续进料，连续出汁，劳动强度较小，获得的汁液比较浑浊，出汁率偏低，适用于浑浊汁的生产，典型代表是螺旋榨汁机（图 4-2)。

近年来，我国北方苹果浓缩汁的生产广泛采用带式榨汁机，其工作原理是利用两条张紧的环状网带夹持原料后绕过多级直径不等的榨辊，利用绕于榨辊上的外层网带对夹于两带间的原料产生压榨力，从而使得果蔬花卉汁穿过网带而流出。它综合了杠杆式压榨机和螺旋压榨机的优点，既能连续操作又具有较高的出汁率，汁液比较清，生产效率高；缺点是开放式压榨，卫生程度差，产生废水较多。

柑橘类水果压榨需要特定的压榨机，常见的有在线榨汁机、布朗系列榨汁机（布朗 400、700、100、2503 等）和安德逊榨汁机。布朗系列榨汁机由刻有纵纹的锥形取汁器组成，原料进入后先一切为二，然后在锥汁器内挤出，适合橙类制汁。安德逊榨汁机适用于宽皮柑橘类，原料进入后经旋转锯切一半，再经压榨盘压榨，通过调整压榨盘狭口到挡板的距离调节压力，汁液从挡板上的孔眼流出，

果渣从另一端排出。

（2）浸提法 对于汁液含量较少的原料，如山楂、酸枣、乌梅等，为了获得较高的出汁率，通常采用浸提榨汁法。浸提法是将果蔬花卉原料破碎后浸入适量的水中，利用原料中可溶性固形物含量与浸汁的浓度差，使得细胞中的可溶性固形物进入到浸汁中。浸提法包括一次浸提法、多次浸提法、罐组式逆流浸提法、连续逆流浸提法等。

图 4-2 螺旋榨汁机

影响浸提法出汁率的因素主要有：一是浓度差、加水量，浓度差越大，越有利于原料中可溶性固形物的浸出，随着加水量的增加会造成可溶性固形物含量的相对降低，因此要控制合理的加水量；二是浸提温度，浸提温度一般控制在60～80℃；三是浸提时间，单次浸提时间在1.5～2h，多次浸提时间要控制在6～8h内；四是原料破碎程度，原料破碎后增加了与水的接触面积，有利于可溶性固形物的浸出。

（3）打浆法 打浆法将物料投入打浆机筛筒后，由于棍棒的回转作用和导程角的存在，使物料沿着圆筒向出口端移动，轨迹为一条螺旋线，物料在刮板和筛筒之间的移动过程中受离心力作用而被擦破，汁液和肉质（已成浆状）从筛孔中通过收集器送到下一工序，皮和籽从圆筒另一开口端排出，达到分离。打浆法适用于果蔬浆和果肉饮料的生产，如草莓、番茄、樱桃、芒果、香蕉、木瓜等果胶含量高、水分含量低、难以榨汁的水果。

使用打浆机时要注意物料本身的性质，及时调整导程角、棍棒与内壁间距、轴的转速等，调节导程角和间距是否合理，可通过含汁率高低判断。用手使劲捏渣，有汁液流出说明含汁率高，导程角和间距都应小些；含汁率低时，导程角和间距可大些。

二、澄清

除打浆外，一般得到的果蔬花卉汁液含有大量的悬浮颗粒，来自皮、核、种子等，这些悬浮颗粒的存在不仅影响汁液的外观、状态和风味，还会影响汁液的质量。榨汁后需要立即进行过滤，浑浊汁的生产在不影响产品色泽、风味等前提下只需除去粗大颗粒或悬浮颗粒即可。澄清汁的生产还需要澄清和过滤，除去悬浮颗粒。粗滤后得到的果蔬花卉汁（浆）是一个复杂的多分散相体系，除了含有来自皮、核、种子等的悬浮颗粒外，还有果胶、糖类、蛋白质、金属离子等成分，由于它们的存在会影响产品的质量和稳定性，制备澄清汁时，需要加入澄清剂除去这些成分。传统的澄清剂有明胶、硅溶胶、膨润土、鞣质、活性炭等[7]。澄清的方法有自然澄清法、明胶鞣质澄清法、加酶澄清法、加热凝聚澄清法、冷冻澄清法、超滤澄清法等[8]。

1. 自然澄清法

自然澄清法是将粗滤后的果蔬花卉汁液放置于密闭容器内，经过一定时间的静置，使悬浮颗粒沉淀，同时果胶质逐渐水解而沉淀，从而降低汁液的黏度。在静置过程中，蛋白质和鞣质也会形成沉淀。不过在长时间的静置过程中，需要加入防腐剂并且在低温下保存。

2. 明胶鞣质澄清法

明胶鞣质澄清法是利用带正电荷的明胶与汁液中带负电荷的鞣质、果胶、纤维素等物质相互作用而发生凝集沉淀。其原理为鞣质与明胶、鱼胶或干酪素等蛋白质物质配合形成明胶鞣质酸盐配合物，随着配合物的不断凝聚，也会吸附其他悬浮颗粒，逐渐形成沉淀，达到澄清的目的。

3. 加酶澄清法

果蔬花卉制汁常用到加酶澄清法。一般果蔬汁中含有0.2%～0.5%的果胶物质，具有很强的亲水性，特别是可溶性果胶能包裹在浑浊颗粒的表面，阻碍了果蔬汁的澄清。通过添加果胶酶来水解这些果胶物质，从而使与果胶结合的其他物质失去果胶的保护而沉淀，达到澄清的目的。澄清果汁时，酶制剂的用量需要根据果汁的性质、果胶物质的含量及酶制剂的活力等来决定，一般的添加量约为果蔬花卉汁的0.2%～0.5%。酶制剂可以直接添加入新鲜榨出的果蔬花卉汁，也可以在果蔬花卉汁灭菌后添加。在实际生产中常用果胶复合酶，它具有果胶酶、淀粉酶、蛋白酶等多种活性。在果蔬花卉生产加工中，常用酶制剂见表4-1。

表4-1 常见酶制剂在果蔬花卉生产加工中的应用

酶制剂	应用
果胶酶	提高出汁率及榨汁机的生产效率，有利于澄清
淀粉酶	除去澄清汁或者浓缩汁中的淀粉
蛋白酶	防止葡萄汁等的冷藏浑浊
葡萄糖氧化酶	除去汁液中过多的氧气
阿拉伯聚糖酶	防止浓缩汁长时间贮存时，因阿拉伯糖引起的浑浊
橙皮苷酶	柑橘及葡萄柚产品的脱苦
多酚氧化酶	改善超滤操作

4. 加热凝聚澄清法

果蔬花卉汁中的胶体经过冷热交替的作用，可以发生聚集并形成沉淀。将果蔬花卉汁在1～2min内加热至80～82℃，然后迅速冷却至室温，由于温度的剧变导致蛋白质与胶体等物质变性，凝聚形成沉淀。加热凝聚澄清法工艺比较简单，对果蔬花卉汁的影响较小，可结合巴氏杀菌同时进行。

5. 冷冻澄清法

冷冻也可改变胶体的性质，使胶体发生浓缩和脱水作用，然后解冻来破坏胶体的稳定性，从而形成沉淀。将果蔬花卉汁放置于－4～－1℃的条件下冷冻3～4d，解冻时悬浮物形成沉淀。冷冻澄清法比较适用于苹果汁、葡萄汁、柑橘汁、草莓汁等的澄清，效果较好。

6. 超滤澄清法

超滤澄清法利用超滤膜的选择性筛分作用，通过压力的作用使果蔬花卉汁中的悬浮物、胶体、大分子等物质与溶剂、小分子分开。超滤澄清法可以将相对分子质量在1000～5000的溶质分子分离，并且无相变，风味物质成分损失少。由于设备密封可以不受氧气的影响，可实现自动化生产。

三、过滤

果蔬花卉汁澄清后还要进行过滤的操作，来分离沉淀与悬浮物，使汁液澄清，常用的过滤方法有加压过滤、离心分离、真空过滤等。过滤的速度受到过滤器滤孔大小、汁液压力、汁液黏度、汁液悬浮物密度、汁液温度等条件的影响。在选择过滤器时要考虑到金属对果蔬花卉汁液的影响，并尽量减少接触空气的机会。

1. 加压过滤法

加压过滤将待过滤汁液通过一定的过滤介质，形成滤饼，然后使用机械压力将汁液挤出滤饼，达到固液分离的目的。板框式过滤机和硅藻土过滤机是常用的过滤设备。板框式过滤机由许多滤板和滤框组成，采用固定的石棉等纤维作过滤层，当过滤速度明显变慢时则要取出滤框，清洗滤板和滤框。

2. 真空过滤法

真空过滤法是在过滤滚筒内产生一定的真空度，利用一定的压力差使原料汁液渗过助滤剂，以得到澄清汁的方法。过滤之前在过滤器的滤筛外表面涂上一层助滤剂（如6～7cm的硅藻土），滤筛部分浸没在果蔬花卉汁中。过滤时过滤器以一定的速度转动，将果蔬花卉汁均一地带入整个过滤筛表面，过滤机的真空度维持在84.6kPa左右。图4-3所示为真空过滤机。

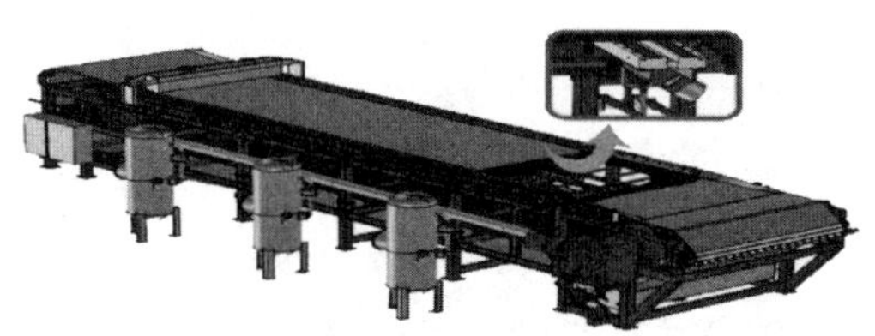

图 4-3　真空过滤机

3. 离心分离法

离心分离法有两种：第一种是旋转的转鼓会形成外加重力场，进而固液分离；第二种是利用待离心的液体中固体颗粒与液体介质的密度差，施加离心力从而使固液分离。

四、杀菌

果蔬花卉制汁生产过程中必须要有杀菌的工艺。杀菌的目的有两个：一是杀死有害微生物，防止产品腐败；二是钝化汁液中的酶类，以免引起产品色泽、风味、形态等发生不良变化。果蔬花卉制汁杀菌工艺，既对产品的保藏性有影响，又对产品的质量有影响。工业上的杀菌方法主要有热杀菌和非热杀菌两种类型。

1. 热杀菌

（1）巴氏杀菌　巴氏杀菌（pasteurization）是应用比较早的一种方法，以法国人巴斯德的名字命名，在 80～85℃杀菌 20～30min，趁热罐装密封，然后迅速冷却，比较适合酸性或高酸性产品。低酸性的蔬菜汁需要高于 100℃的加压杀菌方式。由于加热时间较长，对产品的风味、色泽都会造成一定影响。

（2）高温短时杀菌　高温短时杀菌（high temperature short time，HTST）是采用 85～95℃的高温杀菌 15～30s。

（3）超高温瞬时杀菌　超高温瞬时杀菌（ultra-high temperature，UHT）直接将果蔬汁在 2～10s 内瞬时加热到 120～135℃。pH＜4.5 的高酸性产品可以采用高温短时杀菌，也可采用超高温瞬时杀菌；pH＞4.5 的低酸性产品则必须采用超高温瞬时杀菌。

高温短时杀菌和超高温瞬时杀菌的杀菌效果显著，对产品风味、色泽等影响较小。但是这两种杀菌方式，如盘管式超高温瞬时杀菌机（图 4-4），需要配备热罐装或无菌罐装设备，防止二次污染。

2. 非热杀菌

非热杀菌主要包括物理杀菌和化学杀菌。物理杀菌主要指辐照杀菌、紫外线杀菌、超高压灭菌、高压脉冲电场杀菌、磁力杀菌、脉冲强光杀菌和超声波杀菌等方法，具有杀菌效果好、污染小、易操作、更好保持产品风味等优点，但是成

本较高。化学杀菌主要指在加工过程中通过添加抑菌剂和防腐剂来抑菌或者杀菌，比如臭氧、二氧化氯、乳酸链球菌素等[9,10]。

图 4-4 盘管式超高温瞬时杀菌机

(1) 超高压杀菌 食品超高压杀菌（ultra-high pressure processing, UHP）就是在密闭的超高压容器内，用水作为介质对软包装食品等物料施以 400～600MPa 的压力或用高级液压油施加以 100～1000MPa 的压力，从而杀死其中几乎所有的细菌、霉菌和酵母菌，而且不会像高温杀菌那样造成营养成分破坏和风味变化。超高压杀菌的机理是通过破坏菌体蛋白中的非共价键，使蛋白质高级结构破坏，从而导致蛋白质凝固及酶失活。超高压还可造成菌体细胞膜破裂，使菌体内化学组分产生外流等多种细胞损伤，这些因素综合作用达到了杀菌的目的。超高压杀菌具有以下优点：作为一种物理方法，在不加热或不添加化学防腐剂的条件下杀死致病菌和腐败菌，保障食品的安全，延长食品的货架期；作为一种非热加工手段，在杀菌过程中没有温度的剧烈变化，不会破坏共价键，对小分子物质影响较小，能较好地保持食品原有的色、香、味以及功能与营养成分；主要应用于高酸性食品，不受产品形状和大小的影响；不仅能杀灭微生物，而且能使淀粉成糊状、蛋白质成胶凝状，获得与加热处理不一样的食品风味；超高压技术采用液态介质进行处理，易实现杀菌均匀、瞬时、高效。

(2) 紫外线杀菌 紫外线波长在 240～280nm 范围内能够破坏细菌病毒中的脱氧核糖核酸或核糖核酸的分子结构，造成生长性细胞死亡和（或）再生性细胞死亡，达到杀菌消毒的效果，尤其波长为 253.7nm 的紫外线的杀菌作用最强。

(3) 臭氧杀菌 臭氧杀菌以氧原子的氧化作用破坏微生物膜的结构，以实现杀菌作用。臭氧灭菌或抑菌作用，通常是物理的、化学的及生物学等方面的综合结果。其作用机制可归纳为：作用于细胞膜，导致细胞膜的通透性增加，细胞内物质外流，使细胞失去活力；使细胞活动必需的酶失去活性；破坏细胞内的遗传物质或使其失去功能。

五、均质与脱气

1. 均质

均质也称匀浆，是使悬浮液（或乳化液）体系中的分散物微粒化、均匀化的处理过程，这种处理同时起到降低分散物尺度和提高分散物分布均匀性的作用。均质的目的在于使果蔬花卉汁产品中所含的悬浮颗粒进一步破碎，微粒大小均一，有利于果胶渗出，使果胶与汁液更加亲和，均匀并且稳定地分散在汁液中，从而使果蔬花卉汁液不易分散和沉淀[11]。在生产果蔬花卉浑浊汁时需要均质这一特殊操作。不经过均质工艺的果蔬花卉浑浊液，由于悬浮颗粒比较大，在重力及其他作用力的作用下逐渐沉淀，使浑浊汁产品的质量下降。

按使用的能量类型和结构的特点，均质机可分为旋转式和压力式两大类。旋转型均质设备由转子或转子-定子系统构成，它们直接将机械动能传递给受处理的介质。胶体磨是典型的旋转式均质设备，它可使颗粒细化到 2～10μm，按结构和安装方式不同有立式和卧式两种类型。此外，搅拌机、乳化磨也属于旋转型均质设备。压力式均质设备首先使液体介质获得高压能，这种高压能液体在通过均质设备的均质结构时，高压能转化为动能，从而获得流体力的作用。最为典型的压力型均质设备是高压均质机（彩图 12），这是所有均质设备中应用最广的一种，原理是在高压均质机的均质阀中果蔬花卉浑浊汁悬浮颗粒发生细化和均质混合过程，将悬浮颗粒细化到 0.1～0.2μm。一般在加工过程中，先将果蔬花卉汁粗滤液经过胶体磨处理后，再由高压均质机进行进一步微细化。超声波乳化器也是一种压力型的均质设备，其原理是利用强大的空穴作用力，产生絮流、摩擦、冲击等使悬浮颗粒破碎。

2. 脱气

果蔬花卉细胞间隙中存在一定量的空气，经过原料破碎、榨汁、均质等工序后又混入大量的空气，必须加以去除。脱气可以减少或者避免果蔬花卉汁中的色素、风味成分、维生素 C 和其他成分的氧化，能更好地保持果蔬花卉汁产品良好的风味和色泽，防止营养成分的损失，避免罐装和杀菌时产生泡沫以及悬浮颗粒吸附气体上浮。脱气的方法有真空脱气法、氮气交换法、抗氧化法、酶法脱气法等。

图 4-5　真空脱气机

（1）真空脱气法　通过真空泵创造一定的真空条件使果蔬花卉汁在脱气机中被喷成薄膜状或者雾状（扩大表面积），使汁液中的气体迅速逸出，真空脱气机如图 4-5 所示。影响脱气效果的因素主要有：处理原料的表面积、脱气机内的真空度、原料的温度、脱气的时间等。真空脱气机的喷头有喷雾式、离心式、薄膜式三种，无论哪种形式目的都是在于增加果蔬花卉汁的表面积，提高真空脱气效果。真空度越高，原料沸点越低，在

能够达到的真空度下，一般选择脱气罐内的原料温度比真空度相对应的沸点高3～5℃，这样保持原料处于微沸状态。在真空度0.08～0.093MPa、温度40℃左右进行脱气，可将果蔬花卉汁中90%的气体脱除。为了减少脱气过程中风味物质的损失，也可安装风味物质回收装置，将回收的冷凝液回加到汁液中。

（2）氮气交换法　将氮气充入果蔬花卉汁中，使果蔬花卉汁在氮气泡沫流的强烈冲击下将氧气置换出来，这样可以减少挥发性芳香物质的损失，有利于防止加工过程中的氧化变色。

（3）抗氧化法　又称化学脱气法，是指在果蔬花卉汁罐装时加入少量的抗氧化剂的方法，如加入抗坏血酸或异抗坏血酸来消耗氧气，1g抗坏血酸大约能除去1mL空气中的氧。

（4）酶法脱气法　在果蔬花卉汁中加入葡萄糖氧化酶和过氧化氢酶来除去氧。葡萄糖氧化酶是一种非常典型的耗氧脱氢酶，催化葡萄糖氧化为葡萄糖酸和过氧化氢。过氧化氢酶催化过氧化氢转化为水和氧气，氧气又可在葡萄糖转化为葡萄糖酸的过程中被消耗。

六、浓缩

浓缩汁是将果蔬花卉汁（浆）经浓缩脱水或干燥而制成的汁液，容量小，可溶性固形物可高达65%～70%，浓缩后的果蔬花卉汁（浆）糖、酸含量均有所提高，增加了产品的保藏性，可节省包装和运输费用，便于贮运。在浓缩过程中，通过调配可以克服因果蔬花卉采收期和品种的不同产生的成分上的差异，使果蔬花卉汁（浆）的品质更加一致。浓缩汁用途广泛，可作为各种食品的基料。

1. 真空浓缩法

真空浓缩是在减压条件下加热，降低果蔬花卉汁的沸点，使果蔬花卉汁中的水分迅速蒸发的浓缩方法。真空浓缩机（图4-6）是果蔬花卉汁浓缩最重要的和使用最广泛的设备，其类型很多，按加热蒸汽被利用次数可以分为单效浓缩装置和多效浓缩装置；按加热器结构类型可以分为中央循环管式蒸发器、盘管式蒸发器、升膜式蒸发器、降膜式蒸发器、片式（板式）蒸发器、刮板式蒸发器和离心式薄膜蒸发器。例如真空薄膜浓缩装置，温度不超过30～40℃，甚至可低至22～25℃。如采用热泵浓缩装

图4-6　真空浓缩机

置，用冷冻机压缩冷媒所生成的热量为蒸发热源，以冷媒膨胀蒸发为冷却剂，并辅以高真空度进行浓缩，其浓缩温度可低至15～20℃，得到的浓缩果汁品质损失小，热能利用率高。

真空浓缩所消耗的热量可以利用一次或二次蒸汽，一次称为单效蒸发，蒸发过程中产生的二次蒸汽直接冷凝不再用于蒸发加热。若产生的二次蒸汽再次用于其他蒸发器的加热，称为多效蒸发。果汁浓缩一般采取1～5效蒸发，果汁原汁的固形物含量从5%～15%提高到70%～72%（清汁）。

多数果蔬花卉汁在常压高温下长时间浓缩，易发生不良变化，影响质量，真空浓缩既可缩短浓缩时间，又能较好地保持果蔬花卉汁的质量，因此在果蔬花卉汁生产上多采用真空浓缩法，浓缩温度一般为35℃左右，真空度约为94.7kPa。这种条件较适合微生物的繁殖和酶的作用，为此在果蔬花卉汁浓缩前应进行适当的瞬时杀菌和冷却。

2. 冷冻浓缩法

冷冻浓缩是将果蔬花卉汁降温到冰点以下，当果蔬花卉汁浓度达到共晶点浓度之前，其中水分冷冻为冰晶，然后分离去除冰晶。采用冷冻浓缩方法，溶液在浓度上是有限度的。当溶液中溶质浓度超过低共溶浓度时，过饱和溶液冷却的结果表现为溶质转化成晶体析出，当溶质中所含溶质浓度低于低共溶浓度时，则冷却结果表现为溶剂（水分）成晶体（冰晶）析出，随着溶剂成晶体析出的同时，余下溶液中的溶质浓度显然就提高了，此即冷冻浓缩的基本原理。

冷冻浓缩的方法对热敏性食品的浓缩特别有利，可避免芳香物质因加热所造成的挥发损失，对于含挥发性芳香物质的食品采用冷冻浓缩，其品质将优于真空浓缩法和膜浓缩法。冷冻浓缩的主要缺点有：一是制品加工后还需冷冻或加热等方法处理，以便保藏；二是采用冷冻浓缩不仅受到溶液浓度的限制，而且还取决于冰晶与浓缩液的分离程度，一般而言溶液黏度越高，分离就越困难；三是浓缩过程中会造成不可避免的浓缩物损失，且成品成本较高。

3. 膜技术浓缩法

（1）反渗透法和超滤法的浓缩原理　在一容器中装一半透膜将容器分隔成两部分，分别注入含一定浓度质量的溶液A和水B时，水透过半透膜移向A，这种现象称为渗透，这时所产生的B侧的压力称为渗透压。半透膜两侧溶液的浓度差越大，即渗透压与膜两侧溶液浓度之差成正比。与此相反，若在A侧给予大于渗透压的压力，那么水就会从A侧透过膜到B侧，这种反方向透过半透膜的扩散现象称为反渗透或逆渗透。反渗透法和超滤法没有明显的区别，反渗透法和超滤法不同之处是前者操作压力高，小分子透不过去，后者操作压力小，小分子可以透过，果蔬花卉汁反渗透浓缩的成败取决于半透膜的选择性和排除水分的渗透速度。

（2）反渗透技术的优点　果汁在低温下浓缩，不发生相变；果汁中营养成分的保持率较高；风味物质的截留率较高；节约能源，操作能耗低。但膜技术目前还不能把果蔬花卉汁浓缩到较高的浓度，主要作为果蔬花卉汁的预浓缩工艺。

七、发酵

很多种类的果蔬花卉都可酿制成果蔬花卉酒。由于发酵方法相似，并且葡萄酒是最大宗的果蔬花卉酒，因此，酿造工艺以介绍葡萄酒的酿造为主。

葡萄酒是以整粒或破碎的新鲜葡萄汁（浆）为原料，经过发酵酿造的果酒，乙醇含量一般不低于8.5%。葡萄酒的分类方法很多，按照含糖量可分为干葡萄酒、半干葡萄酒、半甜葡萄酒、甜葡萄酒；按照颜色区分，可分为白葡萄酒、红葡萄酒和桃红葡萄酒，但无论是红葡萄或白葡萄所压榨出来的果汁都是没有颜色的，所以白葡萄酒也可以用红葡萄酿造。红葡萄酒由于在酿造时连葡萄的皮一起发酵，吸收红葡萄皮所释放出来的色素而成为有颜色的红葡萄酒，如将红葡萄皮与葡萄汁提早分离，酒的颜色则比较淡，即成为桃红酒。白葡萄酒酿造时并没有连皮一起发酵，因此没有色素效果。

1. 红葡萄酒的酿造过程

（1）原料的选择与清洗　酿造葡萄酒的原料一般要求含糖量和酸度都比较高，香味浓郁，汁多易取，成熟度好。不同类型的葡萄酒对原料要求不同，红葡萄酒要求原料鞣质、色素含量适当高，白葡萄酒对色素和鞣质要求不严格。因此，应选择新鲜、香味浓、充分成熟的果实，并且除去腐烂果和青粒果。原料选择后进行清洗，去除附着在上面的泥沙、病原菌及残留农药。

（2）原料的预处理　红葡萄酒的发酵是带葡萄皮与种子的葡萄浆液混合发酵，因此发酵前的葡萄需要除梗、破碎。除梗可以防止果梗中的青草味和苦涩味物质溶出，以及果梗固定色素造成的色素损失。破碎要求只破碎果肉，不伤及种子，因为种子中含有大量的鞣质、油脂以及糖苷，会增加果酒的苦涩感。

（3）榨汁　破碎后的葡萄需立即榨汁。

（4）调整

① 糖的调整。糖是乙醇生成的基础，生产1%的乙醇需要1.56g葡萄糖或1.475g蔗糖。在实际生产中酒精发酵除了产生乙醇和二氧化碳，还有少量甘油、琥珀酸等产物形成，并且酵母菌自身的生长繁殖也消耗一部分糖，因此生成1%的乙醇大约需要1.7g/100mL葡萄糖或1.6g/100mL蔗糖。

② 酸度调整。酸度的调整有利于酒精发酵的顺利进行，有利于陈酿期间酒的稳定性以及成品酒的口感。葡萄酒发酵最适酸度为0.8～1.2g/100mL，若酸度低于0.5g/100mL，则需要加入适量的柠檬酸、酒石酸或酸度比较高的果汁进

行调整。

③ 二氧化硫处理。在葡萄汁发酵之前添加适量的二氧化硫，可以起到杀菌、澄清、抗氧化、增酸等作用，并且二氧化硫可促进色素和鞣质的溶出，对酒的风味有利。但是二氧化硫超过一定量后，可使葡萄酒具有怪味，对人体有害，延迟葡萄酒的成熟。二氧化硫的添加量与葡萄品种、葡萄汁成分、温度、微生物及其活力、酿酒工艺等有关。我国规定成品葡萄酒中化合态的二氧化硫含量小于250mg/L，游离状态的二氧化硫含量小于50mg/L。二氧化硫应在破碎除梗后入发酵罐以前加入，并且边装罐边加二氧化硫，装罐完后进行一次倒灌，使二氧化硫与发酵基质均匀混合。

（5）发酵　葡萄酒的发酵有自然发酵与人工发酵两种形式。自然发酵将制备的葡萄汁盛放在发酵容器，让其自然发酵，由于葡萄皮上存在的酵母，从而得以进行。人工发酵加入纯种扩大培育的酵母，保证发酵安全、迅速，并且酒的质量好。

葡萄酒发酵包括前发酵和后发酵两个过程。前发酵也叫主发酵，是指从发酵醪送入发酵容器开始，至新酒分离为止的整个发酵过程，主要目的是进行酒精发酵、浸提色素物质和芳香物质。将处理后的葡萄浆泵入发酵容器，至容器体积80%，留空20%，预防发酵时皮渣溢出桶外。加入培养正旺盛的酵母，控制一定温度进行发酵。

发酵前期主要是酵母增殖，二氧化碳的大量释放表明酵母已经大量繁殖。酵母繁殖后进行酒精发酵，有大量的二氧化碳放出，皮渣上浮结层，称为“酒帽”。随着二氧化碳释放的逐渐减少并接近平静，糖分减少至1%以下，酒精积累接近最高，酵母细胞逐渐死亡，前发酵结束。发酵的时间因温度而异，一般25℃需要5～7d，20℃需要14d。

当前发酵结束，此时需要及时出桶，以免皮渣中不良物质过多地溶出，对酒的风味造成影响。将排渣后的原酒泵入到消毒后的贮酒桶，进行后发酵。由于出桶时提供了空气，使得休眠的酵母复苏，发酵作用继续进行，将残糖分解完毕，待酵母和杂质沉淀完全后，要分离沉淀，及时换桶，进行陈酿。

（6）陈酿　新酿造的葡萄酒口味粗糙，稳定性较差，必须在特定条件下经过一个时期的贮存，使葡萄酒老熟，醇和可口，出现浓郁纯正的酒香。陈酿一般在低温下进行，用于陈酿的容器必须密封，不与贮酒起化学反应，无异味。

① 添桶。由于酒中二氧化碳的释放、酒液的蒸发损失、温度的降低以及容器的吸收渗透等原因造成贮酒容器液面下降，为防止酒液氧化和好气性杂菌生长发生腐败现象，需要用同批葡萄酒重新添满容器。

② 换桶。因酒脚中含有酒石酸盐和各种微生物，与酒长期接触会影响酒的质量。因此，需要将澄清的葡萄酒与酒脚分离，并且在换桶的同时释放二氧化

碳，吸入氧气以加速酒的成熟。一般干红葡萄酒在发酵结束后8～10d，进行第一次倒桶，去除大部分酒脚。再经1～2个月，即当年的11月或12月进行第2次倒桶，使酒接触空气，以利于成熟。再过约3个月，即翌年春天，进行第3次密闭式的倒桶，以免氧化过度。干白葡萄酒的倒桶，必须采用密闭的方式，以防止氧化、保持酒的原有果香。

③ 下胶澄清。葡萄酒经过长时间的贮存及多次换桶，基本达到澄清透明。若还达不到澄清要求，需要添加澄清剂，常用下胶处理。用于下胶的材料有明胶、鞣质、蛋清、鱼胶、皂土等。

④ 冷热处理。葡萄酒的陈酿，在自然条件下一般需要2～3年，为加速陈酿、缩短酒龄、提高葡萄酒的稳定性，生产上常采用冷热处理促使葡萄酒人工老熟。通常采用先热处理，再冷处理的工艺，效果较好。

a. 热处理。热处理使酒能较快地获得良好的风味，也有助于酒的稳定性增强。将葡萄酒间接加热至67℃，保持15min；或加热到70℃，保持10min即可。

b. 冷处理。冷处理可以加速酒中胶体物质沉淀，有助于酒的澄清，使酒在短期内获得冷稳定性，并缓慢地较有效地溶入氧气，与热处理结合，促进酒的风味得到改善。冷处理的温度以高于其冰点0.5～1℃为宜，冷处理时间在－7～－4℃下为5～6d。通常酒精体积分数在13%以下的酒，其冰点温度值约为酒度值的1/2。如酒度为11%（体积分数），则假定其冰点为－5.5℃，则冷处理温度应为－4.5℃。

c. 冷热交换处理。冷热交换处理可以兼顾两种处理的优点，处理时可以先热后冷，也可以先冷后热。在生产上使用臭氧、过氧化氢、电离辐射等手段也可以取得满意的效果。

（7）调配 不同品种的葡萄酒有各自的质量指标，为了使酒质均一，保持固有的特色，提高酒质或修正缺点，需要进行勾兑调配，包括酸度、色泽、香气等。

（8）罐装、杀菌 将灭菌后的葡萄酒进行罐装，检验合格后可贴标、入库，作为成品进入市场。

2. 白葡萄酒的酿造过程

白葡萄酒的酿造过程基本与红葡萄酒相同，不同之处在于取澄清汁在密闭发酵桶内发酵，经过澄清的果汁一般缺少鞣质，需要在发酵前按4～5mg/100mL的比例添加鞣质，来提高酒的品质。白葡萄酒的酿制要注意以下几点：

① 选择最佳葡萄成熟期进行采收，防止过熟霉变。

② 酿造白葡萄酒不需要葡萄皮，因为随着压榨的进行，从葡萄皮中会释放出很多的苦味。

③ 低温可保持葡萄的原味，发酵在自然状态下是放热的，所以发酵的大容

器一般都用流水降温，以维持温度在 10～17.8℃之间。高温可加快生化反应，缩短发酵过程，但葡萄汁中的香味会在蒸发的过程中损失掉。大多数酒是在惰性容器中发酵而成的，在世界各地的酿酒厂，发酵容器主要是旧木质的、不锈钢的或带衬里的混凝土质地的各种各样的大缸。

④ 为得到清新爽口的产品，应注意防止会导致酸度降低的乳酸发酵。

⑤ 防止氧化也是白葡萄酒生产中必须注意的环节，因为白葡萄酒中含有多种酚类化合物，它们有较强的嗜氧性，如果被氧化，会使颜色变深，酒的新鲜果香味减少，甚至出现氧化味。

3. 桃红葡萄酒的酿造过程

桃红葡萄酒的生产方法有三种。

① 酿造过程与红葡萄酒相似，只是浸皮的时间比红葡萄酒短，一般在 12～36h 之间。

② 将红葡萄酒和白葡萄酒混合调配，以此生产桃红葡萄酒。

③ 在酿造红葡萄酒的过程中，在浸泡初期（12～36h）放出一部分汁液另外进行发酵，生产桃红葡萄酒。

第三节　果蔬花卉制汁与酿造应用实例

一、番茄汁

番茄，茄科番茄属一年生或多年生草本植物，中国南北方广泛栽培。番茄的果实营养丰富，具特殊风味，可以生食、煮食、加工番茄酱、番茄汁或整果罐藏。据营养学家研究发现，每人每天食用 50～100g 鲜番茄，即可满足人体对几种维生素和矿物质的需要。番茄汁（彩图 13）含有番茄红素，具有抗氧化、抑制细菌等突出功效；含有的苹果酸和柠檬酸等有机酸，可以增加胃液酸度，帮助消化，起到调整胃肠功能的作用；另外，番茄还富含维生素 A、维生素 C、维生素 B_1、维生素 B_2 以及胡萝卜素和钙、磷、钾、镁、铁、锌、铜和碘等多种元素。

1. 番茄汁加工流程

原料选择、清洗→预处理（包括破碎、热处理、酶处理等）→榨汁→均质→脱气→杀菌→罐装→番茄汁。

2. 工艺要点

（1）原料的选择与清洗　选择优质的制汁原料，是番茄汁生产的重要环节。番茄的成熟度是影响番茄汁风味的重要因素，并且加工用的番茄越新鲜完整，成

品的质量就越好。采摘存放时间太长的番茄由于水分蒸发损失，新鲜度降低，酸度降低，糖分升高，维生素损失较大。优先选用成熟、新鲜、无损伤、无病虫害及腐烂变质、可溶性固形物在5%以上、糖酸比适宜（6∶1）的优良番茄。

将选好的番茄果实剔除果蒂，放进洗果机，用清水洗去附着在上面的泥沙、病原菌及残留农药。常用的洗涤方法包括浸渍法、化学法、气泡法、喷雾法，此外还可使用超声波法。

① 浸渍法。将果实浸渍在水槽中洗涤，水中保持2～10mg/kg的氯。必要时可添加单甘油酸酯、磷酸盐、柠檬酸钠、蔗糖脂肪酸酯等洗涤剂提高清洗效果。

② 化学法。在洗涤水中添加有界面活性的物质，如柠檬酸钠，来去除杀菌剂中的铜等金属。

③ 气泡法。是从洗涤槽底部喷出空气，使空气泡和洗涤液均匀地接触果实表面的洗涤方法，是一种比较常用的洗涤方法。

④ 喷雾法。将果实在洗涤槽浸渍一段时间后，送入旋转洗涤机，使果实一边回转，一边受882kPa左右的压力，以及20～23L/min流量水的喷洗。

（2）原料的预处理　原料预处理包括原料破碎、热处理、酶处理等工序，是果汁生产的基础工序，是保证果汁生产质量的重要环节。将洗净的番茄用破碎机破碎脱籽后，立即放入夹层锅中进行热破碎。热破碎是在破碎前用热水或蒸汽将番茄加热，然后进行的破碎。高稠度番茄汁的制造，是在番茄破碎成流动性的浆状液后立即用连续式预热器加热至85～87℃，保持5～10s。由于加热抑制了引起稠度降低的酶的活性，用这种方法得到的番茄汁较冷破碎有较高的稠度，在饮用时倒入容器内不会出现浆汁分离的现象，保留了较多的果胶，使果胶浑浊汁或果肉汁保持一定的黏稠度，增加了浑浊汁的稳定性。并且加热和破碎结合在一起，工艺更加紧凑、高效。

（3）榨汁　一般优良品种的番茄，出汁率在75%～80%。选择机械榨汁时，应选择效率高、与空气接触少的机械，如采用螺旋榨汁机等进行榨汁，这样可以减少空气中的氧气对色素、维生素及其他营养成分的氧化作用。

（4）调整　番茄汁中糖酸比例是决定其口味和风味的主要因素。一般番茄汁中含糖量在8%～14%，有机酸的含量为0.1%～0.5%。番茄汁除了进行糖酸调整外，还需要根据其种类和特点进行色泽、风味、黏稠度、稳定性和营养价值的调整。所使用的食用色素不得超过万分之五；各种香精的总和应小于万分之五；其他如防腐剂、稳定剂等按规定量加入。

（5）均质与脱气　为延迟或避免沉淀和分层，番茄汁需要进行均质，均质可以提高汁液的均匀度，提高产品的品质。用均质机均质，温度要求在70℃以上，压力要求在18MPa以上；用真空脱气机时真空度要求0.05MPa，3～5min。

(6) 杀菌与冷却　利用超高温瞬时杀菌技术能够减少营养损失，将进行超高温瞬时杀菌后的番茄汁立即冷却至室温 25℃，置于无菌罐中暂存。

(7) 包装与无菌灌装系统　把经超高温瞬时杀菌的番茄汁饮料在无菌状态下用经灭菌的纸盒包装好，使盒内的番茄汁得以保存在全无空气、光线及细菌的理想环境中，无需冷藏或加防腐剂就可保存半年乃至更长时间。

(8) 成品　检验合格的番茄汁贴上标签，入库后就可作为成品进入市场。番茄汁加工成品后，还可进行浓缩，使其可溶性物质含量达到 65%～68%，节约包装与运输费用；浓缩能克服番茄采收期和品种所造成的成分上的差异，使产品质量达到一定的要求；浓缩后的汁液，提高了糖度和酸度，所以在不加任何防腐剂的情况下也能使产品长期保藏，而且还适应于冷冻保藏。常用真空浓缩法对番茄汁浓缩，在减压条件下迅速蒸发番茄汁中的水分，这样既可缩短浓缩时间，又能较好地保持番茄汁的色香味。真空浓缩温度一般为 25～35℃，不超过 40℃，真空度约为 94.7kPa。这种温度较适合于微生物繁殖和酶的作用，故番茄汁在浓缩前应进行超高温瞬时杀菌。

3. 番茄汁加工过程中存在的问题

(1) 微生物的危害　常见的微生物是乳酸菌，除产生乳酸外，还有醋酸、丙酸、乙醇等，并产生异味。这种菌耐二氧化碳，在真空和无氧条件下繁殖生长，其耐酸力强，温度高于 80℃时活动受到限制。醋酸菌、丁酸菌等感染引起番茄汁败坏，使汁液产生异味。酵母是引起番茄汁败坏的重要菌类，引起番茄汁发酵产生乙醇和大量的二氧化碳，使发生胀罐现象，甚至会使容器破裂。霉菌主要侵染新鲜番茄汁原料，当原料受到机械损伤后，霉菌迅速侵入造成果实腐烂。

解决上述问题的主要措施包括：尽量避免微生物的污染，如采用新鲜、健全、无霉烂、无病虫害的番茄取汁；注意番茄取汁打浆前的洗涤消毒工作，尽量减少番茄外表微生物数量；防止半成品积压，尽量缩短番茄预处理时间；严格加工工艺规程；在保证番茄汁饮料质量的前提下，杀菌必须充分，适当降低 pH 值。

(2) 番茄汁的变味　番茄不新鲜，绝对不可能生产出风味良好的产品；加工时过度热处理会明显降低番茄汁饮料的风味；调配不当，不仅不能改变番茄汁的风味，反而会使番茄汁饮料风味下降；加工和贮藏过程中的各种氧化和褐变反应，不仅影响番茄汁的色泽，风味也随之变劣。

(3) 番茄汁的色泽变化　类胡萝卜素为脂溶性色素，比较稳定，一般耐 pH 变化，较耐热，在锌、铜、锡、铝、铁等金属存在时也不易被破坏，只有强氧化剂才能使其破坏褪色，但光敏氧化作用极易使其褪色。另外，番茄汁发生非酶褐变产生黑蛋白，会使其颜色加深。非酶褐变引起的变色对浓缩的番茄汁色泽影响较大，因为非酶褐变反应的速率随反应物浓度的增加而加快，影响非酶褐变的主

要是温度和 pH 值。

（4）番茄汁的浑浊与沉淀　导致番茄汁沉淀和分层现象的因素有：番茄汁中残留的果胶酶水解果胶，使汁液黏度下降，引起悬浮颗粒沉淀；微生物繁殖分解果胶，并产生导致沉淀的物质；加工用水中的盐类与番茄汁中的有机酸反应，破坏体系的 pH 值和电性平衡，引起胶体及悬浮物质的沉淀；香精的种类和用量不合适，引起沉淀和分层；番茄汁中所含的果肉颗粒太大或大小不均匀，在重力的作用下沉淀；番茄汁中的气体附着在果肉颗粒上时，使颗粒的浮力增大，引起番茄汁分层；番茄汁中果胶含量少，体系黏度低，果肉颗粒不能抵消自身的重力而下沉等。

二、 NFC 果汁

NFC（not from concentrate）果汁（彩图 14），也称为“非浓缩还原汁”，将新鲜原果清洗后压榨出汁，经超高温瞬时杀菌后直接罐装（不经过浓缩及复原），完全保留了水果原有的新鲜风味。为保证 NFC 果汁的品质及营养，NFC 果汁加工设备需离产地较近，原料从采摘到加工成 NFC 果汁的时间一般不超过 6～7h。由于这种鲜榨果汁在加工过程中受热时间比较短，所以营养损失比较少，而且更好地保持了新鲜水果的原汁原味。NFC 果汁的缺点是需要低温保存，保质期相对较短；此外，由于它是真正的纯果汁，所以成本也较高。而如今市场上大多数的纯鲜果汁，只是一般的浓缩还原果汁，由于经过了浓缩与还原的复杂加工，其新鲜度及口感均无法与 NFC 果汁产品相比。

1. NFC 果汁加工流程

原料选择、清洗→预处理（包括破碎、热处理、酶处理等）→榨汁→杀菌→灌装→NFC 果汁。

2. 工艺要点

（1）原料选择与清洗　首先挑选新鲜的原料，要求色泽鲜艳、风味浓郁，去除腐烂、变质的部分以及杂质。原料清洗后废水处理要节能环保，所以要设计不添加酸和碱液的清洗工艺和设备。当以浆果（如蓝莓、红树莓、草莓、桑葚、沙棘、枸杞、猕猴桃、五味子等）为原料加工 NFC 果汁时，原料不宜清洗，因此 NFC 果汁加工设备必须设计有相应的除尘、除杂和过滤装置。

（2）原料的预处理　原料经过清洗后需要破碎、热处理、酶处理等。针对一些带皮、带壳的原料，还需去皮、去壳。

（3）榨汁　通过传送带将预处理后的原料输入榨汁机，得到原料粗液。

（4）杀菌　由于 NFC 果汁含有果肉，其流动性和热传导较差，必须设计新型热传导和杀菌的技术及装备。NFC 果汁采用巴氏杀菌和超高温瞬时杀菌结合的杀菌方式，最大限度地避免了长时间高温对营养成分的破坏，对果汁的品质保障起了决定性的作用。超高温瞬时杀菌为132～135℃，3～5s，利用该技术对果汁进行杀菌，有用而高效。

（5）罐装　NFC果汁的糖度和酸度非常适合细菌繁殖，除加工过程要求彻底灭菌外，还要求NFC果汁无菌灌装。NFC果汁的无菌灌装包括热灌装和冷灌装。热灌装更利于果汁的保存时效性，冷灌装更利于保存原果汁的营养成分与口味。

① 热罐装。NFC果汁经过超高温瞬间杀菌后直接趁热罐装，然后密封、冷却。金属罐、玻璃瓶、耐热PET塑料瓶是主要的罐装容器，在罐装之前就应清洗消毒。

② 冷罐装。冷罐装也叫做标准包装法，NFC果汁经过超高温瞬时杀菌后立即冷却至5℃以下罐装、密封。PET塑料瓶、复合包装纸是主要的灌装容器，在罐装之前也必须清洗消毒。

三、苹果醋

苹果，蔷薇科苹果亚科苹果属植物，其树为落叶乔木。苹果性味温和，是低热量食物，每100g只产生60kcal（1kcal＝4.1868J）热量。苹果中含有丰富的碳水化合物、维生素（维生素A、B族维生素、维生素C）、微量元素（钙、磷、钾、铁）、有机酸、果胶、蛋白质、膳食纤维等，是所有蔬果中营养价值最接近完美的一个，被称为温带水果之王。作为人们最常食用的水果之一，苹果除了鲜食、榨取苹果汁外，生产苹果醋是比较普遍的加工方式（彩图15）。

1. 苹果醋加工流程

原料选择、清洗→预处理（包括破碎、热处理、酶处理等）→榨汁→调配→发酵（酒精发酵、醋酸发酵）→陈酿→勾兑、装罐及灭菌→苹果醋。

2. 工艺要点

（1）原料的选择与清洗　首先挑选新鲜的苹果，要求苹果含糖量高并且风味浓郁，去除腐烂、变质的坏果以及树叶等杂物，利用流动水洗除去附着在上面的泥沙、病原菌及残留农药，沥干水备用。

（2）原料的预处理　将苹果切块并放入稀盐酸中浸泡约5min，再用高锰酸钾清洗。然后用水清洗后加入到破碎机中彻底粉碎。

（3）榨汁　应小心操作防止与空气接触。为了提高出汁率，可以适当地加入适量果胶酶，同时加入一定量的维生素C，来防止氧化酶被氧化。由于果汁中的某些成分容易和铁器发生反应，故应该避免果汁与铁器等相关物品接触。

（4）调配　由于发酵的底物以糖为原料，因此，糖度的高低对发酵的影响较

大。糖度过高，发酵液中底物浓度过大，可能导致酵母菌生长过快，发酵液特别黏稠，传质差，酵母菌易老化；而糖度低又会使酵母菌发育不良，难以达到预期的目的。因此，一般控制苹果汁含糖量在10%左右。

（5）发酵

① 分步发酵。将灭菌后的苹果汁发酵液冷却后接入酵母液，30℃下培养。待糖度不再变化，酒精发酵阶段结束后接入醋酸菌，30℃下进行醋酸发酵。

② 同步发酵。在苹果汁发酵液同时接入酵母液和醋酸菌种液，30℃下培养。

（6）陈酿　醋醅陈酿包括成熟醋醅加盐压实陈酿和淋醋后的醋液陈酿两种。

① 醋醅陈酿。将含酸量在7%以上的加盐后熟醋醅移入缸中压实，上面盖上一层食盐，然后泥封，放置15～20d，倒醅再封缸，陈酿数月后淋醋。

② 醋液陈酿。将含酸量大于5%的醋液移入缸中陈酿1～2个月。

（7）勾兑、装罐及灭菌　陈酿醋是半成品，还需按照一定的质量标准进行勾兑。醋液过滤后，调节酸度为3.5%～5%，还需加入一定量的防腐剂。将已经调配好的苹果醋在超高温瞬时杀菌后，保温30s，然后趁热进行装罐、排气、封口等操作。

参考文献

[1] 单杨.中国果蔬加工产业现状及发展战略思考.中国食品学报，2010，01：1.

[2] 李树玲，张桂霞.酿酒制醋技术与实例.北京：化学工业出版社，2006.

[3] 杨清香.果蔬加工技术.第2版.北京：化学工业出版社，2010.

[4] 董全.果蔬加工学.郑州：郑州大学出版社，2011.

[5] 陈学红，秦卫东，马利华，等.加工工艺条件对果蔬汁的品质影响研究.食品工业科技，2014，01：355.

[6] 王华，沈艾彬.果蔬加工技术现状与发展.农产品加工，2016，03：71.

[7] 史亚萍，张永刚，安广池，等.不同澄清方式对石榴果汁澄清效果的比较.食品工业，2015，09：42.

[8] 张慧敏，李远志.青梅汁超滤过程中操作参数对膜通量影响的研究.食品科技，2015，12：77.

[9] 李树和.果蔬花卉最新深加工技术与实例.北京：化学工业出版社，2008.

[10] 吴雅静.非热杀菌技术在食品加工中的应用研究.安徽农业科学，2015.01：242.

[11] 张丽华，韩永斌，顾振新，等.均质压力和稳定剂对复合果蔬汁体态稳定性研究.食品科学，2016，01：112.

第五章　果蔬花卉糖制与腌制

05 Chapter

糖制与腌制技术是我国各族劳动人民长期智慧的结晶，目前已创造出许多独具风格的果蔬花卉糖制与腌制名特优新产品。糖制加工方法多样，生产工艺相对简单，产品种类繁多，一般具有高糖和高酸的特点，且具有一定的生理药理功能；腌制制法简单，成本低廉，产品风味多样。它们分别利用糖和食盐的渗透脱水作用，抑制腐败微生物生长，不仅可直接作为产品销售，也可为后续果蔬花卉精深加工提供充足的原料保证。同时经过糖制与腌制的果蔬花卉，不仅改善了原料食用品质，赋予产品良好的色泽和风味，而且提高了产品在保藏和贮运期间的品质并延长了贮存期限，减少了废弃物的产生，提高了原料利用率。

第一节　果蔬花卉糖制与腌制原理

一、糖制原理

1. 糖的种类及与糖制相关的特性

（1）糖的种类

① 白砂糖。加工糖制品的主要用糖，主要成分为蔗糖，含量高于99%。白砂糖纯度高、色泽淡、风味好、溶解性好，糖制用量最大。

② 饴糖。又称麦芽糖浆，是用淀粉水解酶水解淀粉生成的麦芽糖和糊精的混合物，其中麦芽糖含量为53%～60%，糊精含量为13%～23%，其余为杂质。麦芽糖含量决定饴糖的甜味，糊精含量决定饴糖的黏稠度。饴糖在糖制时一般不单独使用，常与白砂糖的混合，可降低生产成本，同时防止糖制品保藏过程发生晶析。

③ 淀粉糖浆。由淀粉经酸水解或酶水解而得，主要成分为葡萄糖、糊精、果糖及麦芽糖的混合物，俗称化学糖稀，品质优于饴糖。淀粉糖浆有DE值42、53及63三种（DE值指淀粉糖浆中还原糖含量占总糖含量的百分比），其中以DE值42最多，为标准淀粉糖浆，甜度相当于蔗糖的30%。由于含有糊精，糖制时添加淀粉糖浆可防止糖制品返砂。

④ 果葡糖浆。又称高果糖浆或异构糖浆，是以酶法糖化淀粉所得的糖化液在葡萄糖异构酶作用下部分葡萄糖异构化为果糖，即果糖和葡萄糖为主要成分组成的混合糖浆。果葡糖浆根据所含果糖的多少分为42%、55%和90%三代产品，甜度分别为蔗糖的1倍、1.4倍和1.7倍。由于果糖具有甜度协同增效、冷甜爽口、高溶解度、高渗透压、吸湿、保湿、抗结晶等独特性质，成为近年来新发展的糖品。在半干态及干态糖制品加工中少量使用，即可防止糖制品结晶返砂。

（2）与果蔬花卉糖制相关的特性　与果蔬花卉糖制相关的较为重要的特性包括糖的甜度和风味、溶解度和晶析、转化、吸湿性、沸点及凝胶特性等。

① 溶解度与晶析。溶解度是指在一定温度下，一定量的饱和糖液内溶解的糖量。糖溶解度随温度升高而增大。不同温度下糖溶解度不相同，情况如表5-1所示[1]。

表5-1　不同温度下几种糖的溶解度

种类	溶解度/(g/100g)									
	0℃	10℃	20℃	30℃	40℃	50℃	60℃	70℃	80℃	90℃
蔗糖	64.2	65.5	67.1	68.7	70.4	72.2	74.2	76.2	78.4	80.6
葡萄糖	35.0	41.6	47.7	54.6	61.8	70.9	74.7	78.0	81.3	84.7
果糖			78.9	81.5	84.3	86.9				
转化糖		56.6	62.6	69.7	74.8	81.9				

纯的葡萄糖因渗透压大于同浓度的蔗糖，具有很好的保藏性，常温下溶解度较小，易结晶析出，不宜单独作为糖源。糖煮时若蔗糖过度转化为葡萄糖，也易发生晶析现象。常添加淀粉糖浆、饴糖、果葡糖浆、蜂蜜，利用其所含的麦芽糖、糊精或转化糖抑制结晶体形成和增大糖液饱和度；添加部分果胶、黄原胶、海藻胶等增稠剂，增强糖液黏度和饱和度从而阻止晶析。

② 甜度与风味。甜度是以口感判断的，即能感觉到甜味的最低含糖量——“味感阈值”（threshold value）来表示，阈值越小，甜度越高。蔗糖阈值0.33%、果糖0.25%、葡萄糖0.55%。不同糖的相对甜度如表5-2所示[2]。甜度高低顺序为果糖、转化糖、果葡糖浆（DE42）、蔗糖、葡萄糖、麦芽糖、淀粉糖浆。甜度影响糖制品的甜度和风味，温度对甜度有一定影响。以10%的糖液为例，低于50℃时，果糖甜于蔗糖；高于50℃，蔗糖甜于果糖。原因是不同温度下果糖异构物间的相对比例不同，温度低时，较甜的β-异构体比例较大。

表 5-2 不同糖的相对甜度

糖类	麦芽糖	葡萄糖	蔗糖	果葡糖浆(DE42)	转化糖	果糖
甜度	50	74	100	130	130	173

葡萄糖给人的感觉是先甜后苦、涩带酸。蔗糖风味纯正，能迅速达到最大甜度。蔗糖与食盐共用，能降低甜咸味，而产生新的特有风味，南方凉果制作时常采用此方法生产独特风味。番茄酱中添加食盐，可使其风味得到改善。

③ 吸湿性。糖吸湿性不尽相同，与糖的种类和环境相对湿度密切相关，用吸湿率定量，如表 5-3 所示[3]。

表 5-3 不同糖在不同环境相对湿度下的吸湿率（25℃，7d 内）

糖的种类	吸湿率/%		
	62.7%	81.8%	98.8%
果糖	2.61	18.58	30.74
葡萄糖	0.04	5.19	15.02
蔗糖	0.05	0.05	13.53
麦芽糖	9.77	9.80	11.11

果糖吸湿性最强，其次为葡萄糖、麦芽糖、蔗糖。各种糖吸湿量与环境相对湿度成正相关。糖吸湿性降低了糖浓度和渗透压，削弱糖的保藏能力，易引起糖制品败坏和变质。利用糖的吸湿性有利于防止糖制品结晶（返砂），量过高易使制品吸湿回软，当吸水量达到 15%时便开始失去原有形态成为液态，俗称“流汤”。因此，对含有一定数量转化糖的糖制品，必须用防潮纸或玻璃纸包装，否则易吸湿回软、发黏、结块，甚至霉烂变质。

④ 糖的转化。糖的转化主要指蔗糖、麦芽糖等双糖在稀酸、热或酶的作用下，水解为等量的葡萄糖和果糖，称为转化糖。酸度越大、温度越高、作用时间越长，糖转化量越高。各种酸对蔗糖的转化能力见表 5-4[3]。

表 5-4 各种酸对蔗糖的转化能力（25℃下以盐酸转化能力为 100 计）

种类	转化能力	种类	转化能力
硫酸	53.60	柠檬酸	1.72
亚硫酸	30.40	苹果酸	1.27
磷酸	6.20	乳酸	1.07
酒石酸	3.08	醋酸	0.40

糖的转化对糖制品加工的意义和作用如下：提高糖的饱和度，增加制品含糖量；抑制晶析，防止返砂，转化糖含量达 30%～40%，可有效防止返砂；增加

渗透压，减少水分活性，提高糖制品保藏性；增加糖制品甜度，改善风味。

糖转化不宜过度，否则会增加糖制品吸湿性，造成制品回潮变软，甚至发黏。通常，水果都含有一定量的有机酸，糖制时能转化30%～35%的蔗糖，并在保藏期继续转化至50%左右。对于缺乏有机酸的果蔬花卉，糖制时应加入适量有机酸，以利于蔗糖转化。对于含有机酸过多的果蔬花卉，通过降低糖制温度、缩短糖制时间、减少蔗糖添加量，从而避免产生过多的转化糖。长时间处于酸性介质和高温情况下，糖的水解产物会生成少量的羟甲基呋喃甲醛，使糖制品轻度褐变；同时转化糖与氨基酸发生美拉德反应，引起糖制品褐变。因此，制作浅色糖制品时，勿使蔗糖转化过度。

⑤ 糖液的浓度和沸点。糖液的沸点与糖液浓度和压强（与海拔高度有关）相关，具体见表5-5和表5-6[3～5]。糖制时，通过糖液沸点可判断可溶性固形物含量，确定糖制浓缩终点。如干态蜜饯出锅时糖液沸点为104～105℃，其可溶性固形物在62%～66%，含糖量约60%。果脯煮制糖液沸点为107～108℃，其可溶性固形物在75%～76%，含糖量约70%。由于糖制过程中蔗糖部分转化，果蔬花卉质地和固有可溶性固形物差异，糖液沸点不能完全代表糖制品含糖量，只能大致表示此时糖制品可溶性固形物多少。

表5-5　不同海拔高度下蔗糖溶液的沸点

可溶性固形物/%	沸点/℃			
	海平面	305m	610m	915m
50	102.2	101.2	100.1	99.1
60	103.7	102.7	101.6	100.6
64	104.6	103.6	102.5	101.4
65	104.8	103.8	102.6	101.7
66	105.1	104.1	102.7	101.8
70	106.4	105.4	104.3	103.3

表5-6　在101.325kPa下不同浓度糖液的沸点

可溶性固形物/%	沸点/℃	可溶性固形物/%	沸点/℃
50	102.2	64	104.6
52	102.5	66	105.1
54	102.8	68	105.6
56	103.0	70	106.5
58	103.3	72	107.2
60	103.7	74	108.2
62	104.1	76	109.4

⑥ 糖的黏稠性。糖的黏稠性随温度和浓度而变化。浓度相同，温度越高，黏稠性越小；温度相同，浓度越高，黏稠性越大。相同浓度和温度条件下，蔗糖黏稠性优于葡萄糖，低于麦芽糖和淀粉糖浆。

糖的黏稠性对糖制品质量有较大影响，可体现出糖的可口性，可使糖制品易于成形，制品光泽柔软。当糖制品出现“返砂”时，黏稠性降低甚至丧失，可通过加入适量还原糖或加酸使蔗糖部分转化来防止。糖的黏稠性给生产也会带来不便，与糖液接触的器具会黏附糖液，浪费糖料，且不卫生。对于果脯、蜜饯类糖制品，为了便于包装和食用，常采用裹糖粒、糖粉、洗去表面糖液等方法使制品表面黏性降至最低程度。

2. 糖的保藏原理

（1）高渗透压　糖溶液都具有一定的渗透压，糖液的渗透压与其浓度和分子量大小有关，浓度越高，渗透压越大。1%葡萄糖溶液可产生 0.12MPa 的渗透压，1%的蔗糖溶液具有 0.06～0.07MPa 的渗透压。糖制品一般含有 60%～70%的糖，按蔗糖计，可产生相当于 4.27～4.97MPa 的渗透压，而大多数微生物细胞的渗透压只有 0.36～1.69MPa。糖液的渗透压远远超过微生物的渗透压，当微生物处于高浓度的糖液中，其细胞里的水分就会通过细胞膜向外渗出，形成反渗透现象。微生物会因缺水而出现生理干燥，失水严重时出现质壁分离现象，从而抑制了微生物的生长。蔗糖浓度超过 50%才能抑制微生物活动；对于能耐较高渗透压的霉菌和酵母菌，需要在糖浓度 72.5%以上才能被抑制。因此，对于果酱类和湿态蜜饯，需要结合巴氏灭菌、加酸和真空密封等措施才能取得良好的保藏效果。

（2）降低水分活度　食品的水分活度（A_w）值，表示食品中游离水的含量。大部分微生物要求适宜生长的 A_w 值在 0.9 以上。当食品中可溶性固形物增加时，游离水含量则减少，即 A_w 值变小，微生物就会因游离水的减少而受到抑制。如干态蜜饯的 A_w 值在 0.65 以下时，能抑制微生物的活动；果酱类和湿态蜜饯的 A_w 值在 0.75～0.8 时，霉菌和一般酵母菌的活动被阻止。对耐渗透压的酵母菌，需借助热处理、包装、减少空气或真空包装才能被抑制。不同糖浓度与水分活度的关系见表 5-7[4,5]。

表 5-7　不同糖液浓度与水分活度的关系（25℃）

糖液浓度/%	水分活度	糖液浓度/%	水分活度
8.5	0.995	48.2	0.940
15.4	0.990	58.4	0.900
26.1	0.980	67.2	0.850

（3）抗氧化　糖液的抗氧化作用是糖制品得以保存的另一原因。这是因为氧

在糖液中溶解度小于在水中的溶解度，糖浓度越高，氧的溶解度越低。如浓度为60％的蔗糖溶液，在20℃时，氧的溶解度仅为纯水含氧量的1/6。由于糖液中氧含量的降低，有利于抑制好氧微生物的活动，也有利于糖制品色泽、风味和维生素的保存。

（4）促进原料脱水　糖液强大的渗透压加速原料脱水和糖分渗入，同时缩短糖渍和糖煮时间。若糖制初期糖液浓度过高，会使原料脱水过度而收缩，降低成品率。糖制初期浓度控制在30％～40％为宜。

3. 糖制机理

（1）扩散　是由于物质微粒（分子、原子等）的热运动而使固体、液体或气体浓度均匀化的过程。物质微粒扩散总是从高浓度向低浓度处转移，直至体系内浓度均匀。浓度差越大，扩散速率也随之增加。不过，溶液浓度增加时，通常黏度也必然增加，而黏度的增加则会降低扩散速率。随着温度的升高，分子的运动速度加快，而溶液的黏度则减小，因而溶质分子就很容易扩散。这就是加热煮制比室温浸渍提高糖制速率的原因所在。

扩散速率与溶质分子的大小有关，溶质分子越大，扩散速率越慢。在溶液中呈单分子的晶体，其扩散速率非常快，而结晶体的分子量越小，则扩散速率越快。因此，葡萄糖扩散速率大于蔗糖，而蔗糖又大于饴糖中的糊精。

（2）渗透　是溶剂从低浓度溶液经过半渗透膜向高浓度溶液扩散的过程。半渗透膜是指允许小分子物质通过而不允许大分子通过的膜。果蔬细胞膜是半渗透膜，糖制过程中，果蔬组织细胞在糖液中，细胞内呈胶状溶液的蛋白质和其他大分子不会溶出，但水分和小分子物质可以渗出，小分子糖渗入。渗透压的大小取决于溶液中溶质的浓度，还与温度呈正相关。果蔬渗糖速度取决于糖制温度和糖液浓度。为了加速渗糖过程，应尽可能在较高温度和较高糖浓度的条件下进行。相同浓度的溶液，溶质的分子量越大，渗透压越低，分子量较小的葡萄糖溶液和果糖溶液渗透压高于蔗糖溶液。能离解为离子的溶质比不能离解的溶质渗透压高，如相同渗透压的溶液，食盐比食糖（蔗糖）的溶液浓度低得多。

总之，果蔬在腌渍过程中，组织内外溶液浓度借扩散和渗透逐渐趋向平衡，组织外面的溶液和组织细胞内部溶液的浓度通过溶质的扩散和渗透达到平衡。因此，糖渍过程实质上是扩散和渗透相结合的过程。

（3）糖煮　是把果蔬原料放在糖液里加热煮制的过程。糖煮时，果蔬组织在糖液中所受的热力由糖液传导，糖液的沸腾温度由糖液浓度所决定。在煮制过程中，果蔬的组织细胞受到高温的影响，其细胞膜的选择性透过功能被破坏，细胞内外的物质交换易于进行。加热使分子热运动加快，糖液黏度降低，扩散、渗透作用增强，从而大大加快了糖制过程。

在加热过程中，当果蔬组织中的细胞液尚未沸腾时，糖分的渗透速度随着温度的上升而增大；当糖液温度达到 101～102℃时，果蔬组织内细胞液沸腾，水蒸气压力急剧升高，从而阻碍糖分向组织内渗透，而果蔬组织中排出的水分又因细胞汁的沸腾而增加。如果这时再加入糖类来提高糖度，则糖液沸点上升，煮沸温度上升，组织内细胞汁形成更强大的蒸气压，进一步阻碍糖分向果蔬内渗透。因此，果蔬糖煮过程中糖分子的渗透速度并不是直线上升或者匀速渗入的，糖煮初期糖的渗入速度应该是波浪式上升的。

同时，加热使组织内的水分扩散激烈，脱水加快，果蔬组织极易因脱水而收缩，从而导致中心透糖不均匀，成品不饱满。严重者表层会形成硬壳，阻碍糖分渗入。因此，糖煮时一般从低浓度糖液煮起，使糖分均匀渗透到果蔬组织中。

(4) 果胶胶凝作用对糖制品品质的影响　果胶是一种多糖类物质，常以原果胶、果胶和果胶酸三种形态存在于果蔬组织中。原果胶在酸或酶的作用下分解为果胶，果胶进一步水解变成果胶酸。果胶的胶凝特性对果蔬花卉糖制品加工具有重要意义。果糕、果冻以及凝胶态的果酱、果泥等，都是利用果胶的凝胶作用来制取的。

果胶分类如图 5-1 所示。通常将甲氧基含量高于 7％的果胶称为高甲氧基果胶，主要包括慢凝果胶、速凝果胶、全酯化多聚半乳糖醛酸果胶等；低于 7％的称为低甲氧基果胶。两种果胶的胶凝机理不同，形成的凝胶类型也不同，高甲氧基果胶形成果胶-糖-酸型凝胶，低甲氧基果胶形成离子结合型凝胶。果品所含的果胶属于高甲氧基果胶，因此用果汁或果肉浆液加糖浓缩制成的果冻、冻糕等属于果胶-糖-酸型凝胶。蔬菜中主要含低甲氧基果胶，蔬菜浆汁与钙盐结合制成的凝胶制品，属于离子结合型凝胶。

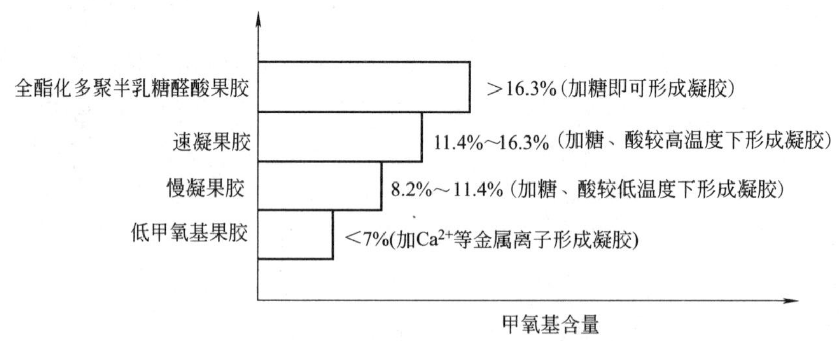

图 5-1　果胶（以甲氧基含量多少分类）结构图[4,5]

① 高甲氧基果胶胶凝。高甲氧基果胶的胶凝性质和凝胶原理是高度水合的果胶胶束因脱水及电性中和而形成凝聚体。果胶胶束在一般溶液中带负电荷，当溶液的 pH 低于 3.5，脱水剂含量达到 50％以上时，果胶脱水，并因电性中和而凝聚。在果胶胶凝过程中，糖起脱水剂的作用，酸则起消除果胶分子中负电荷的

作用。影响高甲氧基果胶胶凝的因素如下。

a. pH。pH 影响果胶所带的负电荷数，降低 pH，即增加氢离子浓度而减少果胶的负电荷，易使果胶分子间以氢键结合而胶凝。胶凝时 pH 的适宜范围是 2.5～3.5，高于或低于这个范围均不能顺利胶凝。当 pH 为 3.1 左右时，胶凝硬度最大；pH 在 3.4 时，胶凝比较柔软；pH 为 3.6 时，果胶电性不能被中和而使果胶分子间相互排斥，不能胶凝，此值即为果胶的临界 pH。

b. 糖液浓度。果胶是亲水胶体，胶束带有水膜，食糖的作用是使果胶脱水后发生氢键结合而胶凝。但只有含糖量达 50%以上才具有脱水效果，糖浓度越大，脱水作用越强，胶凝速度快。据 Singh 氏实验结果（表 5-8、表 5-9），当果胶含量一定时，糖的用量随酸量增加而减少；当酸的用量一定时，糖的用量随果胶含量提高而降低。

表 5-8　果胶凝冻所需糖、酸的配合关系（果胶量 1.5%）

总酸量/%	0.05	0.17	0.3	0.55	0.75	1.3	1.75	2.05	3.05
总糖量/%	75	64	61.5	56.5	53.5	53.5	52	50.5	50

表 5-9　果胶凝冻所需糖、果胶的配合关系（酸量 1.5%）

总果胶量/%	0.9	1	1.25	1.5	2	2.75	4.2	5.5
总糖量/%	75	62	55	52	49	48	45	43

c. 果胶含量。果胶的胶凝性强弱，取决于果胶含量、果胶分子量以及果胶分子中甲氧基含量。果胶含量高容易凝胶。果胶分子量越大，多聚半乳糖醛酸链越长，所含甲氧基比例越高，胶凝力越强，制成的果冻弹性越好。通常生产糖制品时果胶含量要求在 0.5%～1.5%，甲氧基含量较高的果胶或糖液浓度较高时，果胶使用量相应减少。甜橙、柠檬、苹果等的果胶均有较好的胶凝力。原料中果胶不足时，可加入适量果胶或琼脂，或其他含果胶丰富的原料，提高凝胶品质。

d. 温度。当果胶、糖和酸的配比适当时，混合液能在较高的温度下凝胶，温度较低，胶凝速度加快。50℃以下，对胶凝强度影响不大；高于 50℃，胶凝强度下降，这是因为高温破坏了果胶分子中的氢键。果胶为 1%，糖为 65%～67%，pH 为 2.8～3.3 的条件能形成理想的果胶凝胶（图 5-2）[3]。

② 低甲氧基果胶胶凝（low-methoxyl pectin gelation）。低甲氧基果胶依赖果胶分子链上的羧基与多价金属离子相结合而串联起来，形成网状的凝胶结构。低甲氧基果胶中有 50%以上的羧基未被甲醇酯化，对金属离子比较敏感，少量的钙离子与之结合也能胶凝。影响低甲氧基果胶胶凝的因素如下。

a. 钙离子（或镁离子）。钙等金属离子是影响低甲氧基果胶胶凝的主要因素，用量随果胶的羧基数而定，每克果胶的钙离子最低用量为 4～10mg，碱法制取

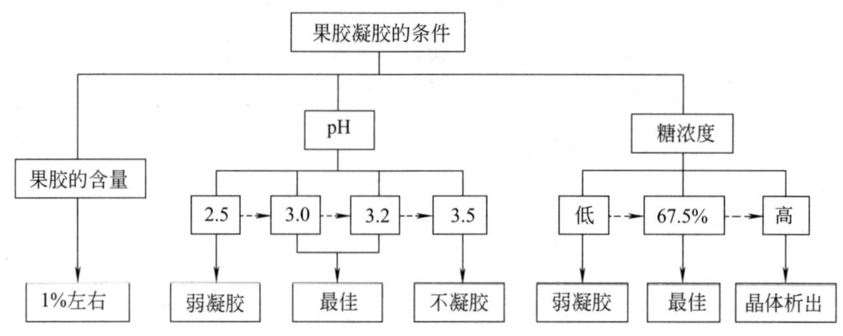

图 5-2　果胶凝胶条件

的果胶为 30～60mg。

b. pH。pH 对果胶的胶凝有一定影响，pH 在 2.5～6.5 之间都能胶凝，以 pH3 或 5 时胶凝的强度最大，pH 为 4 时，强度最小。

c. 温度。温度对胶凝强度影响很大。在 0～58℃范围内，温度越低，强度越大。58℃强度为零，0℃时强度最大，30℃为胶凝临界点。因此，果冻的保藏温度宜低于 30℃。

低甲氧基果胶的胶凝与糖用量无关，即便在 1％以下甚至不加糖情况下仍可凝胶。实际生产中，不同产品种类可能需要添加一定的糖，加糖只是为了改善风味。

4. 糖制品分类

我国糖制品加工历史悠久，原料众多，加工风味、形态和方法多样。按产品形态和风味主要分为果脯蜜饯和果酱两大类。

（1）果脯蜜饯　经糖渍和糖煮后，含糖量一般在 60％左右，也有部分低于 45％。有些需要烘干处理，有些不需要烘干处理。主要有以下三类。

① 湿态。保存于高糖环境，果形完整、饱满，质地细软、味美，呈半透明状。如蜜金橘、蜜饯樱桃等。

② 干态。糖制后采取晾干或烘干方式，产品不黏手，外干内湿，半透明，有些产品表面采取裹糖衣或糖粉。如橘饼、冬瓜条、猕猴桃脯、柠檬果脯等。

③ 凉果。以咸果坯为原料，辅以甘草、薄荷等，经盐腌、脱盐、晒干，加配料蜜制而成，含糖量小于 35％。外观干燥、皱缩，味甘美、酸、甜、咸，原果风味浓郁。如陈皮梅、话李、橄榄制品等。

（2）果酱　果酱类制品一般为高糖高酸制品。主要有以下四类。

① 果酱。果蔬经粉碎制浆，加糖、酸、果胶、黄原胶、海藻胶等浓缩制成。可分为高糖和低糖两类，前者糖度高达 65％左右，后者可降至 45％以下。如草莓酱、番茄酱、柚子酱、柠檬酱、猕猴桃酱等。

② 果泥。果蔬经软化打浆筛滤除渣或通过胶体磨微细化，加入适量的糖和

其他配料，经加热浓缩成稠厚泥状，产品口感细腻。如胡萝卜泥、苹果泥等。

③ 果冻。采用果胶含量丰富的原料，也可人为添加果胶、琼脂、明胶等，果实经软化、压榨取汁，加酸、糖经加热浓缩而制得的凝胶制品，产品光滑透明、有弹性，切面柔滑有光泽。如橘子冻、山楂冻、菠萝冻、芒果冻等。

④ 果丹皮。制作果泥后再摊平（刮片）、烘干成柔软薄片。如山楂果丹皮、柿子果丹皮、桃果丹皮、柠檬果丹皮、柚子果丹皮等。

二、腌制原理

果蔬花卉的腌制过程中，在食盐作用下，会缓慢发生系列复杂的生物化学反应，不但可增加果蔬花卉的保藏性，而且也可增加产品的色、香、味。其原理主要是利用食盐的保藏作用、微生物的发酵作用、蛋白质的分解作用、辅料的辅助作用以及其他一系列的生物生化作用，抑制有害微生物的活动，改善产品色、香、味，达到长期保藏的目的。

1. 食盐保藏原理

食盐之所以具有防腐保藏作用，是因为食盐具有高渗透压、抗氧化、离子毒害、降低水分活度和抑制酶活性等作用。

（1）高渗透压　果蔬花卉表面一般有大量有害的微生物，是造成果蔬花卉腐烂变质的主要原因，也是导致果蔬花卉腌制品品质败坏的主要因素。腌制过程中，依靠食盐的高渗透作用，把组织中的水分脱出。1%食盐溶液就能产生0.62MPa的渗透压，而大多数微生物细胞的渗透压为0.36～1.6MPa，超过1%的盐浓度会导致微生物细胞内水分向外渗透而脱水，而果蔬花卉腌制食盐用量大多在4%～15%，可产生2.47～9.27MPa的渗透压，远远超过了微生物细胞的渗透压。由于这种渗透压的巨大差异，导致微生物细胞发生质壁分离，微生物细胞脱水失活，最后其活动受到抑制，直至因生理干旱而死亡。

表5-10　微生物在中性溶液中能耐受的最大食盐浓度

菌种名称	食盐浓度/%
植物乳杆菌(*Lactobacillus plantarum*)	13
短乳杆菌(*Lact. brevis*)	8
甘蓝酸化菌(*Bacterium brassicae fermentati*)	12
黄瓜酸化菌(*Bact. cucumeris fermentati*)	13
丁酸菌(*Bact. amylobacter*)	8
大肠杆菌(*Bact. coli*)	6

续表

菌种名称	食盐浓度/%
普通变形杆菌(*Proteus bulgaris*)	10
(酒花酵母)醭酵母(*Mycoderma*)	25
(能产乳酸的)霉菌(*Oidium lactis*)	20
霉菌(*Moulds*)	20
酵母菌(*Yeasts*)	25
肉毒杆菌(*Clostridium botulinum*)	6

从表5-10可以看出，霉菌和酵母菌对食盐的耐受力比细菌大得多，而酵母菌的抗盐性最强。例如，大肠杆菌和变形杆菌（致腐败细菌）在6%～10%的食盐溶液中就可以受到抑制，而霉菌和酵母菌在20%～25%的食盐溶液中才能受到抑制。这种耐受力都是当溶液呈中性时的最大耐受力。但是，如果溶液呈酸性（pH小于7）时，表5-10中所列的微生物对食盐含量的耐受力就会降低。果蔬花卉腌制时，卤水的pH均小于7，尤其是发酵性腌制品的卤水，pH更低。pH越低即介质越酸，其耐受力越低。如酵母菌在溶液pH为7时，对食盐的最大耐受含量为25%，但当溶液的pH降为2.5时，对食盐的最大耐受含量只有14%。

（2）抗氧化作用　氧气在食盐溶液中含量很低，使果蔬花卉处于缺氧环境，同时果蔬花卉组织中的含氧量也因渗透作用排出体外，氧气浓度的降低，有效抑制了好氧性微生物活动，降低了微生物的破坏作用。同时，食盐溶液还能钝化酶的催化作用，尤其是氧化酶类，其活性随着食盐浓度的提高而下降，从而减少或防止氧化作用的发生。

（3）降低水分活度　食盐溶解于水后就会电离，离解的离子与极性的水分子由于静电引力的作用，使得每一离子的周围聚集着一群水分子，水化离子周围的水分聚集量占总水分量的百分比随着食盐浓度的提高而增加。相应地，溶液中的自由水分就减少，其水分活度就会下降（表5-11）[3]。微生物在饱和食盐溶液中不能生长，一般认为这是由于微生物得不到自由水。也就是说，食盐降低了水分活度，使得微生物得不到生长发育所需要的自由水分，因此，抑制了微生物引起的腐败。在饱和食盐溶液中（20℃下，质量分数为26.5%），没有自由水可供微生物利用，无论是细菌、酵母还是霉菌都不能生长，所以降低环境的A_W是食盐能够防腐的重要原因之一。

表5-11　食盐浓度与水分活度的关系

食盐/%	0.87	1.72	3.43	9.38	14.2	19.1	23.1
A_W	0.995	0.990	0.980	0.940	0.900	0.850	0.800

(4) 生理毒害　食盐溶液中的一些离子，如钠离子、镁离子、钾离子和氯离子等，在高浓度时能对微生物发生生理毒害作用。微生物对钠离子很敏感，少量的钠离子对微生物有刺激生长的作用，但高浓度时就会产生抑制作用。钠离子能和细胞原生质中的阴离子结合产生毒害作用，且随着溶液 pH 的下降而加强，当这些离子达到一定浓度，它们就会对微生物产生生理毒害，抑制微生物生命活动，从而抑制由微生物引起的腐败。例如，质量分数为 20%的中性食盐溶液才能抑制酵母的活动，而质量分数为 14%的酸性食盐溶液就完全可以抑制酵母的活动。

(5) 影响酶活性　微生物的各种生命活动的实质都是在酶的作用下的生化反应，酶的活性决定了生化反应的方向和速率。但微生物在各种生命活动中分泌的酶的活性会因食盐的存在而使其活性降低。微生物酶的活性常在低浓度的盐液中就遭到破坏，食盐溶液中的钠离子和氯离子可以与酶蛋白中的肽键结合，从而破坏酶分子特定的空间构型，使其催化活性降低，导致微生物的生命活动受到抑制，有效防止果蔬花卉腐烂变质，增加其贮藏性。

2. 微生物的发酵作用

发酵是利用有益微生物的活动及控制其一定的生长条件对果蔬花卉进行加工的一种方式。发酵体系是一种微生态环境，包含乳酸菌、酵母菌、醋酸菌等多种微生物。由于微生物群系复杂，与腌制品的品质、风味形成有密切关系，现在关于果蔬花卉腌制发酵有成熟的发酵机理，利用宏基因组技术对发酵果蔬花卉微生物区系的分析，采取人工接种代替传统自然发酵，可以达到提高腌制品质量和缩短腌制时间等目的。

(1) 有益微生物发酵　有益微生物发酵不但能抑制有害微生物的活动而起到防腐保藏作用，还有助于品质形成。有益微生物发酵以乳酸发酵为主，辅之轻度的酒精发酵和极轻微的醋酸发酵。

① 乳酸发酵。乳酸发酵是果蔬花卉腌制过程中最主要的发酵方式，只是强弱有别。乳酸菌广泛分布于空气中、果蔬花卉表面、加工用水中、容器和用具等物的表面。其中，乳酸片球菌、植物乳杆菌、黄瓜酸化菌等八大种乳酸菌，能将单糖和双糖发酵生成乳酸而不产生气体，称为同型乳酸发酵或正型乳酸发酵，这类发酵过程的总反应式如下：

$$C_6H_{12}O_6 \longrightarrow 2CH_3CHOHCOOH\text{(乳酸)}$$

在果蔬花卉腌制过程中，除了上述的乳酸菌外尚有其他各种乳酸菌和非乳酸菌也在进行活动，同样能将糖类发酵产生乳酸。所不同的是，还会产生其他产物及气体，这类微生物称为异性乳酸菌，如肠膜明串珠菌等，其发酵方式称为异型乳酸发酵。又如，短乳杆菌除将单糖发酵产生乳酸外，还生产醋酸及二氧化碳等。

$$C_6H_{12}O_6 \longrightarrow 2CH_3CHOHCOOH(乳酸)+C_2H_5OH(酒精)+CO_2\uparrow$$

在果蔬花卉腌制前期，微生物的种类繁多，加之腌制环境中的空气较多，酸度较低，故前期以异型乳酸发酵占优势。但异型乳酸发酵菌一般不耐酸，到发酵的中后期，由于酸度增加，异型乳酸发酵基本停止，而以同型乳酸发酵为主。

② 酒精发酵。在果蔬花卉腌制过程中也存在着酒精发酵，其量可达0.5%～0.7%。酒精发酵是附着在果蔬花卉表面的酵母菌将果蔬花卉组织中的可发酵性糖分解，产生酒精和二氧化碳，并释放出部分热量的过程。其化学反应式如下：

$$C_6H_{12}O_6 \longrightarrow 2CH_3CH_2OH+CO_2\uparrow+1\times10^5J$$

酒精发酵除生成酒精外，还能生成异丁醇、戊醇及甘油等。腌制初期果蔬花卉的无氧呼吸与一些细菌活动（如异型乳酸发酵），也可形成少量酒精。在果蔬花卉腌制品后熟存放过程中，酒精可进一步酯化，赋予产品特殊的芳香和滋味。

③ 醋酸发酵。在腌制过程中，除乳酸和酒精发酵外，通常还伴有微量的醋酸发酵。腌制品中醋酸主要来源于好气性的醋酸菌氧化乙醇而生成，这一作用称为醋酸发酵。除醋酸菌外，某些细菌的活动，如大肠杆菌、戊糖醋酸杆菌等，也能将糖转化为醋酸和乳酸等。极少量的醋酸不但无损腌制品的品质，反而对产品的保藏是有利的。但含量过多时，会使产品具有醋酸的刺激味。如涪陵榨菜腌制正常醋酸含量为0.2%～0.4%，超过0.5%则显示已酸败。醋酸菌仅在空气存在的条件下，才可能将乙醇氧化，因此，为防止产生过多的醋酸影响产品风味，腌制品要及时装坛封口，隔离空气，避免醋酸产生。

$$2CH_3CH_2OH+O_2 \longrightarrow 2CH_3COOH(醋酸)+H_2O$$

(2) 有害微生物发酵及腐败作用　果蔬花卉在腌制过程中还会出现一些有害的发酵作用或腐败作用，导致变味、发臭、长膜、生花、起漩、生霉等，影响产品品质和人体健康。

① 丁酸发酵。厌氧性的丁酸菌将腌制时果蔬花卉含有的乳糖、糖与乳酸生成丁酸和其他产物，丁酸具有强烈的不愉快气味，微弱丁酸发酵对腌制品没有大的影响。生产过程中可以利用较高的酸度、较高的食盐浓度及较低的温度来综合抑制。

② 细菌的腐败作用。在腌制过程中细菌会分解果蔬花卉组织中的一些蛋白质、氨基酸、糖、鞣质、果胶、纤维素，从而使产品变质、产生恶臭味及有害物质（亚硝酸胺）。

③ 有害酵母的作用。产膜酵母分解腌渍液和果蔬花卉组织中的一些有机物质如糖、乙醇、乳酸、醋酸等，使腌制品酸度降低，品质和保质期下降。常在腌制液表面生长一层灰白色的、有皱纹的菌膜。

④ 起漩生霉。曲霉、青霉等有害菌，若果蔬花卉腌制时暴露在空气中，就

会起漩、生霉，分解糖分、乳酸，分解果蔬花卉组织原有的果胶酶，使腌制品变软，失去脆性，甚至腐烂，品质下降。

(3) 纯种发酵和直投式发酵　自然发酵周期长，生产能力低下，易受卫生条件、季节和用盐量影响，且发酵质量不稳定，不利于工厂化、规模化及标准化生产，同时存在亚硝酸盐安全隐患。日本、韩国、新加坡、欧洲等国家和地区已实行了人工接种发酵剂的工业化生产，大大缩短了发酵的生产周期，加速了商品化速度，降低了腌制品中亚硝酸盐含量，保持了产品质量的稳定性。20 世纪 60 年代，欧洲的 Pederson 和 Aibury 率先将纯种发酵技术应用于泡菜的研究；1998 年，Caldwell Biofermentation Canada 公司获得了复合菌种接种的蔬菜发酵专利技术。近 20 年，针对我国泡菜传统生产方式弊端，我国科技工作者分离筛选出许多生产性能优良的菌种，并对纯种发酵工艺进行了细致研究。但纯种发酵存在生产成本高，操作烦琐，需要专业技术人员以及保存菌种的专门设备，且菌种易变异。

直投式发酵采用的泡菜发酵菌剂是通过培养、浓缩、离心等手段制成的浓缩菌悬浮液在低于－70℃下速冻，再置于低温下深冻保藏而获得，其活菌数和活力在 6 个月内变化不大。由于其保存需要特殊的制冷系统，成本高，运输不便，在生产应用上存在一定的困难。采用冷冻干燥，制成冻干浓缩发酵剂，保存和管理则更为简单，易于进行工艺管理和质量控制，接种方便，直接用于生产，可减少污染环节。

3. 腌制产品色泽、鲜香味的形成机理

(1) 色泽的形成　在蔬菜腌制加工过程中，色泽的变化和形成主要由三方面因素引起。

① 叶绿素的变化。蔬菜的绿色是由绿色蔬菜细胞内含有大量的叶绿素所致的。叶绿素 a 呈蓝绿色，叶绿素 b 呈黄绿色。它们在绿色植物中大约以 3∶1 的比值存在，蔬菜的绿色越浓，则叶绿素 a 越多，蔬菜中的叶绿素在阳光照射下极易分解而失去绿色。在正常情况下，蔬菜细胞中的叶绿素由于合成大于分解，因此，在感官上很难看出它们在色泽上的变异。一旦收割后，蔬菜细胞中的合成基本消失，如果在氧和阳光的作用下，叶绿素就会迅速分解使蔬菜失去绿色。

叶绿素不溶于水，在碱性溶液中比较稳定，而在酸性环境中很不稳定。叶绿素在酸性环境中，其分子式中的镁离子常被酸的氢离子置换，变成脱镁叶绿素，这种物质称为植物黑质，可使原来的绿色变成褐色或绿褐色。上述变化中，原来呈绿色的共轭体系遭到了破坏，变成新的共轭体，由绿色变成褐色，原来被绿色素掩盖的类胡萝卜素的颜色就呈现出来。如黄瓜、绿色豆角、雪里红等绿色蔬菜经过泡渍后，常失去绿色而变成黄绿色。

② 褐变引起色泽变化。褐变是食品比较常见的一种变色现象，尤其是蔬菜原料进行贮藏加工受到机械损伤后，容易使原来的色泽变暗或变成褐色，这种现象称为褐变。根据褐变的产生是否是由酶的催化引起的，可把褐变分为酶促褐变（enzymatic browning）和非酶促褐变两大类。

酶促褐变是一个十分复杂的变化过程，主要涉及多酚氧化酶和酪氨酸酶引起的酶促褐变。蔬菜中的酚类和鞣质物质，在多酚氧化酶的作用下，被空气中的氧气所氧化，先生成醌类，再由醌类经过一系列变化，最后生成一种褐色的产物，称为黑色素，如茄子、藕、莴笋、洋姜等，当加工切碎或受了机械损伤以后，在伤口或刀口处特别容易发生褐变。蔬菜腌制品在其发酵后熟中，由蛋白质水解生成的酪氨酸在微生物或原料组织中所含的酪氨酸酶的作用下，经过一系列的氧化作用，最后生成一种深黄褐色或黑褐色的黑色素，又称黑蛋白。此反应中，氧的来源主要依靠戊糖还原为丙二醛时所放出的氧。所以蔬菜腌制品装坛后虽然装的时候缺少氧气，但腌制品的色泽依然可以由于氧化而逐渐变黑。促使酪氨酸氧化为黑色素的变化是极为缓慢而复杂的过程。

非酶促褐变是不需要酶催化的褐变。在蔬菜制品中发生的非酶促褐变是由产品中的还原糖与氨基酸、蛋白质发生化学反应引起的，这类反应又称美拉德反应。美拉德反应是蔬菜腌制加工时最主要的非酶促褐变，其反应过程非常复杂。即首先由含羰基的还原糖（如葡萄糖）与含氨基的氨基化合物（如氨基酸）在中性或微碱性条件下发生缩合反应，所以美拉德反应又称“羰氨缩合反应”。然后羰氨反应生成的葡萄糖胺再经过一系列的变化，其反应产物又与氨基化合物经过缩合与聚合反应，最终生成含氮的复杂化合物黑色素。由非酶褐变形成的这种黑色素物质不但色黑而且具有香气，所以保存时间长的咸菜（如梅干菜、冬菜），其色泽和香气，都比刚腌制成的咸菜色泽深、香气浓。

③ 由辅料的色素所引起的色泽变化。外来色素渗入腌制原料内部是一种物理的吸附作用。由于盐渍液的食盐浓度较高，使得氧气的溶解度大幅下降，腌制原料细胞缺乏正常的氧气，发生窒息作用而失去活性，细胞死亡，原生质膜遭到破坏，半透性膜的性质消失而成了全透性膜，腌制原料细胞就能吸附其他辅料中的色素而改变原来的色泽。如酱菜吸附了酱的色泽而变为棕黄色；泡制过程中加入的辣椒、花椒、八角、桂皮、小茴香等香辛料，既能赋予成品香味，又能使色泽加深。还有些酱腌制品需要着色，常用的染料有姜黄、辣椒等，如萝卜用姜黄染成黄色，榨菜用辣椒染成红色。

（2）鲜香味的形成

① 鲜味。由蛋白质水解所生成的各种氨基酸都有一定的鲜味，但蔬菜腌制品的鲜味主要来源于谷氨酸和食盐作用生成的谷氨酸钠。蔬菜腌制品中不只含有

谷氨酸钠，还含有其他多种氨基酸，如天冬氨酸，这些氨基酸均可生产相应的盐。此外，乳酸发酵作用中及某些氨基酸（如氨基丙酸）水解生成的微量乳酸，其本身也能赋予产品一定的鲜味。由此可见，蔬菜腌制品的鲜味形成是由多种呈味物质综合的结果。在腌制过程中及后熟期间，蔬菜所含蛋白质因受微生物的作用和蔬菜原料本身蛋白酶的作用，逐渐分解为氨基酸。这一变化在蔬菜腌制过程和后熟期间是十分重要的，也是腌制蔬菜产生特有的色香味的主要来源。蛋白质的分解是十分缓慢而复杂的，其主要过程为蛋白质在蛋白酶作用下分解为多肽，多肽在肽酶作用下分解为氨基酸。氨基酸本身就具有一定的鲜味、甜味、苦味和酸味，如果氨基酸进一步与其他化合物作用就可以形成更复杂的产物。蔬菜腌制品色香味的形成过程既与氨基酸的变化有关，也与其他一系列生化变化和腌制辅料或腌制剂的扩散、渗透和吸附有关。

② 香味。香味形成是多方面的，也是比较复杂而缓慢的生物化学过程，其香气的成因主要有以下几方面。

a. 原料成分及其加工过程中形成的香气。蔬菜腌制可以使用多种蔬菜原料，腌制品的风味和原料种类有密切关系。各种蔬菜的特征风味不同，是因为其含有不同种类的芳香物质。腌制品产生的香气可由原料及辅料中多种挥发性香味物质在风味酶或热的作用下经水解或裂解而产生。所谓风味酶就是使香味物质发生分解产生挥发性香气物质的酶类。如芥菜类是腌制品的主要原料，它含有的黑芥子苷（硫代葡萄苷）较多，使其常具有刺鼻的苦辣味。当原料在腌制时，搓揉或挤压使细胞破裂，硫代葡萄苷在硫代葡萄酶作用下水解，生成的异硫氰酸酯类和二甲基三硫等芳香物质，称为“菜香”，为腌咸菜的主体香。

b. 发酵作用产生的香气。蔬菜腌制时，原料中的蛋白质、糖和脂肪等成分大多数在微生物的发酵作用下产生许多风味物质，如乳酸及其他有机酸类和醇类等。这些产物中，乳酸本身就具有鲜味，可以使产品增添爽口的酸味，乙醇则带有酒的醇香。另外，原料本身所含及发酵过程中所产生的乳酸、氨基酸或其他有机酸与醇类物质发生酯化反应，可以产生乳酸乙酯、乙酸乙酯、氨基丙酸乙酯、琥珀酸乙酯等芳香酯类物质。

c. 吸附作用产生的香气。蔬菜腌制过程中可以加入多种香辛料，各种香辛料有各自的特征风味成分，这些呈味组分不但起着增加香味、祛除异味的作用，还具有一定的杀菌作用。例如，花椒含有大量的芳香油和椒麻素成分，使花椒具有一种特殊的香味和麻辣味，具有去腥、解腻、除膻的作用；茴香含挥发油，主要成分为茴香醚、右旋小茴香酮、茴香醛等，用于调味，有提香、增味的作用；料酒的种类很多，主要化学成分有糖、糊精、醇类、醋类、甘油、有机酸、氨基酸、维生素等，料酒中的酒精浓度在15%以下，在烹调中，料酒有去腥、增香的作用。

由于腌制品的辅料呈香、呈味的化学成分各不同，因而不同产品表现出不同的风味特点。在腌制加工中依靠扩散和吸附作用，使腌制品从辅料中获得外来的香气。通常，腌制过程中采用多种调味配料，使产品吸附各种香气，构成复合的风味物质。产品通过吸附作用产生的风味，与腌制品本身的质量以及吸附的量有直接的关系。一般，可以通过采取一定的措施来保证产品的质量，如加工腌制剂的浓度、增加扩散面积和控制腌制温度。

4. 影响腌制的因素

（1）食盐浓度　如前所述，不同微生物对食盐浓度的耐受力各不相同。对腌制有害的微生物对食盐的抵抗力较弱，霉菌和酵母菌对食盐耐受力比细菌大得多，酵母菌抗盐性最强。因此，可利用适当的食盐溶液来抑制腌制过程中有害微生物的活动。但在决定腌制食盐溶液浓度时，应该考虑其他因素的影响。实际上腌制过程产生的乳酸、醋酸、乙醇以及加入的调味品、香辛料都具有影响微生物活动的作用，以酸最为突出。在 pH2.5 时，14%的食盐溶液就可抑制酵母菌活动；而在 pH 为 7 的环境，25%的食盐浓度才可以抑制酵母菌的活动。

食盐在腌制品中还有调味和控制生化变化的作用。1%食盐可以达到调味的目的，但由于各类果蔬花卉腌制品生化变化不一，食盐浓度对产品风味及品质影响差异较大。泡酸菜要求发酵过程产生较多的乳酸，用盐量一般控制在 0～6%；糖醋菜用盐量为 1%～3%；湿腌法涪陵榨菜和资中冬菜通常需要较长期贮存，发酵周期较长，用盐量为 10%～14%；酱渍菜用盐量为 8%～14%；用盐保存的原料或盐渍半成品，用盐量多使用饱和和接近饱和的食盐溶液。12%以上的食盐浓度对蛋白酶活性有抑制作用，25%则造成蛋白酶活性受到破坏。生产上常采用分批加盐方式进行腌制，保护蛋白酶活性，缩短渗透平衡时间和后熟期；同时使腌制初期发酵旺盛，迅速形成乳酸等，从而抑制有害微生物活动；减少高浓度食盐溶液强大渗透压造成的腌制品表面皱缩。

（2）温度　温度愈高，扩散渗透速率愈快，腌制时间愈短；但温度愈高，微生物生长活动愈迅速，易引起腐败菌大量生长繁殖而败坏制品品质。同时对腌制品质也有影响，温度高加速蛋白质分解，在 30～50℃时，促进蛋白酶活性。因而在生产中，榨菜、冬菜、芽菜等咸菜要经过夏季高温，才能促使蛋白质充分转化，形成优良品质。乳酸菌在 10～43℃下，均能生长繁殖。针对泡菜乳酸发酵，适宜温度为 26～30℃，发酵快、时间短，低于需时长，高于则品质变差。生产上常采用泡菜发酵温度为 12～22℃，目的是为了控制腐败微生物活动，只是所需发酵时间稍长。如甘蓝发酵，25～30℃发酵仅需 6～8d，10～14℃则需要 15～20d。

（3）酸度　有益发酵微生物乳酸菌、酵母菌比较耐酸；有害微生物除霉菌外，腐败细菌、丁酸菌、大肠杆菌在 pH4.5 条件下均受到很大程度的抑制。腌制初期常采用提高酸度方法，造成发酵有利条件，抑制有害微生物活动。

酸度对腌制原料蛋白酶和果胶酶的活性也有影响。酸性蛋白酶 pH4～5.5 活性最强，果胶酶 pH4.3～5.5 活性最弱，因此 pH4～5 条件下，对保持脆性和蛋白质水解有利。

（4）气体成分　乳酸菌属于厌氧菌，厌氧状况下能正常发酵，酒精发酵以及果蔬花卉组织本身的呼吸作用产生二氧化碳也能造成有利于厌氧的环境。而酵母菌及霉菌等有害微生物均为好氧菌，通过隔绝氧气可抑制有害微生物活动。厌氧条件同时可防止维生素 C 的损失。

（5）原料内质　原料含糖量超过 1%时，植物乳杆菌与发酵乳杆菌产酸量明显受到抑制；含糖量超过 2%，各菌株产酸量均不再明显增加。腌制时果蔬花卉的含糖量以 1.5%～3%为宜。偏低可适量补加，同时还应采取揉搓、切分等方法使表皮组织与质地适度破坏，促进原料可溶性物质外渗，促进发酵。

原料含水量与腌制品品质有密切关系。腌制榨菜要求含水量在 70%～74%，榨菜的鲜、香均能较好表现出来。因为含水量多少与氨基酸的转化密切相关。含水量大于 80%，相对可溶性氮少，氨基酸呈亲水性，向着羰基方向转化，形成香气较差；含水量小于 75%，保留的可溶性含氮物相对增加，氨基酸呈疏水性，在水解中生成甲基、乙基及苯环等，香质较多，香味较浓。在相同食盐浓度下，原料含水量影响保藏性。如在 12%盐浓度，榨菜含水量在 75%以下较耐贮存，而含水量在 80%以上却风味平淡，且易酸化不耐贮存。

原料含氮和果胶对制品色香味及脆度也有很大影响。含氮和果胶高对色香味和脆度有好的作用。

（6）腌制卫生条件　原料应充分洗涤，腌制容器要消毒，腌制液杀菌，腌制场所保持清洁卫生。腌制用水应呈微碱性，水硬度 12～16 德国度 [1 德国度＝0.3572mmol/L（$CaCO_3$）]，利于保持脆嫩和绿色。

5. 腌制过程中常见质量问题和控制措施

腌制果蔬花卉质量问题指的是外观不良、风味变劣、外表发黏长霉、有异味等，主要分为生物性败坏、物理性败坏和化学性败坏三种。

（1）败坏原因

① 生物性败坏。生物性败坏是腌制过程中有害微生物生长繁殖引起的败坏，尤其是好气性菌和耐盐菌的存在。腌制品常见质量问题包括表面生花、酸败、软化、腐臭、变色等，造成严重损失，不堪食用，甚至危害人体健康。有害微生物主要有大肠杆菌、丁酸菌、霉菌、有害酵母菌，这些有害微生物大量繁殖后，会使产品变质。腌制加工过程主要有害微生物及特性见表 5-12。

表 5-12　腌制加工过程主要有害微生物及特性

菌类	耐受食盐浓度/%	耐受 pH	生长适温/℃	耗氧状况	危害现象
丁酸菌	8	4.5	30	厌氧	生成丁酸，产生强烈的不愉快气味
大肠杆菌	6	5.0～5.5	37	需氧(兼)	有致病作用，将硝酸盐还原成亚硝酸盐
变形杆菌	10		30～37	需氧(兼)	分解蛋白质，生成有臭味的物质如吲哚
沙门氏菌	12～19	6.8～7.8	20～37	需氧(兼)	
金黄色葡萄球菌	10～15	4.5～9.8	20～37	厌氧(兼)	产生毒素，引起食物中毒
肉毒杆菌	6	4.5～9.0	18～30	厌氧	
酵母菌	10～15	2.5～3.0	28	需氧	生醭，分泌聚半乳糖醛酸酶，软化组织，产生不愉快气味
霉菌	10～15	1.2～3.0	25.3	需氧	生霉，降低酸度，软化组织，制品风味变劣，产生有害物质

由于腐败菌的作用，分解原料组织中的蛋白质及其他含氮物质，生成吲哚、甲基吲哚、硫醇、硫化氢等，产生恶臭味。如蛋白质在酶作用下完全水解为氨基酸，进一步脱羧生成胺；在大肠杆菌、变形杆菌产生的色氨酸酶作用下色氨酸转化生成吲哚；变形杆菌可使半胱氨酸释放硫化氢。

② 物理性败坏。主要指光线和温度引起的败坏，在光照作用下，造成物质分解，引起变色、变味和抗坏血酸损失；温度过高，加速化学和生物变化，造成挥发性物质损失，成分、重量、外观及风味发生变化。

③ 化学性败坏。化学反应，如氧化、还原、分解、化合均会使腌制品不同程度地败坏。如有空气存在的情形，易发生氧化、褐变，使制品变黑。

(2) 控制措施

① 原料减菌化处理。腌制品劣变与微生物污染密切相关，腌制前通过以下手段达到减菌的目的。选用新鲜脆嫩、成熟度适宜、无损伤、无病虫害的原料；对原料进行认真清洗，对使用器具进行必要的清洗消毒；注意从业人员的清洁卫生；腌制用水符合国家生活饮用水标准。

② 添加食盐。利用食盐的高渗透压防止一部分微生物的侵害。一般微生物细胞液渗透压在 0.36～1.69MPa，而 1%食盐溶液渗透压为 0.62MPa。腌制时食盐含量一般在 8%以上，具有 4.96MPa 的渗透压，可有效防止微生物的侵害。

③ 加酸。酸味料能降低腌渍液 pH，抑制微生物生长繁殖，对酱腌菜贮藏有利。腌渍液中通常添加食醋、冰醋酸及柠檬酸来达到抑制微生物生长繁殖的目的。

④ 添加有益微生物。在泡菜、酸菜、冬菜等生产过程中，利用优势菌群乳酸菌、酵母菌的发酵作用，产生一定量的乳酸、乙醇和酯类，可增进腌制品的风味，抑制有害微生物生长繁殖，利于酱腌菜贮存。同时，有益微生物乳酸菌、酵母菌和其他有害微生物有拮抗关系，其生长代谢可改变有害微生物生长环境和干扰其代谢作用。

⑤ 添加含天然抗菌物质的原材料。果蔬花卉中部分原料含有天然抗菌成分，如葱蒜含有的蒜辣素、姜含有的姜酮、辣椒含有的辣椒精及辣椒碱、大量果蔬原料含有的花青素、茴香含有的挥发油等均具有杀菌防腐作用。人为添加到腌制液中，不仅能增香，还能抑制有害微生物生长繁殖。

⑥ 添加防腐剂。由于微生物种类繁多，且腌制过程为开放式，仅靠食盐抑制有害微生物活动必须采用较高的食盐浓度，添加防腐剂可有效抑制微生物活动，也符合酱腌菜“低盐、增酸、适甜”的发展趋势。防腐剂主要有山梨酸钾、苯甲酸钠、脱氢醋酸钠等，使用量按 GB 2760—2014 执行。

⑦ 引入 HACCP（hazard analysis critical control point）质量控制体系。作为通用的食品安全控制预防体系，HACCP 体系可在很大程度上避免或降低生物、化学、物理等因素对腌制品带来的危害。

第二节　果蔬花卉糖制与腌制加工技术

一、浸渍技术

1. 糖渍技术

糖渍过程是果蔬花卉原料排水吸糖的过程，糖分通过扩散作用进入果蔬花卉组织细胞间隙，再通过渗透作用进入细胞内，最终达到果脯蜜饯所要求的含糖量。糖渍类果蔬花卉加工主要指蜜饯类加工，其工艺流程如图 5-3 所示。

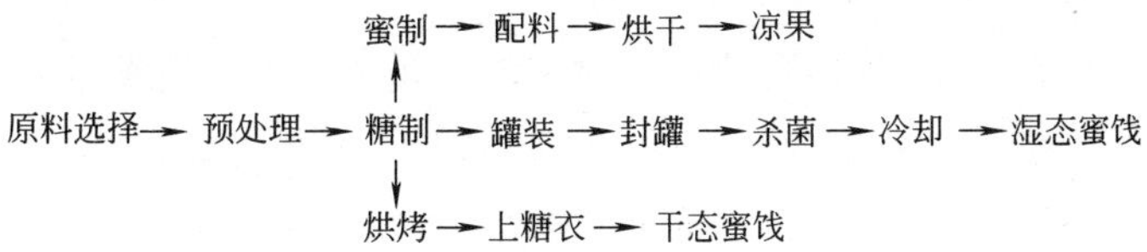

蜜制 → 配料 → 烘干 → 凉果
↑
原料选择 → 预处理 → 糖制 → 罐装 → 封罐 → 杀菌 → 冷却 → 湿态蜜饯
↓
烘烤 → 上糖衣 → 干态蜜饯

图 5-3　果蔬花卉糖制加工工艺流程

（1）原料选择 糖制品质量主要取决于外观、风味、质地及营养成分。选择优质原料是制成优质产品的关键之一。原料质量优劣主要在于品种、成熟度和新鲜度等几个方面。

① 原料的种类和品种。原料的品种不同，加工效果不一样；同一品种的原料，但因产地不同而加工出的产品质量也不同。蜜饯类因需保持果实或果块形态，则要求原料为肉质紧密、耐煮性强的品种。如生产青梅类的原料，宜选鲜绿质脆、果形完整、果核小的品种；生产蜜枣类的原料，要求选用果大核小、含糖较高、耐煮性强的品种；生产杏脯的原料，要求用色泽鲜艳、风味浓郁、离核、耐煮性强的品种；生产红参脯的胡萝卜原料，要求选用果心黄色、果肉红色、含纤维素较少的品种。

② 原料的成熟度。蜜饯、果脯要求具有一定的块形状态，所以一般要求果实的生理成熟度在75%～85%。另外，还应考虑果蔬的形态、色泽、糖酸含量等因素，用来糖制的果蔬要求形态美观、色泽一致、糖酸含量高。一般在绿熟或坚熟期采收，对成熟度高低的要求，取决于加工什么样的产品。

③ 原料的新鲜度。要求原料新鲜完整，表面洁净，无病虫害，病烂变质的果蔬不能当做原料。

（2）原料处理 包括选别及分级，清洗，去皮、去心（核）、切分、划缝、刺孔，盐腌，保脆与硬化等。

① 选别及分级。原料选别一般是根据制品对原料的要求，首先选择新鲜、完整、成熟一致的原料；其次是剔除不合格的原料，如霉烂、腐败、变质、病虫害严重、过生或过熟的原料。选别的方法是以人工挑选为主；原料分级一般以大小或成熟度为依据。分级时的大小标准，以原料的实际情况对成品的要求决定。

② 清洗。清洗主要去除表面黏附的尘土、泥沙、污物、残留药剂及部分微生物，包括化学方法和机械方法。

③ 去皮、去心（核）、切分、划缝、刺孔。糖制加工果蔬的去皮，因果蔬类型或加工要求不同而异，有擦皮、削皮、刮皮、剥皮及化学去皮等多种方法。剔除不能食用的种子、果核。大形果需适当切分，切分的形态有块、条、丝、丁、对开或四开等。枣、李、杏等小形果不便去皮和切分，常在果面划缝或刺孔，划切时，可以用手工或用花纹机，要求花纹纹络均匀，深度一致。

④ 盐腌。盐坯腌渍包括盐腌、暴晒、回软和复晒四个过程。盐腌有干盐和盐水两种。干盐法适用于果汁较多或成熟度较高的原料，用盐量依种类和贮存期长短而异，一般为原料重的14%～18%。腌制时，分批拌盐，拌匀，分层入池，铺平压紧，下层用盐较少，由下而上逐层加多，表面用盐覆盖隔绝空气，便能保存不坏。盐水腌制法适用于果汁稀少或未熟果实或酸涩苦味浓的原料，将原料直接浸泡到一定浓度的腌制液中腌制。腌制结束，可作水坯保存，或经晒制成干坯

长期保藏，腌渍程度以果实呈半透明为度。果蔬盐腌后，延长了加工期限，同时对改善某些果蔬的加工品质，减轻苦、涩、酸等不良风味有一定的作用。但是，盐腌在脱去大量水分的同时，会造成果蔬可溶性物质的大量流失，降低果蔬的营养价值。

⑤ 保脆与硬化。为提高耐煮性和酥脆性，某些原料在糖制前需要进行硬化处理，将原料浸泡于石灰或氯化钙、明矾、亚硫酸氢钙等稀溶液中，使钙、镁离子与原料中的果胶物质生成不溶性盐类，细胞间相互黏结在一起，提高硬度和耐煮性。用0.1%的氯化钙与0.2%～0.3%的亚硫酸氢钠混合液浸泡30～60min，起着护色兼硬化的双重作用。对不耐贮运易腐烂的草莓、樱桃用含0.75%～1%二氧化硫的亚硫酸与0.4%～0.6%的消石灰混合液浸泡，可防腐烂兼硬化、护色作用。明矾具有催化剂的作用，能提高樱桃、草莓、青梅等制品的染色效果，使制品透明。硬化剂的选用、用量及处理时间必须适当，过量会生成过多钙盐或导致部分纤维素钙化，使产品质地粗糙，品质劣化。经硬化处理后的原料，糖制前需经漂洗除去残余的硬化剂。

⑥ 硫处理。为了使糖制品色泽明亮，常在糖煮之前进行硫处理，既可防止制品氧化变色，又能促进原料对糖液的渗透。使用方法有两种，一种是用原料质量0.1%～0.2%的硫黄，在密闭的容器或房间内点燃硫黄进行熏蒸处理，熏硫后的果肉变软，色泽变淡、变亮，核窝内有水珠出现，果肉内含二氧化硫的量不低于0.1%。另一种是预先配好含有效二氧化硫为0.1%～0.15%的亚硫酸盐溶液，将处理好的原料投入亚硫酸盐溶液中浸泡数分钟即可。常用的亚硫酸盐有亚硫酸钠、亚硫酸氢钠、焦亚硫酸钠等。经硫处理的原料，在糖煮前应充分漂洗，以除去残留的二氧化硫。用马口铁罐包装的制品，脱硫必须充分，否则过量的二氧化硫会引起铁皮的腐蚀，产生氢胀。

⑦ 染色。为避免具有鲜明色泽的樱桃、草莓等原料在加工过程中失去原有色泽，常用染色剂进行着色处理，以增进制品的感官品质。常用的染色剂有人工染色剂和天然色素两大类，天然色素如姜黄、胡萝卜素、叶绿素等，是无毒、安全的色素，但染色效果和稳定性较差。人工色素有苋菜红、胭脂红、赤藓红、新红、柠檬黄、日落黄、亮蓝、靛蓝8种。人工色素具有着色效果好、稳定性强等优点，但不得超过《食品添加剂使用标准》（GB 2760—2014）规定的最大使用量。染色方法是将原料浸于色素液中着色，或将色素溶于稀糖液中，在糖煮的同时完成染色。为增进染色效果，常用明矾为媒染剂。

⑧ 预煮（热烫）。凡经亚硫酸盐保藏、盐腌、染色及硬化处理的原料，在糖制前均需漂洗或预煮，除去残留的二氧化硫、食盐、染色剂、石灰或明矾，避免对制品外观和风味产生不良影响。另外，预煮可以软化果实组织，有利于糖在煮制时渗入，对一些酸涩、具有苦味的原料，预煮可起到脱苦、脱涩作用。预煮可

以钝化果蔬组织中的酶，防止氧化变色。预煮时间一般为8～15min，温度不低于90℃，热烫后捞起，立即用冷水冷却，以停止热处理的作用。

（3）糖渍　糖渍方法有蜜制和煮制两种形式，蜜制用于皮薄多汁、质地柔软的原料；热煮适用于质地紧密、耐煮性强的原料。

① 蜜制。蜜制是用糖进行糖渍，使制品达到要求糖度。此方法适用于含水量高、不耐煮制的原料，如糖制猕猴桃、草莓、樱桃、桑葚、南方早熟梨、桃、无花果等蜜饯及多数凉果。在未加热的蜜制过程中，原料组织保持一定的膨压，当与糖液接触时，由于细胞内外渗透压存在差异而发生内外渗透现象，使组织中水分向外扩散排出，糖分向内扩散渗入。但糖浓度过高时，糖制时会出现失水过快、过多，使其组织膨压下降而收缩，影响制品饱满度和产量。此法的基本特点在于分次加糖，不用加热，能很好保持产品的色泽、风味、营养价值和应有的形态。为保持果块具有一定的饱满形态并加快扩散速率，主要采取分次加糖蜜制、一次加糖多次蜜制、真空渗糖蜜制方式。蜜制时添加氯化钙及乳酸钙等钙盐，起硬化作用，防止或减轻糖制时果蔬花卉组织软烂。

a.分次加糖蜜制。在蜜制过程中，首先将原料投入到40%的糖液中，剩余糖再分2～3次加入，每次提高糖度10%～15%，直到糖度达60%以上。若生产低糖产品，可在糖制时添加黄原胶、海藻胶、果胶、结冷胶等一同浸渍，既可降低糖度，又可保持制品的饱满形态。

b.一次加糖多次蜜制。每次蜜制结束后，将糖液浓缩提高糖度，再将原料加入继续浸渍。最初糖度30%浸渍一定时间，滤出糖液，浓缩至45%，再投入原料继续浸渍，反复3～4次，可使糖浓度达到60%以上。此方法因原料与糖液存在较大温差，加速了糖的扩散渗透，可缩短浸渍时间。

c.真空浸糖蜜制。果蔬花卉原料置于盛有糖液的真空装置内，通过抽真空，使果蔬花卉内部真空，然后破坏真空，由于压差的关系，糖分加速渗入组织内部，同时为了提高渗入效果，也可保持糖液一定温度。依次送入30%、45%、60%的糖液中，抽空至0.08MPa后，消压，浸渍8h，可达到所需糖度。

② 煮制。煮制分常压煮制和真空煮制。常压煮制包括一次煮制、多次煮制和短时煮制。真空煮制分间歇式煮制和连续式煮制。

a.一次煮制。苹果脯、蜜枣采取原料加糖后一次性煮制的方法进行加工，先配好40%的糖液，加热煮沸后，果实内水分外渗，糖进入果肉组织，糖液浓度渐稀，然后分次加糖使糖液浓度缓慢增高至60%～65%即可。分次加糖的目的是保持果实内外糖液浓度差异不致过大，使糖逐渐均匀地渗透至果肉中，这样煮成的果脯透明饱满。此法快速省工，但持续加热时间长，原料易煮烂，色、香、味差，维生素破坏严重，糖分难以达到内外平衡，原料失水过多易出现干缩。煮制应注意渗糖平衡，初次糖制时糖浓度不宜过高。

b. 多次煮制。适用于细胞壁较厚难以渗糖、易煮烂的或含水量高的桃、杏、梨、番茄等糖制品。将处理后的原料多次煮制、浸渍，逐步提高糖浓度。此法煮制时间短，浸渍时间相对较长。将原料投入30%～40%沸糖液中，热烫5～8min（可杀灭引起酶促褐变的相关活性酶），然后连同糖液浸渍10h。当组织内外达到或接近渗透平衡时，提高糖液浓度至50%～60%，再进行热煮10～30min，随后连同糖液一起进行二次浸渍，使果实内部糖液浓度进一步提高。第三次糖度提高到65%左右，煮制时间20～30min，直至果实透明，含糖量接近成品标准。捞出沥去糖液，经人工烘干整形，即为成品。多次煮制所需时间长，煮制不能连续化，费工、费时。

c. 短时煮制。将原料在糖液中交替进行加热煮制和浸渍，使糖快速渗入而达到平衡。先将原料装入网袋，先在30%糖液煮制5～8min，取出后浸入等浓度糖液中冷却，如此交替进行4～5次，每次提高糖浓度15%左右，最后完成煮制过程。

d. 间歇式真空煮制。原料在真空和较低温度下煮沸，组织中空气量少，糖分能迅速渗入到果蔬花卉组织，温度低、时间短，制品色、香、味、形均比常压煮制好。原料在25%糖液、气压0.083MPa、温度55～70℃，渗糖4～6min，消压，糖渍1h；重复3～4次，每次提高糖度10%～15%，使产品最终糖度达到60%以上。

e. 连续式真空煮制。将原料密闭在真空容器内，抽空排除原料组织中的空气，加入95℃热糖液，待糖分扩散渗透后，将糖液顺序转入另一扩散器，再将原扩散器抽空，加入较高浓度的热糖液，连续几次，制品即达到所需糖度。此方法机械化程度高，糖制效果好。

2. 盐渍技术

盐渍菜是利用高浓度食盐和各种调味料进行盐腌、保存，并改善风味的加工制品。盐渍菜的盐渍利用高浓度食盐溶液的高渗透压力，一是抑制有害微生物的生长，使能长期保存；二是渗出菜内一部分水分，除去菜内某些苦味和辛辣味，并赋予其咸味。全国各地盐渍菜制品品种繁多，如涪陵榨菜、资中冬菜等。盐渍的主要工艺流程为：原料选择→处理→盐渍→倒缸（池）→封缸（池）。

（1）原料选择　盐渍应针对不同的果蔬花卉品种、成熟度、形态和新鲜度等选择适宜的加工原料。适合做盐渍的原料品种繁多，盐渍成品的质量和原料品质呈正相关，一般原料要求为产量高、肉质肥厚紧密、质地脆嫩、粗纤维少、固形物含量高、加工适应性好的根菜类、茎菜类和果菜类等。另外，还要根据各类菜的生物学特点选择适当的品种，如茎用芥菜（榨菜）品种中的三转子、蔺市草腰子，其粗纤维少，突起钝圆，凹沟浅，产品形态美观，是制作涪陵榨菜的优良品种。选择果实和花卉原料时，由于新鲜原料带有很强的季节性，要充分注意食用部位的成熟度和新鲜度，做到适时采收及时加工。过生过熟的果实都不能生产出优质的产品，采收偏早，果实生硬，可后熟几日再行加工；采收偏晚，果实过熟，肉质疏松，不宜腌制。有的花卉品种原料成熟或开花期只有短短一周时间，所以要注意到季节性。

（2）原料处理

① 整理。根据各类果蔬花卉特点进行削根、去皮、摘除老叶、黄叶或叶丛等不可食用的部分，剔除病虫害、机械伤、畸形及腐烂变质等不合格的原料。

② 清洗。根据原料受污染程度、质地、表面状态及生产规模，选用不同清洗方法，如水槽清洗、振动喷洗机清洗、滚筒式洗涤机清洗。洗涤水槽（池），适合于蔬菜类，蔬菜可以在水槽（池）中先浸泡再进行刷洗、淘洗或高压水冲洗；这种清洗方法设备简易，手工操作劳动强度大，功效低，耗水量大。利用振动喷洗机洗涤的方法，借高压水源经喷水龙头，将水喷于振动的金属筛上冲洗原料；这种机械洗涤方法生产效率较高，适用于大规模生产应用。滚筒式洗涤机适用于质地较硬和表面能耐机械磨损的原料。

③ 晾晒。原料腌制前经晾晒适当脱水、萎蔫柔软，盐渍时不易折断，用盐量减少，同时可防止盐渍造成组织营养流失。

（3）盐渍　利用食盐的高渗透压，可对果蔬花卉品质进行固定和保鲜，使形成质地脆嫩、风味良好的盐渍产品。有些盐渍产品可长期保存，作为果蔬花卉加工半成品，进一步进行大规模生产果蔬花卉加工精深产品。盐渍方法有干腌法、湿腌法、腌晒法、烫漂盐渍法等多种。

① 干腌法。盐渍时不加水，只加食盐。适用于含水量较多的果蔬，如萝卜、食用菌等。干腌法生产中包括加压干腌和不加压干腌两种方法。前者将新鲜原料洗净后，食盐按一定比例，一层原料一层盐，逐层装入缸（池），底部盐少于上层盐，中下部占40%，中上部占60%，最上层撒一层封缸（池）盐，上面再加盖厚型塑料膜袋及木排，压上石头或其他重物。这种方法可使原料保藏在原汁盐卤中，可保持浓厚的原料原有鲜味，省工。后者区别在于盐渍时不加重物压制，采取两次或三次加盐方式。如黄瓜，先用少量食盐盐渍1～3d，待大部分原料水渗出后，捞出原料进行二次或三次加盐腌制。该法可使腌制品保持饱满、鲜嫩的外观和质地，同时可去除原料自身携带的不良风味。避免一次加入食盐浓度过高，造成腌制原料组织水分骤然大量流失，引起严重皱缩。

② 湿腌法。针对含水量较少，个体较大的腌制原料，如芥菜、苤蓝、榨菜等，在加盐的同时，适量添加清水或盐水。包括浮腌和泡腌两种方法。前者使用陈年盐卤腌制新鲜原料，使之浮在盐液中，定时倒缸，盐卤经太阳蒸发浓缩，盐卤和坯逐渐变红，形成老腌咸菜，产品香味浓郁、口感清脆。后者是将腌制原料经处理后放入池中，然后加入预先溶解好的盐水（通常在18°Bé左右）。经1～2d

后，由于腌制原料水分渗出会造成盐水浓度降低，需用泵抽出卤水，重新添加食盐，调整卤水盐浓度至 18°Bé 左右，再打入腌制原料中，反复 7～15d。这种方法适于肉质致密、质地坚实、干物质含量高、含水量少的原料（如芥菜头）的大规模生产。

③ 腌晒法。腌晒法是一种腌晒结合的方法，即单腌法盐腌，晾晒脱水成咸坯。盐腌是为了减少菜坯中的水分，提高食盐的浓度，以利于装坛贮藏；进行晾晒，是为了去除原料中的一部分水分，防止在盐腌时菜体的营养成分过多地流失，影响制品品质。有些品种如榨菜、梅干菜，在腌制前先要进行晾晒，去除部分水分；而有些品种如萝卜头、萝卜干等半干性制品，则要先腌后晒。

④ 烫漂盐渍法。新鲜的蔬菜先经 100℃沸水烫漂 2～4min，捞出后用常温水浸凉，再经盐腌而成盐渍品或咸坯。烫漂处理，可以驱逐原料内的空气，使菜体显出鲜艳的颜色，并使影响产品品质的氧化酶失活。特别是对于花卉腌制的原料，进行烫漂、水漂等前期的处理是必不可少的。将新鲜花卉原料置于沸水中浸烫 2～4min，取出后浸泡在冷水中，每天换 1 次水，漂洗 3～5d 后方可食用。这样不仅可以使花中对人不利的有害酶失活，也可以杀死花卉表面的虫卵和无芽孢微生物。

（4）倒缸　目的是使呼吸作用产生的热量随着腌制原料的翻动和盐水循环而散发，防止腌制原料因伤热而败坏。同时食盐与原料及渗出的水分接触促进食盐溶化，使原料吸收盐分均匀一致。原料腌制初期，由于高浓度盐液产生高渗透压，水分渗出的同时，原料苦涩、辛辣物质也渗出，倒缸使不良风味散发。倒缸（池）的方法主要有两种。一是用缸腌制时，可在每排腌菜缸的一端留一口空缸，倒缸时可将后面缸中的菜体与盐卤依次向前面空缸中进行翻倒。通过倒缸可使菜坯在缸中的位置进行倒换。二是当用菜池腌制时，可在池角先放一个篾制的长筒（又称锹子），用水泵抽取筒内的盐水，再淋浇于池中的菜体上，使盐水在池中进行上下循环。这种方法又称回淋，也能起到倒缸的作用，同时可以大幅减轻劳动强度。

（5）封缸　盐渍制品一般需要 30d 左右成熟，对于暂时不食用或用于加工的盐渍制品，需要进行封缸（池）保藏。封缸必须压紧，缸口留 10～13cm 空隙，盖上竹篾块或盖，压上石块，再将原有盐水澄清入缸，盐水高度淹没竹篾块或盖 7～10cm，盐水浓度控制在 20°Bé 以上，最后盖上缸罩或缸篷即可。封缸（池）要注意防止脱卤或生水浸入引起腌制品败坏。

二、发酵技术

发酵主要针对的是泡酸菜类制品，是利用食盐腌制或泡制各种鲜嫩的果蔬，利用乳酸发酵作用制成的一种带酸味的腌制品。四川泡菜以香味浓郁、组织细嫩、质地清脆、咸鲜适度、能保持果蔬原有色泽和特殊香味而著称，其主要工艺流程为：原料选别→预处理→预泡→泡制盐水配制→装坛→泡制发酵。

（1）原料选别　适宜制作的原料很多，以肉质肥厚、组织紧密、质地脆嫩、不易软化者为宜。要求原料新鲜、鲜嫩适度，无破碎、霉烂及病虫害，如萝卜、胡萝卜、青菜头、菊芋、子姜、大蒜、藠头、豇豆、辣椒、苦瓜、草石蚕、嫩黄瓜等，可根据不同季节采用适当的保藏手段，周年生产。

（2）预处理　由于腌制原料大多直接来源于土壤，带菌量高，洗涤可以除去其表面泥沙、尘土、微生物及残留农药。在洗涤时要用符合卫生标准的流动清水。为了除去农药，在可能的情况下，还可在洗涤水中加入0.05%～0.1%高锰酸钾或0.05%～0.1%盐酸或0.04%～0.06%漂白粉，先浸泡10min左右（以淹没原料为宜），再用清水洗净原料。

洗涤后凡不食用的部分如粗皮、粗筋、须根、老叶及黑斑等及病虫腐烂部分均应剔除。对于大的腌制原料，要适当切分、整理。如根菜类切成长5cm、厚0.5cm的薄片；芹菜去叶去老根，切成4cm长的小段；莴笋去老皮斜刀切成长5cm、厚0.5cm的薄片；大白菜、圆白菜，去掉外帮老叶和根部，切成3cm见方的块；刀豆、豇豆、菜豆等去掉老筋，洗净切成4cm的小段。

预处理后的原料放在簸箕内摊平晾晒，期间要适时翻动将明水完全晾干。晾晒要服从于泡制的时间及品种的需要。如萝卜、豇豆、青菜、蒜薹等洗涤干净后，要在阳光下晒至稍蔫，再进行处理泡制，这样成菜既脆健、味美、不走籽，久贮也不易变质。

表5-13　蔬菜特性与预处理时间及效果

蔬菜特性	蔬菜名称	预处理时间	效果
质地较老类	芋艿，大葱	5～7d	渗透效果差；有利于除掉异味
质地细嫩	青菜头，莴笋	2～3h	渗透效果好；保持细嫩
茎根类	萝卜类，洋姜	2～4d	渗透效果差；追出过多的水分
茎叶类	青菜，瓢菜帮	2～4d	渗透效果好；定色，保色
本味鲜类	黄秧白，莲花白，芹菜心	1～2h	渗透效果好；除去过多的水分
个体大类	萝卜类	2～4d	渗透效果差；追出过多的水分
个体小类	豇豆，四季豆	1～2d	渗透效果好；利于断生

（3）预泡　腌制原料由于四季生长条件、品类、季节和可食部分的不同，质地上也存在差别，因此，应掌握好预泡的时间。预泡目的是利用食盐渗透压除去原料中的部分水分，去掉原料异味，去除部分色素，利于定色和保色，浸入盐味和防止腐败菌的滋生。总的来说有三大好处：一是减弱原料的辛辣、苦等不良风

味；二是不改变泡制盐水的食盐浓度，避免大肠杆菌等腐败菌活动；三是杀死原料组织细胞，增强透性，提早和加速发酵进程。预泡食盐浓度和时间因原料而定。青菜头、莴笋、黄秧白、莲花白等，细嫩脆健，含水量高，盐易渗透，同时这类原料通常适合边泡边吃不宜久贮，所以在预处理时咸度应低一些；辣椒、芋艿、洋葱等用于泡制的一般质地较老，其含水量低，受盐渗透和泡成均较缓慢，加之此类品种又适合长期贮存，故预处理时咸度应稍高一些。一般用10%左右的食盐浓度，也有用20%～25%的食盐浓度或用3%～4%食盐浓度进行预腌几小时或几天的。如蒜在食盐浓度20%～25%下预腌1～2周，根菜类预腌1～2d，叶菜类1～12h。蔬菜特性与预处理时间及效果见表5-13[4,5]。

(4) 泡制盐水配制　井水和泉水含矿物质较多，硬度在16德国度，适合作泡制用水，可保持泡制品硬度。软水由于含矿物质较少，不适宜用作泡制用水。可以通过人为添加少量的钙盐，如氯化钙、碳酸钙、乳酸钙等，增加泡制盐水矿物质含量，从而保持泡制产品脆度。泡制盐水分为“洗澡盐水”、新盐水、老盐水、新老混合盐水等。

①“洗澡盐水”。针对泡制时间短至3～5d，甚至更短的泡菜产品。配制时取冷却沸水按8%左右加入食盐，再加入老盐水25%～30%，酌情加入作料、香料，调节pH4.5左右，泡制原料断生即可食用。

② 新盐水。加入食盐量控制在6%～8%，为了增进产品色、香、味，通常加入2.5%黄酒、0.5%白酒、1%醪糟汁、2.5%白糖或红糖、3%～5%辣椒、0.1%香料（含有花椒、八角、甘草、桂皮、丁香等）。香料预先粗粉碎，纱布包好，密封入泡菜水中，即可泡制。

③ 老盐水。为两年以上的陈泡菜水，pH为3.7左右，色泽橙黄，清晰，味道芳香醇正，咸酸适度，未长膜生花，含有大量优良乳酸菌群，色、香、味俱佳，多用于接种，常与新盐水混合使用。另外可人为添加乳酸菌、酒曲提高效果，对含糖量较少的原料还可以加入葡萄糖加快乳酸发酵进程。但由于配制、管理诸方面的因素，老盐水质量也有优劣之别，其鉴别方法见表5-14[6,7]。

表5-14　老泡菜水的等级

盐水等级	鉴别方法
一等	色、香、味均佳
二等	曾一度轻微变质，但尚未影响盐水的色、香、味，经救治而变好者
三等	不同类别等级的盐水混合在一起者
四等	盐水变质，经救治后其色、香、味仍不好者，这种盐水应该丢弃

④ 新老混合盐水。新老混合盐水是将新、老盐水按各占50%的比例，配合而成的盐水，其pH为4.2。

用于接种的盐水，一般宜取一等老盐水，或人工接种乳酸菌或加入品质良好的酒曲。含糖分较少的原料还可以加入少量的葡萄糖以加快乳酸发酵。第一次开始制作泡菜时，可能找不到老盐水或乳酸菌，在这种情况下，可按要求配制新盐水，以制作泡菜。但头几次泡制的泡菜，口感较差，随着时间推移和精心调理，泡菜盐水会达到满意的要求和风味。此外，配制泡菜盐水应注意，泡菜用水要求硬度在5.7mol/L以上。采用自来水通常加入0.05%～0.1%的氯化钙，盐一般采用精制食盐或专用泡菜盐。食盐浓度以最后泡菜水食盐平衡浓度4%为宜。为了加速发酵进程，可在泡制时加入3%～5%浓度的优质老盐水或采用直投式乳酸菌剂以增加乳酸菌群数量。

(5) 装坛　装坛是将预泡的原料装入坛中。装坛方法大致可分为干装坛、间隔装坛、盐水装坛三种[8]。

① 干装坛。泡制原料本身浮力较大，泡制时间较长（如泡辣椒类），适合干装坛。将泡菜坛洗净、拭干；把所要泡制的蔬菜装至半坛，放上香料包，接着又装至八成满，用竹片卡紧；将作料放入盐水内搅均匀后，徐徐灌入坛中，待盐水淹过原料后，盖上坛盖，用清水填满坛沿。

② 间隔装坛。为了使作料的效果得到充分发挥，提高泡菜的质量，应采用间隔装坛，泡豇豆、蒜薹等可用此法。将泡菜坛洗净、拭干；把所有要泡制的蔬菜与需要的作料（干红辣椒、小红辣椒等）间隔装至半坛，放上香料包；接着又装至九成满，用竹片卡紧；将其余作料放入盐水内搅匀后，徐徐灌入坛中，待淹过菜料后，盖上坛盖，用清水填满坛沿。

③ 盐水装坛。茎根类（萝卜、大葱等）蔬菜在泡制时能自行沉没，所以，可直接将它们放入预先装好泡菜盐水的坛内。将坛洗净、拭干，注入盐水，放作料入坛内搅匀后，装入所泡蔬菜至半坛时，放入香料包，接着装至九成满（盐水应淹没原料），随即盖上坛盖，用清水添满坛沿。盐水装坛应视原料品种、季节、味道、贮藏期长短和其他具体需要，在调配盐水时做到既按比例，又灵活掌握。蔬菜入坛泡制时，放置应有次序，切忌装得过满，坛中一定要留下2～3cm空隙，以防止坛内泡菜水的冒出。盐水必须淹没所泡原料，以免因原料氧化而腐败、变质。

(6) 泡制发酵　泡制容器清洗、拭干，泡制原料与需要的作料、香料包间隔混装，若原料浮力大，可用竹片等分层卡紧，注入预先配制好的泡菜盐水，淹没原料，以免因原料氧化而腐败变质。随即密封，隔绝氧气。切忌装得过满，泡菜水溢出。

发酵场所应干燥通风、光线明亮，避免阳光直射。室内地面高于室外地面30cm左右，门窗应安装防蝇和防尘设施。室温应保持相对恒定，防止盐水变质影响成品质量。

发酵分为三个阶段。初期为异型乳酸发酵，主要为不抗酸的大肠杆菌、肠膜

明串珠菌及酵母菌，发酵产物为乳酸、乙醇、醋酸和二氧化碳，逐渐形成厌氧环境，pH 由 6 左右下降至 5.5～4.5，从而有利于植物乳杆菌、发酵乳酸菌繁殖，进入泡菜初熟阶段，此时 pH 降至 4.5～4。发酵中期为同型乳酸发酵，以植物乳杆菌、发酵乳酸杆菌为主，pH 降至 3.8～3.5，大肠杆菌、腐败菌、酵母菌和霉菌活动受到抑制，进入泡菜完熟阶段。发酵后期为同型乳酸发酵，乳酸量不断积累，可达 1%以上。当乳酸量达到 1.2%以上，乳酸杆菌活性受到抑制，发酵逐渐缓慢甚至停滞。就乳酸积累量和泡菜风味品质比较而言，以发酵中期泡菜品质为优，乳酸含量在 0.4%～0.8%。若延长发酵时间，使乳酸含量达 1.5%左右，则成为酸菜。

低还原糖含量原料制作泡菜在保藏过程中后酸现象不显著，且成品的发酵香味、口感和风味变化不大，发酵成熟后继续发酵增加酸度可以提高耐贮性，同时能够使乳酸菌保持一定数量，达到泡菜微生态保藏的目的。若酸度过高，可通过添加调味汁减轻泡菜酸味，改善泡菜风味和品质。

三、包装技术

1. 糖制品的包装

（1）果脯蜜饯　干燥后的果脯蜜饯应及时整理、整形，使外观整齐一致，便于包装，以获得良好的商品外观，如杏脯、蜜枣、柠檬果脯、柚皮果脯、猕猴桃果脯等。

果脯蜜饯包装以防潮、防霉为主，常采用阻湿隔气性好的包装材料，如复合塑料薄膜袋、PET 罐等。要求固形物应达到 70%～75%，糖分不低于 65%。

果脯蜜饯贮存库房要求清洁、干燥、通风，库房墙壁要防潮，库温控制在 12～15℃，温度低于 10℃，制品易发生晶析。若制品出现轻度吸潮，可重新进行烘制、包装。

（2）果酱　果酱由于含酸量高，多采用玻璃瓶和抗酸涂料铁罐包装。装罐前容器应彻底消毒，果酱出锅后迅速装罐，每批产品 30min 内完成分装和密封过程，酱体温度可保持在 80～90℃，从而利用酱体余热，达到杀菌效果。

2. 腌制品的包装

（1）泡菜　送往批发及农贸市场，一般采用塑料桶直接盛装或采用内衬厚型塑料薄膜的竹篓、框盛装，随时取出销售，但应注意随时密封。必要时可添加适量的白酒，以及符合国家相关标准的食品防腐剂如山梨酸钾、脱氢醋酸钠等防止外来微生物引起的污染。作为终端销售的泡菜应根据消费群体和终端市场分类采取不同包装形态。泡菜商品化处理主要包括切分整形、配制汤汁、装料、抽气密封、杀菌、检验等环节。

① 切分整形。选取成熟优质泡菜，用不锈钢刀具，切分成大小适宜形状。尽快装料，从切分到装料停留不超过 2h。

② 配制汤汁。取优质泡菜盐水，加入味精、呈味核苷酸、砂糖、乳酸乙酯、食用醋酸、乙酸乙酯、食盐、食用色素等添加剂，丰富和完善泡菜品质。

③ 装袋/罐。主要采用复合塑料薄膜袋、玻璃罐、抗酸涂料罐等，可根据情况装单一泡菜品种，也可多种泡菜品种混装为什锦泡菜。

④ 抽气密封。复合塑料薄膜袋 0.09MPa 真空度抽气密封，玻璃瓶、抗酸涂料罐 0.05MPa 真空度抽气密封。

⑤ 杀菌。复合塑料薄膜袋采用巴氏杀菌（85～90℃），100g 装 10min，250g 装 12min，500g 装 15min；500g 装玻璃瓶采取 15—10—15/100℃杀菌式；312g 装采取 5—10—5/100℃杀菌式进行灭菌处理。

⑥ 检验。37℃下保温培养 7d，检查胀袋、漏袋，胀罐、漏罐情况，并检测理化指标、微生物指标及感官评定，合格即为成品。

泡菜加入调味汁后若采取真空包装（0.095MPa）并结合 0～10℃冷藏，贮藏 3 个月仍能保持其固有优良品质，并维持乳酸菌在 10^4CFU/g，实现微生态保藏。

（2）咸菜　涪陵榨菜、宜宾芽菜、资中冬菜等咸菜类大多采用复合塑料薄膜袋进行包装，主要有聚酯/铝箔/聚乙烯、聚酯/聚乙烯和尼龙/高密度聚乙烯，以聚酯/铝箔/聚乙烯使用较多。方便食用和携带，包装均采用真空抽气包装，真空度控制在 0.09MPa 左右，杀菌方式为巴氏杀菌（85～90℃），时间视产品装量而定，为了保持产品的脆度，近来也有厂家采用辐照杀菌方式。

透明包装会使消费者比较直观地观察到涪陵榨菜、宜宾芽菜、资中冬菜等咸菜的状态，但是由于其较大的透光透气性，会使得榨菜品质发生变化，整体品质低于不透明包装榨菜。充氮包装可以很好地保持榨菜的外形及硬度，整体品质高于真空包装。

（3）酱菜类　为了吸引消费者多采用异形玻璃瓶包装形态，杀菌方式采取沸水杀菌，杀菌时间视装量而定。也有采取复合塑料薄膜袋包装的，杀菌采取巴氏杀菌方式，时间视产品装量进行调整。

第三节　果蔬花卉糖制与腌制应用实例

一、蜜饯

1. 蜜枣

枣原产我国，属鼠李科落叶小乔木，已有三千多年的栽培历史。枣果清香爽

口，有很高的食疗价值。如枣果中富含卢丁、环磷酸腺苷等，具有治疗高血压、调节生理机能、增强心肌收缩、扩张冠状血管、抑制血小板凝集等功能，因而受到众多消费者青睐。但由于鲜枣易发生酒化、软化、变褐及腐烂等现象，鲜枣的贮藏保鲜十分困难。因此，开展枣的加工具有重要意义。米枣作为江津区嘉平镇的一个栽培品种，果实较小，肉质稍疏松，皮薄而韧，适合加工蜜枣（彩图 16）。

① 生产工艺流程。拣选分级→划纹处理→糖煮、糖渍→干燥、整形→成品。

② 操作要点。

a. 拣选分级。选择白熟期的米枣作为加工原料，此时米枣果皮细胞叶绿素大量削减，果皮褪绿变白而呈绿白色或乳白色，果实体积不再增长，已充分发育，肉质比较松软，含糖量低，划纹不易掉瓣，果皮薄而柔软，糖煮时易充分吸糖。糖煮后果皮不易与果肉分离，不易脱皮，加工出来的蜜枣金黄透亮，品质最佳。按米枣果实大小进行分级，剔除病果及虫伤果，从而获得质量相对一致的蜜枣加工品。

b. 划纹。采用人工或机械划纹，便于糖汁渗入枣果。每果划纹 20～40 刀，纹距在 1cm 左右，深度为 1～1.5mm 左右，纹路要求均匀，划纹后用水冲洗枣果，除去米枣果表面附着的污物。

c. 糖煮。先加入总糖量 2/3 的白砂糖溶解，然后加入洗净的米枣，旺火煮沸 10～15min，并不断搅拌，防止锅底产生糖焦，同时去除沸腾时锅面的糖沫，以免影响蜜枣的外观质量。当米枣发软变黄时，继续加入余下的白砂糖，文火再煮 30～40min 左右，即完成糖煮工序。糖煮时间不宜过长，否则米枣坯易煮破、煮烂。用糖量为每 100kg 米枣加入 45～55kg 白砂糖。

d. 糖渍。糖渍时要上下翻动，使枣果吸糖均匀。糖渍时间过长，枣果表皮易结壳，烘干后蜜枣表面不起糖霜；糖渍时间过短，糖分分布不均，会影响米枣蜜枣的质量。一般糖渍时间为 24h。

e. 干燥、整形。将煮制后的米枣均匀放置在烘筛上，连续烘制 16～24h，温度控制在 55～60℃。温度过高，糖枣表面易形成不透水薄层干膜，表面迅速结壳硬化，甚至出现表面焦化和干裂，干燥速率急剧下降，影响干燥效果；温度过低，如在适宜于细菌等微生物迅速生长的温度中停留数小时，易引起米枣的腐败变质或发酸、发臭。同时在干燥过程中要经常翻动，一般每隔 2～3h 翻动一次，使米枣干燥均匀。烘至枣身半干时，要趁热整形，整形时要逐个捻成规定形状，使枣果纹路正直，同时削去糖枣表面露出的断纹，捻时要用力适度，防止捻碎纹路及枣果破损。捻时速度要快，否则会影响米枣蜜枣糖霜的形成，影响米枣蜜枣外观质量。根据米枣的外形特征，宜整形为扁腰形或长圆形。整形后，再干燥 6～8h 左右，至蜜枣表面微有糖霜出现，枣色金黄透亮，内外干透，用力挤压不变形，即可停止干燥。

f. 包装。蜜枣类干制品的货架期受包装材料的影响极大，要采用能防止蜜枣吸湿回潮，能防止外界空气、灰尘、虫、鼠和微生物以及气味等入侵，以及不能透过外界光线的包装材料。同时，包装的大小、形状、外观应有利于蜜枣的推销。另外，和蜜枣相接触的包装材料应符合食品卫生要求，并且不会导致蜜枣变性、变质。

g. 回软。用烘干或晒干等方法制得的蜜枣各自所含的水分并不是均匀一致的，而且在其内部也不是均匀分布的，常需均湿处理，即在密闭室内或容器内进行短暂贮藏，以便使水分在蜜枣内部及蜜枣相互间进行扩散和重新分布，最后达到水分均匀一致的目的。

③ 产品质量要求。色泽呈棕黄色或琥珀色，均匀一致，呈半透明状。含糖饱满、质地柔韧，不返砂、流汤、黏手，不得有皱纹、露核及虫蛀。总糖含量68%～72%，水分含量为17%～19%。

2. 柚子果脯

柚子，是芸香科柑橘属植物柚树的成熟果实。大多以鲜食方式出现在人们生活中，次果及占全果40%～50%的皮渣均当做垃圾处理，导致资源的极大浪费。柚皮中含有丰富的膳食纤维、柚皮甙及新橙皮甙等物质，具有解毒抗炎等功效。将柚皮进行深加工，制成人们喜爱的果脯（彩图17），使废弃的果皮得到充分再利用，具有很大的实际意义。

① 生产工艺流程。原料选择→去皮→护色保脆→烫漂脱苦→煮制糖渍→烘干→包装→成品。

② 操作要点。

a. 原料选择。选择白皮层较厚的柚子果皮为原料，如选择巴南五布柚、广安白市柚、垫江白柚、梁平柚的柚皮为原料。

b. 去皮。削去青黄的硬而涩的表皮，留下白皮层及海绵层。切成（3～4）cm×1cm大小的条状。

c. 护色保脆。采用0.2%氯化钙和0.3‰碳酸氢钠1∶1混合，浸泡1h。

d. 烫漂脱苦。烫漂水中加入0.5%～0.7%食盐烫漂2次，每次换新鲜食盐水进行烫漂，时间3～5min，烫漂后的柚皮原料放入含0.4%～0.6%的环状糊精于40～45℃下水浴脱苦1～1.5h。若感觉苦味物质仍较浓，可采用清水浸泡24h，中间换水2～3次，可明显减轻苦味。

e. 煮制糖渍。产品配方分三种类型。高糖果脯，白糖加入量控制在65%～70%，煮制时间1～1.5h，柠檬酸加入量0.1%～0.2%，加入时间为煮制结束前10min，浸糖24h，产品糖度控制在60%左右。低糖果脯，白糖加入量控制在45%～50%，煮制时间1h左右，柠檬酸加入量0.1%～0.2%；低糖果脯配方，白糖加入量20%～25%，加入果胶、海藻酸钠、黄原胶及结冷胶等，总量控制在0.4%～0.6%，煮制时间1～1.5h，柠檬酸加入量0.1%～0.2%。

f. 烘干。将糖渍好的原料捞出，沥干糖液，摆放在烘盘上，送入烘房，55～65℃下干制，以不黏手为度，时间 24h。

g. 整形包装。烘干后进行整形，剔除黑点、斑疤等产品，可用糯米纸进行初包装，然后放入食品袋、纸盒和塑料罐等作为商品出售。

③ 产品质量要求。色泽：浅黄色至金黄色，具有透明感；组织形态：条状，有弹性，不返砂、不流汤；风味：甜酸适度，具有原果风味。

3. 冬瓜条

冬瓜为葫芦科草本植物，性寒，味甘淡、清香爽口，具有利水、清热、化痰和解渴等功效。除富含维生素 C 外，还含有丙醇二酸，对防止人体发胖、增进形体健美有很好的作用。冬瓜条（彩图 18），是中国传统的糖制小食品，深受消费者青睐。

（1）生产工艺流程　原料选择→去皮、切分→硬化→预煮→糖渍→糖煮→干燥、上糖衣→成品。

（2）操作要点

① 原料选择。选用新鲜、完整、肉质致密的冬瓜为原料，成熟度为坚熟期。

② 去皮、切分。洗净表面泥沙，用旋皮机或刨刀削去瓜皮，切成宽 5cm 的瓜圈，除去瓜瓤和种子，切成 1.5cm 见方的小块。

③ 硬化。0.5%～1.5%石灰水浸泡 8～12h，使瓜条质地硬化，折断为度，取出，清水洗净石灰水。

④ 预煮。煮沸的清水中热烫 5～10min，至瓜条透明，然后清水漂洗 3～4 次，继续去除残留的石灰残留物。

⑤ 糖渍。20%～25%糖液浸渍 8～12h，取出置于 40%糖液浸渍 8～12h，可加入 0.1‰～0.3‰的焦亚硫酸钠，以防止浸渍时糖液发酵并对冬瓜条起到护色作用。

⑥ 糖煮。按 100kg 瓜条加入砂糖 80～85kg 的量进行煮制，初期糖液浓度为 50%，剩余糖分 3 次加入，至糖浓度达到 75%～80%时即可出锅。

⑦ 干燥、上糖衣。捞出沥干糖液，60～65℃烘干，10～16h 即可达到要求。若糖煮终点浓度较高，糖煮结束时有糖结晶析出，出锅，自然冷却返砂即为成品，可以省去烘干工序。趁热加入糖粉拌匀即完成上糖衣工序。

⑧ 包装。采用复合塑料薄膜袋或 PET 瓶进行包装。

（3）产品质量要求　质地清脆，外表洁白，饱满致密，风味甘甜，表面有白色糖霜。

4. 猕猴桃果酱

猕猴桃营养价值丰富，风味独特，富含儿茶素、表儿茶素、原花青素等多酚类抗氧化剂。猕猴桃自然条件下放置时间过长，容易过熟变软变质而失去食用价值，将猕猴桃加工成果酱既有助于促进猕猴桃种植产业的发展，又可提高猕猴桃附加值。传统猕猴桃果酱口味过于甜腻，不利于健康；研制低糖型果酱迎合了低糖、低热量、营养型的果酱产品消费趋势。猕猴桃及其果酱如彩图 19 所示。

（1）生产工艺流程　猕猴桃→制浆→常压煮制浓缩（加配料）→罐装→杀菌冷却。

（2）操作要点

① 制浆。手工去皮，打浆制汁，可充分保留猕猴桃果肉和籽粒，产品含有籽粒，显得真实自然；采用螺旋榨汁机制汁，籽粒随同皮渣一起排出，制得的产品全为果肉，无籽粒，产品口感细腻。应根据消费群体选择适宜的制浆方式。

② 常压煮制浓缩。高糖果酱，总糖控制含量为 55%以上，果浆∶糖＝1∶(0.4～0.5)，按高甲氧基果胶 0.5%～0.8%、柠檬酸 0.1%～0.3%的比例加入。浓缩至终点前 10min 时加入柠檬酸，可防止糖转化过度，也可加入果葡糖浆替代部分白砂糖，使产品风味更佳。低糖果酱，总糖控制在 45%左右，果浆∶糖＝1∶(0.2～0.3)，藻酸丙二醇酯 0.02%～0.03%，黄原胶 0.01‰～0.02‰，低甲氧基果胶 0.4%～0.8%，结冷胶 0.1%～0.3%。稳定剂和增稠剂如果胶、黄原胶、藻酸丙二醇酯、结冷胶加入时就与白砂糖充分混合，且在煮沸状态下加入，可避免结团、结块，能充分溶解。

③ 产品终点标志。取浓缩的果酱 1 滴加入到装有冷水的玻璃杯中，观察若发现不扩散而沉淀于杯底，说明浓缩已至终点。

④ 罐装。采用玻璃瓶进行罐装。要求每批产品出锅后 30min 内完成分装和密封过程，若装罐时酱体温度较低则需要再杀菌处理。

⑤ 杀菌及冷却。封盖后立即投入沸水中杀菌 10～15min，然后逐渐用水冷却至罐温 35～40℃。

（3）产品质量要求　色泽呈黄褐色，有光泽，均匀一致；酸甜可口，无焦煳味及其他异味；酱体胶黏状。高糖果酱总糖量不低于 55%（以转化糖计），低糖果酱总糖量低于 45%。

5. 蜂蜜柚子茶

蜂蜜柚子茶（彩图 20）富含 L-半胱氨酸、维生素 C、柚子酸、橙皮苷、柠檬苷、果胶、钙等，味道清香可口。经常食用可降火，抑制口腔溃疡，降低血液的黏稠度，减少血栓的形成，同时兼具美白祛斑、嫩肤养颜功效。

（1）生产工艺流程　见图 5-4。

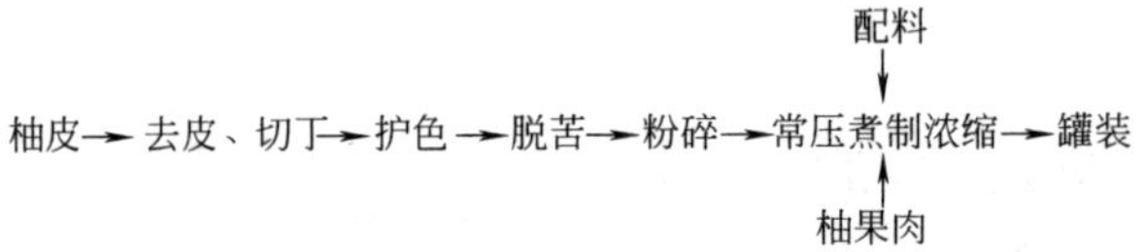

配料↓

柚皮→去皮、切丁→护色→脱苦→粉碎→常压煮制浓缩→罐装

↑柚果肉

图 5-4　蜂蜜柚子茶生产流程

(2) 操作要点

① 去皮、切丁。削去青黄的硬而涩的表皮，留下白皮层及海绵层。切成(3～4) cm×1cm 大小的条状。

② 护色。采用含 0.3‰亚硫酸氢钠的护色液，按料液比 1∶1 浸泡 1h，清洗漂洗 2～3 次，除去残硫。

③ 脱苦。烫漂水中加入 0.5%～0.7%食盐烫漂 2 次，每次换新鲜食盐水进行烫漂，时间 3～5min，烫漂后的柚皮原料放入含 0.4%～0.6%的环糊精于 40～45℃下水浴脱苦 1～1.5h。

④ 粉碎。柚皮粉碎成 0.2～0.4cm 见方的丁状，形成肉眼可见的柚皮，增加外观效果；柚肉粗打浆即可，柚果肉粉碎采用打浆机进行短时处理，肉眼可见果肉粒存在。

⑤ 常压煮制浓缩。按柚皮∶果肉＝1∶2 的比例加入，糖分按白糖∶果葡糖浆∶蜂蜜＝2∶1∶1 添加，另外在浓缩至终点前添加柠檬酸 0.1%～0.3%、羧甲基纤维素钠 0.1‰～0.3‰、黄原胶 0.1‰～0.3‰、结冷胶 0.2‰～0.4‰。

⑥ 产品终点标志。黏稠度适宜，用刮板刮下的原料呈流体状，可以缓慢流动，但不会立即下滴。

⑦ 罐装。采用玻璃瓶进行罐装。要求每批产品出锅后 30min 内完成分装和密封过程。若装罐时酱体温度较低则需要再杀菌处理。

⑧ 杀菌及冷却。封盖后立即投入沸水中杀菌 10～15min，然后逐渐用水冷却至罐温 35～40℃。

(3) 产品质量要求　色泽浅褐色，果肉、果皮碎粒均匀一致，呈透明冻胶状，黏稠、不流汁；酸甜可口，柚子风味浓郁，无焦煳味及其他异味；可溶性固形物总量达 55%～60%(以折光计)。

二、泡菜

1. 中式泡菜

中式泡菜是常见的一种腌制品，在西南和中南诸省加工非常普遍，以四川泡菜最为著名，如四川眉山泡菜实现销售收入达 150 亿元。泡菜不仅咸酸适口，味美脆嫩，能增进食欲，帮助消化，还具有保健疗效。

(1) 生产工艺流程　制泡菜液→原料处理→泡制→成品。

(2) 操作要点　制泡菜液。将盐、干辣椒、花椒等放入泡菜坛中，加入白酒和冷开水，搅拌至盐溶化(可根据口味加入适量白糖、红糖、醪糟汁等)。

实例一　泡仔姜

原料：仔姜 50kg，冷开水 100kg，食盐 7kg，红糖 1kg，白酒 0.5kg，优质

老盐水 5kg；辅料：花椒 200g，八角 100g，排草 200g，桂皮 100g。

实例二　泡萝卜

原料：萝卜 50kg，冷开水 100kg，食盐 5kg，红糖 1kg，醪糟汁 1kg，优质老盐水 10kg；辅料：红辣椒 1kg，花椒 100g，桂皮 100g。

① 原料处理。将预腌制的原料洗净晾干，用手掰成各种小块或小段。黄瓜、圆白菜可焯一下，晒去水分入坛。

② 泡制。将菜体放入泡菜坛内，搅拌均匀，使盐水淹没菜体，盖严后用水密封。泡菜坛翻口处的水不宜过满，否则易造成生水滴入坛中。夏天泡制时间短至 1～3d，冬天 5～8d，泡制菜体断生即可食用。

2. 韩国泡菜

韩国泡菜是一种以蔬菜为主要原料，兼各种水果、海鲜、调料等的综合性发酵食品。其制作讲究颇多，将整棵白菜竖着劈成两半，将辣酱、蒜、葱等配料加上捣碎的虾、海鱼汁等均匀地涂抹在每片大白菜上，然后层层码好放入泡菜冰柜贮存。吃起来酸脆爽口、清凉开胃。

（1）生产工艺流程　白菜→腌制→水洗→沥干→配料→装缸→成熟。

（2）操作要点

① 原料整理。泡菜要求选择有心的大白菜，剥掉外层老菜帮，砍掉毛根，清水洗净，大棵白菜顺切成四份，小的顺切成二份。

② 腌制、水洗。将处理好的大白菜放进 3%～5%的盐水中浸渍 3～4d。待白菜松软时捞出，用清水简单冲洗，沥干明水。

③ 配料。萝卜削皮、洗净后切成细丝。按下列比例加入：腌制好的大白菜 100kg，萝卜 50kg，食盐、大蒜各 1.5kg，生姜 400g，干辣椒 250g，苹果、梨各 750g，味精少许。将姜、蒜、辣椒、苹果、梨剁碎，与味精、盐一起搅成泥状。

④ 装缸。把沥干的白菜整齐地摆放在小口缸里，放一层盐一层菜，撒一层萝卜丝，浇一层配料，直至离缸口 20cm 处，上面盖上洗净晾干的白菜叶隔离空气，再压上石块，最后盖上缸盖，两天后检查，如菜汤没浸没白菜，可加水浸没，10d 后即可食用。

3. 酸菜

酸菜是我国东北地区传统发酵食品之一，它是借助于天然附着在大白菜表面上的微生物进行乳酸发酵而形成的一种特色发酵制品。酸菜以其丰富的营养价值、独特的风味和良好的质地，深受人们的喜爱。

以大白菜或甘蓝为原料，腌制时以清水、淡盐水腌制，进行乳酸发酵，腌制过程中不加任何香料和调味品，酸含量可积累达到 1.5%～2%（以乳酸计）。

（1）生产工艺流程　原料→处理→入缸→沥干→注入清水或盐水→压紧→密封→后熟。

（2）操作要点

① 原料处理。选优质大白菜、甘蓝，收获后晒 1～2d 或不晒，除去黄烂叶及老叶，削去菜根，用水冲洗干净，滴干明水，大棵切 1～2 刀，只切叶帮。叶肉部不切断，然后在沸水中烫 1～2min，先烫叶帮，后放整株，使叶帮略呈透明为度，捞出冷水中冷却或不冷却。

② 原料配比。大白菜或甘蓝 100kg、清水或 2%～3%的食盐水适量。

③ 浸渍。烫好的原料层层交错呈辐射状排列入缸，层层压紧，加压重石，灌入清水，淹没过原料 10cm 左右，约 1 个月后即可食用。为了促使发酵，缩短浸渍时间，常在清水中加入少量米汤。腌渍好的白菜帮为乳白色，叶肉黄色，质地清脆而微酸，可作为炒菜、馅菜、烩菜、汤菜的原料。成熟的酸菜应放在温度较低的地方，并盖好缸盖，可保存半年。

4. 黄秋葵泡菜休闲食品

黄秋葵是锦葵科一年生草本植物，其嫩荚除富含蛋白质、脂肪、碳水化合物、维生素、矿物质和膳食纤维外，还富含黄酮、多糖等成分，具有美容养颜、强肾补虚、增加免疫力、抗衰老、抗肿瘤、抗疲劳、养胃和助消化等多种功效，因而是不可多得的天然保健食材。然而，黄秋葵嫩荚采后极易老化而导致其保质保鲜期短，只能作为生鲜蔬菜直接炒食或凉拌，严重限制了其可食用有效时间。将黄秋葵嫩荚开发成新型黄秋葵泡菜休闲食品（彩图 21）[9]，不但加工成本低廉、工艺简单，还可丰富黄秋葵产品类型，满足休闲保健产业对特色保健食品的需求，也可进一步提升其加工附加值。

（1）生产工艺流程　黄秋葵嫩荚→护色保脆→泡制→调味→包装→杀菌→成品。

（2）操作要点

① 原料选择。用于泡菜生产的黄秋葵为色泽翠绿的嫩荚。

② 护色保脆。护色保脆适宜配方为乳酸锌 0.04‰、异抗坏血酸钠 0.2%、乳酸钙 0.12%，90℃下烫漂时间 4min，可有效保持黄秋葵嫩荚泡制过程中的颜色和脆度。

③ 泡制。泡菜配方为食盐 6%，氯化钙 0.1%，冰糖 3%、葡萄糖 0.5%，山梨酸钾 0.02%，白酒 3%，老姜 2%，嫩姜 5%，鲜花椒 5%，鲜辣椒 5%，泡制采取肠膜明串珠菌、短乳杆菌、植物乳杆菌组成的复合发酵菌株，室温下泡制 3～5d。

④ 调味。添加香油（辣椒＋花椒＋老姜＋植物油）、呈味核苷酸二钠、食盐、蔗糖、乳酸进行适当调配，可获得色香味俱佳的泡菜制品。调味最佳配方为香油 6%，呈味核苷酸二钠（I＋G）0.15%，食盐 0.5%，蔗糖 2% 和乳酸 0.5%，生产出的黄秋葵泡菜休闲食品色泽鲜绿、香辣风味浓郁。

三、花蜜

1. 桂花蜜

桂花，别名木樨花、九里香等，我国偏南各省种植广泛，其木为优质木材。桂花味甘、性温，有暖胃平肝、益肾散寒的功能，可制作芳香油。桂花香味浓郁且持久，加工成桂花蜜，多用于制糕点、花卉酱及烹制薯类甜菜等。

（1）生产工艺流程　选料→盐渍→沥汁→盐渍→沥汁→糖渍→包装→成品。

（2）操作要点

① 采花。在每年9～10月采集桂花，平铺于容器上，阴干，密闭贮存。将采集阴干的桂花，剔除枝叶和烂花。

② 原料配比。鲜桂花100kg，青梅泥100kg，精盐24kg，白矾粉800g，白砂糖100kg。

③ 盐渍。将100kg桂花，加梅泥80kg（系把成熟的梅去核，经过盐渍后，捣烂成糊状即成）、食盐14kg、梅卤（制青梅所得到的盐卤）20kg、白矾末800g，一并倒入盆中搅拌均匀，加盖压紧，腌渍两天左右即可。

④ 沥汁。取出盐渍好的桂花，沥去卤汁（沥出的卤汁可作下一次的梅卤用）。

⑤ 盐渍。在沥去卤汁的桂花中加入食盐10kg、梅泥20kg，仍放在盆里搅拌均匀，再盐渍3～5d，即制成咸桂花。

⑥ 沥汁。将腌好的咸桂花放入白布袋内，榨压，沥干卤汁。

⑦ 糖渍。在榨干的咸桂花内拌入白砂糖100kg，入缸里糖渍数天，待味道变甜即为桂花蜜。将糖渍后的桂花分装在小坛内严密封口，存放于阴凉干燥处。

（3）产品质量要求　桂花蜜的特点是颜色金黄、香味浓郁。

2. 玫瑰酱

玫瑰花属蔷薇科植物，其花色鲜艳，芳香浓郁，是生产香料、食品的重要原料。传统方法加工的玫瑰酱，色泽深褐，失去了玫瑰花瓣原有的色泽和形态，而且制作工序烦琐，产品成熟期长。采用新工艺制作简单，产品的色、香、味、形等都较传统工艺法制作的要好，且可直接食用[10]。

（1）生产工艺流程　玫瑰鲜花瓣→冲洗沥干→加入不锈钢锅（加入白砂糖、柠檬酸）→加热至沸腾→文火煮制→加入果胶→沸腾后煮制→灌装→杀菌→冷却→成品。

（2）操作要点

① 原料选择与处理。选择新鲜、无腐烂、无萎蔫的玫瑰鲜花花瓣，剔除掉花蒂、花叶、花蕊及萎蔫的花瓣，将花瓣放于滤器中，用软水冲洗、沥干，

待用。

② 原料配比。玫瑰花瓣 100kg，白砂糖 240kg，柠檬酸 0.35%，果胶 0.6%，食盐 5kg，纯净水 300kg。

③ 煮制。加糖后一边搅拌一边慢慢加热，待糖完全溶解至沸腾后，加盖，改用文火煮 30min。沸腾时的温度为 105℃左右，煮的温度在 95～100℃之间；同时用糖量计测量糖度，最终糖度不得低于 54%，否则需继续加热，直到糖度达到标准为止。糖煮结束后，从锅中取出一些糖液，将果胶和约 3～4 倍的白砂糖拌匀加入其中，加热使其完全溶解后再倒入锅中，边搅拌边加热至沸腾后，改用文火煮 1～2min。

（3）产品质量要求

① 感官指标。色泽呈深红色，有光泽，酸甜适口，质地脆嫩，为半固体状，具有纯正的玫瑰鲜花香味和本产品固有的滋味和气味，无异味。

② 理化指标。酸度 pH 在 3～3.5 之间；糖度不低于 54%；各种辅料的添加量符合 GB 2760—2014《食品安全国家标准　食品添加剂使用标准》；重金属含量低于国家标准。

③ 微生物指标。细菌总数≤10000CFU/g；大肠菌群≤30CFU/100g；致病菌不得检出；霉菌计数≤50CFU/100g。

此外，广式糕点中常用广式糖玫瑰，其制法比较简单。即将玫瑰花瓣略加暴晒，使花瓣干爽，置于案板上加白糖拌匀（每千克鲜玫瑰花用白糖 250g），用手轻轻揉搓，待花瓣与白糖略带黏性时，装入盆内，密封，贮存三个月即为成品。特色为色泽鲜艳，芳香扑鼻，愈陈愈香。

参考文献

[1] 陈学平. 果蔬产品加工工艺学. 北京：中国农业出版社，1995.

[2] 董全. 果蔬加工工艺学. 重庆：西南师范大学出版社，2011.

[3] 罗云波，蒲彪. 园艺产品贮藏加工学. 北京：中国农业大学出版社，2011.

[4] 蒲彪，乔旭光. 园艺产品加工工艺学. 北京：科学出版社，2012.

[5] 叶兴乾. 果品蔬菜加工工艺学. 北京：中国农业出版社，2012.

[6] 谭兴和. 酱腌泡菜加工技术. 长沙：湖南科学技术出版社，2014.

[7] 孟宪军，乔旭光. 果蔬加工工艺学. 北京：中国轻工业出版社，2016.

[8] 于新，杨鹏斌，杨静. 泡菜加工技术. 北京：化学工业出版社，2012.

[9] 刁源，高伦江，尹旭敏，等. 黄秋葵泡菜护绿保脆方案和调味配方研究. 西南农业学报，2014，27（6）：2611.

[10] 胡亚云，尉芹，马希汉. 新型玫瑰酱加工工艺研究. 食品工业科技，2005，26（1）：111.

第六章　果蔬花卉功能成分精深加工

06 Chapter

随着人们生活水平的提高和营养健康意识的增强，公众对营养健康功能产品的需求不断提升，功能成分的开发利用受到越来越广泛的关注。果蔬花卉不仅含有多种营养物质，还富含大量的对人体有益的功能成分，如挥发油、膳食纤维、色素及其他小分子活性物质（黄酮、酚类、萜类、香豆素类、生物碱及有机硫等），在人体健康的维持和疾病的预防、治疗中发挥重要作用，是膳食中的重要组成部分，在我国膳食营养中占据重要的地位。目前我国农产品加工主要以初加工为主，产品经济效益低，且原料加工利用率低，产生大量的废弃物，造成严重的浪费和环境污染问题。而精深加工则可以延长农产品加工产业链，提高其附加值，同时可以对传统加工产生的大量废弃物进行重新利用，实现无废弃利用。因此，精深加工成为未来农产品加工产业的重要发展方向。

第一节　果蔬花卉功能成分的种类和功能

一、挥发油

挥发油又称精油，是一类具有芳香气味，常温下可以挥发的油状液体的总称，主要通过水蒸气蒸馏法和压榨法制取，其组分较为复杂，含有多种具有显著生物学功能的化学成分。

1. 主要来源

挥发油类成分在果蔬花卉中分布广泛，特别是菊科植物中的菊、蒿、艾登，芸香科植物中的柠檬、橙、橘、枳、佛手、花椒、茱萸等，姜科植物中的姜、豆蔻、郁金等，伞形植物中的小茴香、芫荽等，唇形植物中的薄荷、紫苏、藿香

等，樟科植物中的山鸡椒、肉桂等含量最多，其他植物如丁香、马鞭草、胡椒科植物、杜鹃花科植物等也含有丰富的挥发油成分[1]。

2. 化学结构

挥发油所含成分比较复杂，一种挥发油中常常由数十种到数百种成分组成，如保加利亚玫瑰油中已检出 275 种物质成分[1]。组成挥发油的成分类型大体上可分为以下四类。

（1）萜类化合物　挥发油中的萜类成分，主要是单萜、倍半萜及其含氧衍生物，且含氧衍生物多半是生物活性较强或具有芳香气味的主要组成成分（图 6-1）。如柑橘类精油中，柠檬烯的含量高于 80%，甚至高达 95%以上；薄荷油中薄荷醇的含量约 8%。

（2）芳香族化合物　挥发油中芳香族化合物存在也较为广泛，仅次于萜类化合物，主要是萜源衍生物（如百里香草酚、α-姜黄烯等）及苯丙烷类衍生物（如丁香油中的丁香酚、茴香油中的茴香醚等）（图 6-1）。

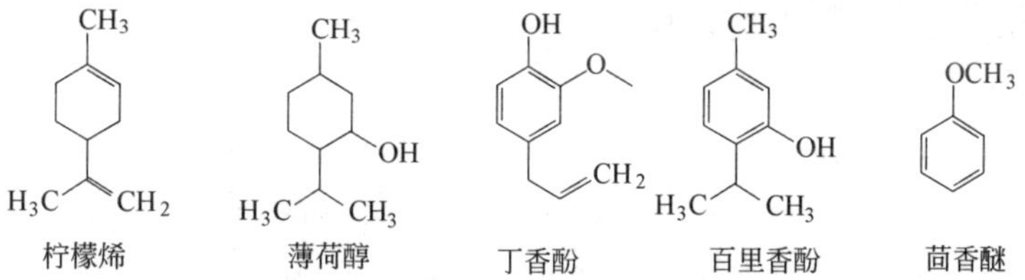

柠檬烯　薄荷醇　丁香酚　百里香酚　茴香醚

图 6-1　常见挥发油成分的化学结构

（3）脂肪族化合物　挥发油中常含有小分子脂肪族化合物，如烷、醇、醛及酸类化合物。例如，正壬醇存在于陈皮挥发油中，异戊醛存在于橘子、柠檬、薄荷等挥发油中，正癸烷存在于桂花的头香成分中。

（4）其他类化合物　除以上三类化合物外，还有一些挥发油样物质，如大蒜油中的大蒜素，杏仁油中的苦杏仁苷等。

3. 生理功能

挥发油具有多种营养健康功能，如止咳、平喘、祛痰、祛风、健胃、抗菌、消炎、抗癌等。代表性的柑橘挥发油，对大肠杆菌、葡萄球菌和白喉菌有抑制作用，同时具有人体中枢神经镇静和减轻应激反应的作用，可使人消除疲劳，其所含的香豆素还具有明显的抗癌作用。另外，有研究表明柑橘挥发油具有止咳、祛痰、促进肠胃蠕动、促进消化液分泌及镇痛等作用。其他常见的挥发油，例如丁香油有局部麻醉、止痛的作用；茉莉花油具有神经兴奋的作用；玫瑰精油具有抗菌、抗痉挛、杀菌、镇静等功效；薄荷油有清凉、祛风及消炎等作用。此外，挥发油还具有显著的人体美容保健作用。由于其广泛的生理功能和芳香气味，挥发油不仅在医药行业具有重要的作用，在日用食品及化学工业中也有广泛的用途，例如作为矫味剂和赋形剂应用于烟酒制品、饮料、调味品、糕点及糖果等的生产[1]。

二、膳食纤维

膳食纤维是指可以食用的、但不易被人体消化的植物性食物营养素的总称。由美国谷物化学师协会成立的膳食纤维专门委员会将其定义为：不易被小肠消化吸收，而在人体大肠内部分或者全部发酵的，可食用的植物性成分、碳水化合物及其类似物的总和。按照溶解性，膳食纤维可分为水溶性膳食纤维和水不溶性膳食纤维两大类。可溶性膳食纤维主要是指植物细胞内的贮存物质和分泌物，包括胶类物质，如果胶、卡拉胶、阿拉伯胶等及葡聚糖、半乳甘露聚糖和部分纤维素等；水不溶性膳食纤维主要是细胞壁的组成成分，包括纤维素、半纤维素、木质素、原果胶、壳聚糖和植物蜡等[2,3]。果蔬中的膳食纤维主要包括果胶、纤维素、木质素、半纤维素和低聚果糖等。

1. 主要来源

膳食纤维广泛存在于水果、蔬菜、粗粮和杂粮等植物性食物中，其含量由于品种、食入部位及加工方法不同而存在较大差异，如菠菜高于番茄，草莓高于香蕉；同一品种植物，果皮中含量高于中心部位；精细加工的食品中含量往往很低。同时不同类型膳食纤维在植物中的分布也存在差异[4]。例如，水溶性膳食纤维，代表性的是果胶物质，主要以原果胶、果胶和果胶酸形式存在。植物器官中以果实中的果胶含量最高，如柑橘、苹果等含量丰富。目前，具有工业生产价值的果胶主要来源于柑橘类果皮、苹果榨汁废渣和甜菜渣等。柑橘黄皮层、白皮层、瓤衣和中心柱均含有大量的果胶，一般占橘皮干重的20%～30%，是最具提取价值的果胶来源；苹果渣中，果胶含量约10%～15%，跟柑橘类似，是目前商业化果胶的重要来源；而甜菜渣果胶中含有大量的分子量低、易乙酸酯化的中性糖，内在质量差。非水溶性膳食纤维一般来自于米糠、芹菜及根茎等蔬菜中[3]。

2. 化学结构

不同类型膳食纤维的组成存在显著差异。果胶主要以D-半乳糖醛酸为单元，通过α-1,4-糖苷键连接而成，根据甲氧基化程度不同可以分为高甲氧基果胶和低甲氧基果胶（图6-2）；纤维素是一种复杂多糖，由8000～10000个葡萄糖残基通过β-1,4-糖苷键连接而成（图6-2）；半纤维素是由木糖、阿拉伯糖、半乳糖、甘露糖、鼠李糖等几种不同类型的单糖构成的异质多聚体，化学结构极其复杂；木质素是由3种木质醇（对香豆醇、松柏醇和芥子醇）单元通过醚键和碳碳键连接

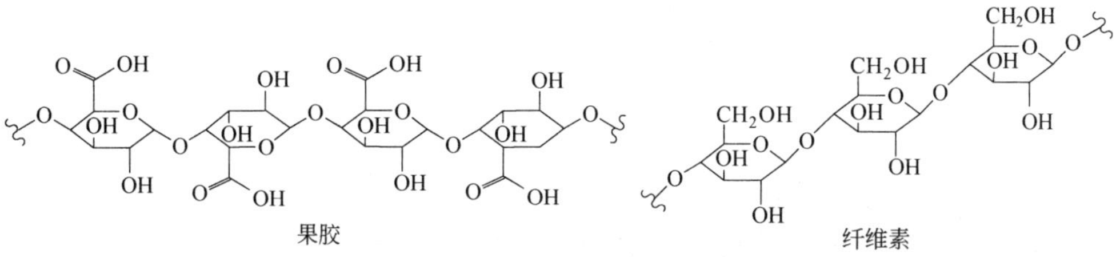

果胶　　纤维素

图 6-2　主要膳食纤维成分的化学结构

而成的一种三维网状天然高分子物质；低聚果糖是指蔗糖分子通过 β-1,2-糖苷键与 1～3 个果糖分子结合而成的寡糖，主要包括蔗果三糖、蔗果四糖和蔗果五糖。

3. 生理功能

膳食纤维是人体健康饮食不可或缺的重要成分，近年来被认为是人体必需的第七大营养素。膳食纤维在胃肠道疾病的预防和治疗、维持体内的微生态平衡、预防心脑血管疾病等方面发挥重要的作用[3,4]。

（1）预防胃肠道疾病　膳食纤维能增加大便水分，使大便软化，刺激肠胃蠕动，带动肠道内致癌物结合并随粪便排出；膳食纤维促进食物残渣的排出，从而缩短有毒物质与组织的接触时间；膳食纤维的某些基团可以吸收有毒物质，促进有毒物质及时排出，大幅度减少癌症等疾病的发生。此外膳食纤维还能为肠道菌群提供可发酵底物，并产生短链脂肪酸，有利于维持菌群健康，改善肠道内环境。

（2）治疗糖尿病　膳食纤维尤其是水溶性的果胶具有降低血糖的作用。一方面果胶吸收水分后，在肠道内形成凝胶过滤系统，改变膳食中糖类的吸收；另一方面果胶能减少肠道激素“胃抑多肽”的分泌，降低葡萄糖的吸收。

（3）防治冠心病　膳食纤维能降低血清中胆固醇的水平，从而预防和改善动脉粥样硬化。其作用机制是：膳食纤维可以吸收胆固醇，减少胆固醇透过肠道黏膜的量；膳食纤维还对胆汁酸和胆固醇的肝肠循环具有一定程度的阻断，加速其排泄，从而降低胆汁酸及胆固醇水平，起到防治冠心病的作用。

（4）调节血脂和血压　膳食纤维可以控制脂肪酶的活性，抑制食物脂肪的消化，使大部分脂肪通过粪便排出；膳食纤维作为肠道菌群发酵底物产生的单链脂肪酸，可以促进益生菌的生长，同时阻碍胆固醇的合成，促进胆固醇转化为胆汁酸，增加胆汁酸的排出量，进而起到降低血脂的作用。

（5）减肥作用　膳食纤维进入胃肠后，吸收水分，体积膨胀，产生饱腹感从而可减少进食量；另外膳食纤维还有热量低的特性，因此可以减少人体热量的摄入，发挥减肥的功效。

三、色素类

色素是动植物细胞或组织内的天然有色物质。合成色素无营养价值，且往往具有严重的慢性毒性或致癌性，存在严重的食品安全问题；而天然色素安全性高，且某些色素还具有一定的营养价值和健康功效，因此开发天然色素具有重要的意义。天然植物色素主要包括类胡萝卜素、叶绿素和酚类衍生物[4]。

1. 类胡萝卜素

类胡萝卜素（carotenoids）是自然界中含量最丰富的天然色素，估计年产量可达1亿吨，普遍存在于动物、高等植物、真菌、藻类和细菌中，据报道，几乎所有高等植物的叶子中都包含多种类胡萝卜素，只是比例有所不同。另外，许多黄色或橙色的植物花瓣及果实的组织细胞中均含有类胡萝卜素，如柑橘、玉米、胡萝卜、辣椒、番茄、西瓜等。类胡萝卜素结构上是由8个异戊二烯单位组成的C_{40}类萜烯及其衍生物（图6-3）[3]。根据分子的组成，类胡萝卜素可以分为烃类胡萝卜素（不含氧）和氧合叶黄素（含氧）两大类，其中叶黄素是烃类胡萝卜素的氧化产物，具有多种衍生物，常含有一个或多个含氧取代基，如羟基、羰基、甲氧基及环氧基等。该类物质属于脂溶性色素，可溶于多种有机溶剂，但水溶性差。常见的类胡萝卜素包括β-胡萝卜素、番茄红素、玉米黄素、叶黄素等，几乎均可由番茄红素经过氧化、还原、脱氢、环化、骨架重排、降解等方式转化得到。

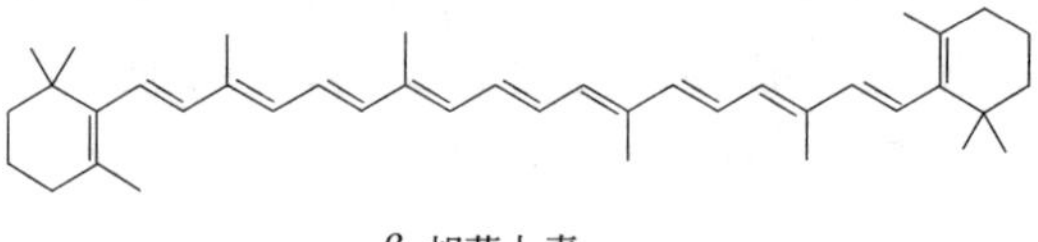

β-胡萝卜素

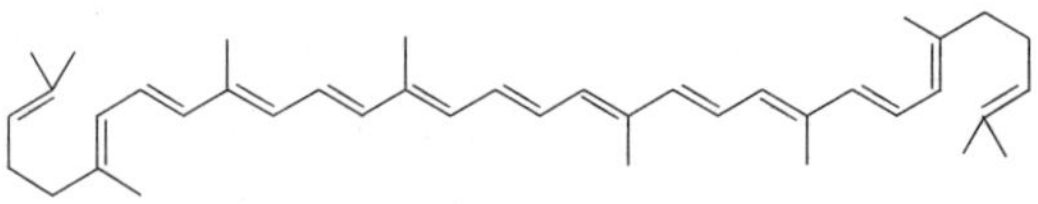

番茄红素

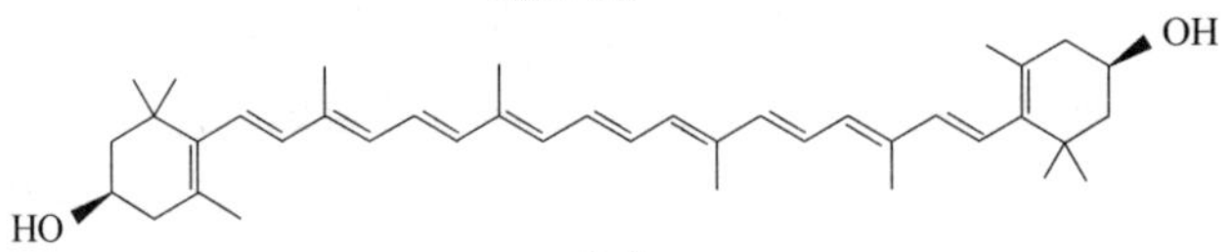

OH

HO

玉米黄素

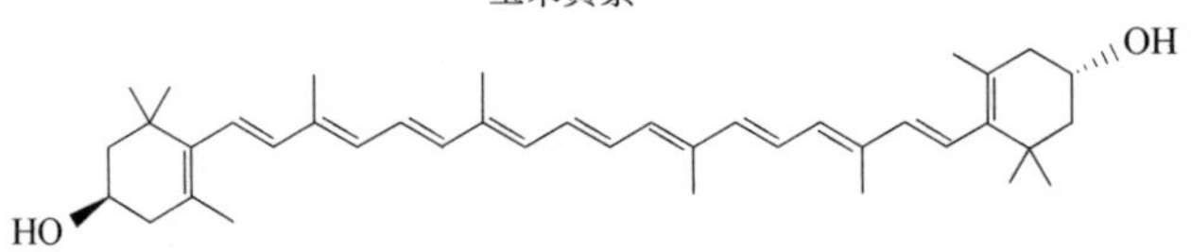

OH

HO

叶黄素

图6-3 常见的类胡萝卜素类化合物的化学结构

（1）β-胡萝卜素　β-胡萝卜素（β-carotene）是最普遍也是最典型的类胡萝卜素化合物之一，该物质为固体状态，外观呈深红色至暗红色，稀溶液中呈现橙黄色至黄色，具有多种显著的生物活性。

① 主要来源。β-胡萝卜素广泛存在于高等植物中，尤其是深绿色或红黄色的蔬菜和水果中，如胡萝卜、西兰花、菠菜、空心菜、甘薯、芒果、哈密瓜、杏及甜瓜等；藻类，特别是一些微藻（如螺旋藻）中β-胡萝卜素含量丰富[3]。

② 化学结构。β-胡萝卜素分子式为 $C_{40}H_{56}$，同其他绝大部分类胡萝卜素结构相似，最基本的组成单元是异戊间二烯，经共价键头-尾或尾-尾相连组成的对称结构。该物质结构中含有多个共轭体系，不稳定，易被氧化，且受热或光照容易分解[5]。

③ 生理功能[3～6]。

a. 维生素 A 的重要来源。β-胡萝卜素进入人体后可降解生成两分子的维生素 A，而人体不能合成维生素 A，必须通过饮食摄取，因此β-胡萝卜素是人体维生素 A 的重要来源，可用于治疗夜盲症，同时有助于增强机体的免疫功能。

b. 抗肿瘤作用。β-胡萝卜素能预防射线和化学物质的致癌作用，增强放疗和化疗对肿瘤的疗效，并降低其对机体的毒副作用，提高机体的免疫功能；同时，还可以对抗临床抗癌药物环磷酰胺的免疫抑制作用，用于肿瘤的免疫治疗，调动机体免疫防御机制，干扰肿瘤的生长，达到提高临床疗效的作用。

c. 增强免疫力，延缓衰老。β-胡萝卜素结构中的共轭多烯结构赋予其抗过氧自由基的作用，可以保护人体免受自由基带来的伤害，发挥抗氧化、抗衰老作用，并可降低淋巴细胞 DNA 损伤。此外，β-胡萝卜素本身也可以通过增强免疫 B 细胞和 CD_4 细胞的活力，增加中性粒细胞的数目，增强人体免疫。

（2）番茄红素

① 主要来源。木鳖果、番茄、柑橘、葡萄、草莓、番石榴、西瓜、芒果、木瓜、柿子等果实中均富含番茄红素（lycopene）。其中番茄是番茄红素的主要来源，据统计人体从番茄中获取的番茄红素占总摄入量的 80%以上。番茄中的含量随着品种和成熟度不同而不同。番茄红素的前体是组织中的有色体，随着成熟度的增加，叶绿体逐步转化为有色体，番茄红素的生物合成也随之增多，因此一般说来，番茄成熟度越高，番茄红素的含量越高[3]。

② 化学结构。番茄红素属于异戊二烯类化合物，是不含氧类胡萝卜素中的一种。番茄红素有两种异构体，顺式和反式，其中天然来源的番茄红素都是反式的。番茄红素对光线十分敏感，尤其是日光和紫外线，日光下照射 6h 左右，番茄红素基本完全损耗，紫外线照射 3d 后损耗 40%。

③ 生理功能。

a. 抗氧化作用。番茄红素是一种很强的抗氧化剂，通过物理和化学方式猝灭单线态氧或捕捉过氧化自由基，共轭双键的数目是自由基清除能力的主要决定因素，番茄红素分子中有 11 个共轭双键，是自由基清除能力最强的类胡萝卜素，猝灭单线态氧的速率常数是 β-胡萝卜素的 2 倍。

b. 抗癌作用。研究表明，番茄红素可以预防和抑制前列腺癌、消化道癌、膀胱癌、肺癌、乳腺癌及子宫癌等多种癌症。一是因为它的抗氧化作用；二是它可以促进细胞间隙正常结合作用蛋白质的合成，增强正常细胞之间的细胞间隙连接通讯功能；三是它可以阻断组织细胞在外界诱变剂的作用下发生基因突变。

c. 降低胆固醇作用。番茄红素是一种低胆固醇剂，对巨噬细胞中胆固醇生物合成的限速酶——3-羟基-3-甲基戊二酸单酰辅酶 A 具有抑制作用，实验表明，人体每天补充 60mg 番茄红素，持续 3 个月后，胞质中的低密度脂蛋白浓度可减少 14%。

d. 其他功能。番茄红素还具有降血糖、抗炎、抗凝血、提高机体免疫力、预防骨质疏松、保护心血管、解酒、美白等作用。

(3) 玉米黄素

① 主要来源。玉米黄素（zeaxanthin）又名玉米黄质，是天然的脂溶性化合物，动物体内不能合成，需要通过食物补充。玉米黄素主要存在于深绿色蔬菜的叶片、玉米的种子、枸杞和酸浆的果实中。金盏菊中玉米黄素含量非常高，且仅含少量其他类胡萝卜素；玉米中玉米黄素的含量丰富，约为 7.8μg/g，且价格低廉，也是获得玉米黄素的理想原料之一；柑橘皮中亦含有丰富的玉米黄素，其含量受品种影响较大。

② 化学结构。玉米黄素分子式为 $C_{40}H_{56}O_2$，是一种含氧的类胡萝卜素，与叶黄素是同分异构体，是 β-胡萝卜素的羟基化衍生物，具有较好的耐酸性和耐碱性。高温下迅速处理较稳定，长时间处理则不稳定；低温条件下较稳定；对某些单价金属离子，如铁离子和铝离子稳定性差，但对其他离子和还原剂较稳定；对可见光和紫外线敏感，易发生变化[3]。

③ 生理功能。

a. 抗氧化作用，预防白内障。玉米黄素结构中含有一个由 11 个共轭双键组成的大共轭体系，使其能阻断自由基链式传递，因此具有很强的抗氧化活性。同时其末端的羟基也增强了其抗氧化活性。研究表明，玉米黄质可清除由于紫外线产生的单分子氧对眼睛造成的损害，能选择性地在眼部进行黄斑积累，并提供黄斑色素，从而降低老年性失明危险，防止白内障的形成。

b. 抗癌和增强机体免疫力。玉米黄素在抑制细胞脂质的自动氧化和防止氧化带来的细胞损伤方面比 β-胡萝卜素更有效，而细胞脂质的过氧化与肿瘤的生长有关，因此玉米黄素具有减少癌症发生和增强免疫的生物功能。

c. 保护心血管。血液中总的类胡萝卜素水平与冠心病的发病危险成反比，玉米黄质可显著降低心肌梗死的发病率，并可降低颈总动脉内膜血管中层的增厚。

2. 叶绿素类

（1）主要来源　叶绿素（chlorophyll）是绿色植物进行光合作用的主要色素，为镁卟啉化合物，主要有叶绿素 a 和叶绿素 b，其中叶绿素 a 呈蓝绿色，叶绿素 b 呈黄绿色，它们的含量之比约为 3∶1[3]。叶绿素主要来源于绿色植物和一些藻类等可以进行光合作用的生物，如绝大多数的蔬菜中。

（2）化学结构　化学结构上，叶绿素由叶绿素母核、叶绿酸、叶绿醇、镁离子等部分组成。叶绿素 a 和叶绿素 b 在结构上的差别仅在于第Ⅱ吡咯环上的甲基被醛基取代。叶绿素分子的卟啉环是由 4 个吡咯环通过 4 个甲烯基连接成的大环，环中心的镁离子偏于正电荷，相邻的氮原子偏于负电荷，因而具有极性和亲水性，而另一端的叶醇基是由 4 个异戊烯基单位所组成的长链状化合物，具有亲脂性（图 6-4）。叶绿素不稳定，贮藏和加工过程中，光、热、酸、碱、氧化剂等都会使其发生变化，产生几种重要的衍生物。如加热或者酸性条件都会使镁脱落生成脱镁叶绿素，颜色也会发生相应的变化，由绿色变为橄榄褐色；叶绿素分子中的镁被铜、铁、钴等取代后，仍然为绿色，其中铜代叶绿素色泽最鲜亮，这些衍生物对光、热和酸等的稳定性大大提高，性质也更加稳定，是理想的食品着色剂[3,5]。

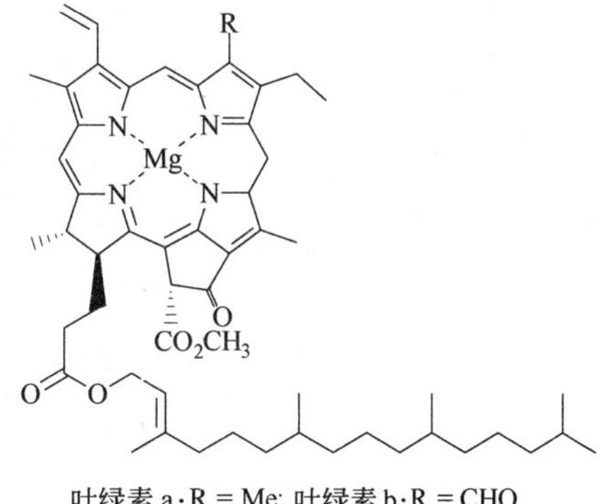

叶绿素 a：R = Me; 叶绿素 b：R = CHO

图 6-4　叶绿素的化学结构

（3）生理功能　叶绿素因具有多种生物活性而备受关注，如抗癌、消炎、抗过敏、抗衰老、降低胆固醇、改善便秘、驱除异味等。叶绿素的卟啉环容易与具有多环结构的复合物（如芳烃致癌物）共价结合，形成一种无活性复合物而使致癌物失去致癌作用；叶绿酸可以作为制酸剂和抗胆碱药，发挥抗溃疡效果；脱镁叶绿素及叶绿酸具有降低胆固醇的效果；叶绿素能使肠道蠕动轻度亢进，改善便秘；叶绿素还能除去饮食、香烟及新陈代谢产生的口臭、脚臭、腋下恶臭及饮酒后酒气臭。

四、其他小分子活性物质

1. 酚类

酚类化合物是指芳香烃中苯环上含有一个或多个羟基的一类化合物，简单来说，所有羟基和苯环直接相连的化合物都属于酚类。自然界中存在 8000 多种天然酚类化合物。从其结构上来说，酚类化合物主要包括黄酮类和非黄酮类两大类[6]。本小节主要介绍非黄酮类化合物，代表性的非黄酮类多酚物质有白藜芦醇、鞣质、绿原酸、没食子酸等。

(1) 白藜芦醇

① 主要来源。白藜芦醇（resveratrol）是一种二苯乙烯类物质，最初发现于葡萄中。目前已经在至少 21 个科 31 个属的 72 种植物中发现了白藜芦醇[3]，如：葡萄科的葡萄属和蛇葡萄属，豆科的花生属、决明属、槐属、冬青属及羊蹄甲属，百合科的藜芦属，桃金娘科的桉属，蓼科的蓼属，棕榈科的海棠属等，其中葡萄、虎杖和花生中含量最高。葡萄皮中白藜芦醇的含量可达 50～100mg/kg。

② 化学结构。白藜芦醇分子式 $C_{14}H_{12}O_3$，在植物体内以自由态和糖苷两种形式存在，分别存在 3,4′,5-三羟基顺式二苯乙烯和 3,4′,5-三羟基反式二苯乙烯两种类型（图 6-5）。

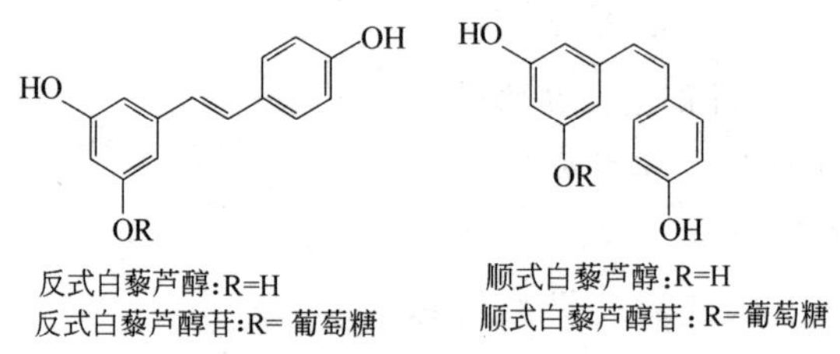

图 6-5　白藜芦醇及其糖苷的化学结构

③ 生理功能。

a. 抗氧化作用。白藜芦醇是存在于植物中的天然抗氧化剂，具有强效抗氧化和自由基清除功能。白藜芦醇的抗氧化、清除自由基和影响花生四烯酸代谢的药理功能引起了人们的广泛关注，这些生理代谢涉及与人体健康密切相关的许多生理疾病，例如动脉粥样硬化、阿尔茨海默病、病毒性肝炎、胃溃疡、炎症与过敏反应等。

b. 抗癌作用。白藜芦醇可通过强效抗氧化和自由基清除功能抑制环氧合酶及过氧化氢酶的活性，抑制癌细胞增殖，诱导癌细胞分化和凋亡，在癌症的起始、增殖和发展过程中均有较大抑制乃至肿瘤逆转作用，对胃癌、乳腺癌、前列腺癌、结肠癌、卵巢癌、白血病、皮肤癌等多种恶性肿瘤细胞均有抑制作用。

c. 抗心脑血管疾病。白藜芦醇可以降低血液黏稠度，抑制血小板聚集和血管舒张，保持血液畅通，调节脂蛋白代谢，降血脂，防止血栓生成，从而发挥对动脉粥样硬化、冠心病、缺血性心脏病、高血脂的防治作用。

d. 其他。研究表明白藜芦醇还具有抗炎、解热、镇痛、抗菌、降血脂、提高机体免疫力等生物功能。

（2）鞣质 鞣质（tannins）是一类广泛存在于植物体内的多酚类化合物，传统定义是指相对分子质量为500～3000[3]，能沉淀生物碱、明胶及其他蛋白质的多酚类化合物。该类物质与蛋白质有强烈的结合能力，具有很强的生物和药理活性，与生物碱、酶、金属离子等反应活性高，还有较强的表面活性，对人体一些伤病有直接的生物疗效。因此，被广泛地用于医药、食品、化妆品、制革、冶金、印染、选矿等工业。

① 主要来源。鞣质广泛存在于植物的叶、壳、果肉、果皮、果核及树皮中。多种植物都富含鞣质，如蚕豆、豌豆、大麦、高粱、茶叶等作物及草科植物，绿豆、洋葱等蔬菜，葡萄、苹果、石榴、柿子、香蕉、猕猴桃、柑橘、山楂等水果，五倍子、塔拉果荚、漆树叶、金缕梅、黄栌等树木，这些树木受昆虫侵袭而生成的虫瘿中，鞣质的含量高达50%～70%。

② 化学结构。化学结构上，鞣质包括水解型和缩合型两大类。水解型鞣质的特点是遇酸、碱、酶易水解为小分子物质，主要是没食子酸及其衍生物与葡萄糖或多酚通过酯键形成的化合物。鞣酸（图6-6）是典型的水解型鞣质，为葡萄糖酰基化合物，水解可得酚酸和葡萄糖，是研究最早的鞣质之一。缩合型鞣质以

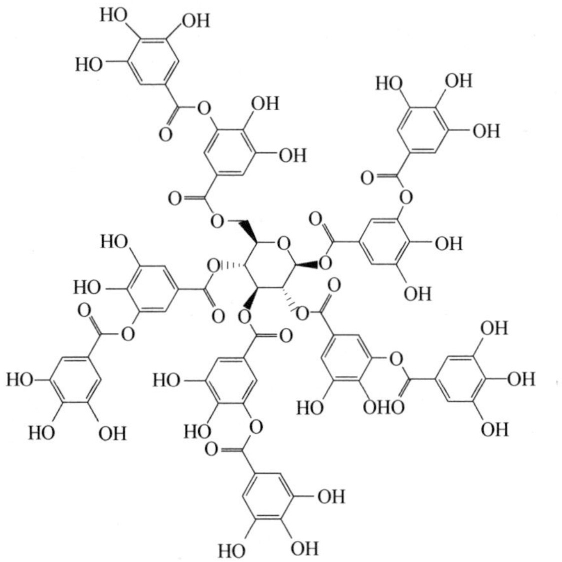

图 6-6 鞣酸的化学结构

黄烷-3-醇为基本结构单元，遇酸、碱、酶易发生分子间缩合，生成大分子物质[7]。

③ 生理功能。鞣质一方面可以与生物体内的蛋白质、多糖、核酸等发生相互作用，另一方面可以与金属离子配合，产生对人体有利或者不利的影响。

a. 对人体的有利作用。鞣质中的多酚结构是氢的良性给体，是一种作用强、毒性低的天然抗氧化剂；鞣质能抑制肿瘤、癌症的突变阶段，对包括皮肤癌、肺癌、胃癌、肝癌、乳腺癌和食道癌等在内的多种癌症均有很好的防范作用；鞣质中的多酚结构可以与病原体（病原菌和病毒等）的酶和毒性蛋白的羰基氢键结合，使其失去活性，同时还可以与金属离子配合，影响微生物金属酶的活性，从而达到抗菌和抗病毒的功能；鞣质可以与胞外或者组织外的钙离子结合，拮抗钙离子诱导的平滑肌和心肌收缩，进而降低血脂浓度和血压，改变血液流变性，起到预防心脑血管疾病的作用；多聚鞣质（超过三个单体）无法被机体吸收，进入人体后或排出体外，或留在胃肠道中，因与蛋白质结合较强而保护胃壁免受酒精、盐酸的伤害；鞣质与蛋白质以疏水键和氢键等方式发生聚合反应，从而产生收敛性，可用于创伤表面的止血剂及用于皮肤表面收缩毛孔、保湿抗皱；鞣质分子中含有多个邻位酚羟基，可以与多种金属离子配合，这种性质可用于金属离子中毒时的解毒剂。

b. 对人体的不利作用。鞣质分子中的酚羟基易与金属离子配合，可以产生对人体有利的影响，但是另一方面却会因与人体必需的微量元素，如铁、锌、钙等离子配合，而影响这些元素的吸收，对人体产生不利的影响[7]；鞣酸具有肝毒作用，会引起肝坏疽并影响氨基酸形成肝蛋白，还能与皮下蛋白质结合产生沉淀，甚至能渗透过肝表皮细胞而产生沉淀，导致肝损坏。基于此，富含鞣质的食物不可一次进食过多，同时还应注意与含不同营养成分食物的搭配禁忌。

2. 类黄酮化合物

类黄酮（flavonoids）是一类具有 C_6—C_3—C_6 黄烷核骨架的化合物的总称（图 6-7），是植物中一类重要的、广泛存在的次级代谢产物。根据分子结构中的 C 环上 C_2 和 C_3 双键的有无、B 环与 C 环的连接位置及 C 环是否打开等特点，天然类黄酮化合物的分类如表 6-1 所示。

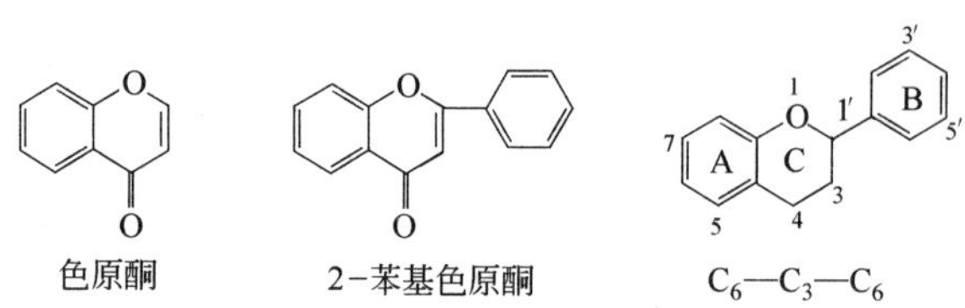

图 6-7　类黄酮化合物的基本骨架

表 6-1　常见类黄酮化合物基本类型[1,2]

名称	结构	名称	结构
黄酮(flavones)	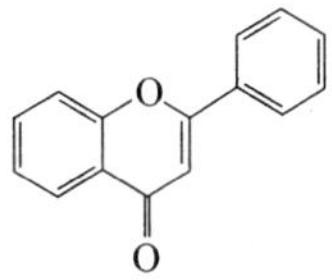	高异黄酮(homoisoflavones)	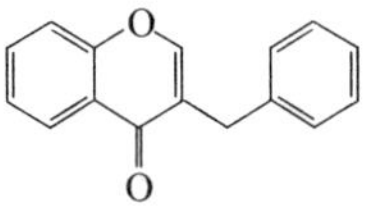
黄烷酮(flavanones)	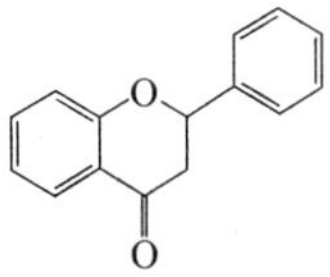	花色素类(anthocyanidins)	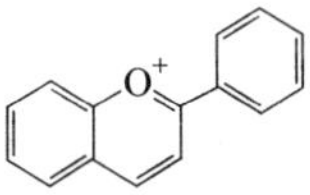
黄酮醇(flavonols)	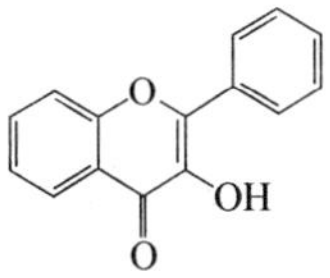	双苯吡酮(xanthones)	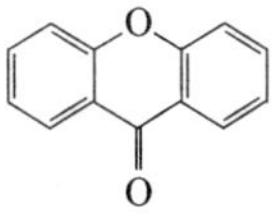
二氢黄酮醇(flavanonols)	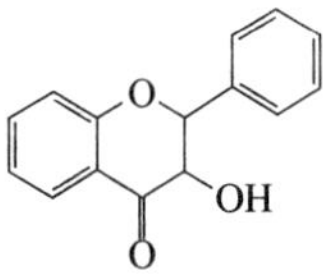	查尔酮(chalcones)	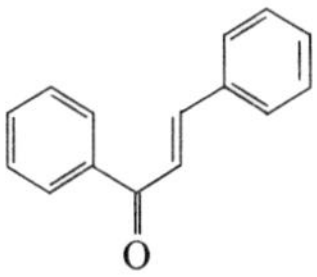
异黄酮(isoflavones)	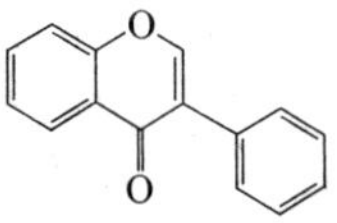	二氢查尔酮(dihydrochalcones)	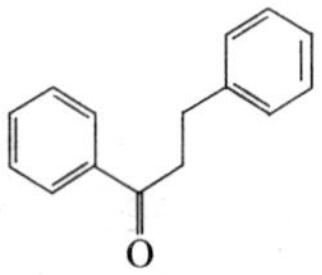
二氢异黄酮(isoflavanones)	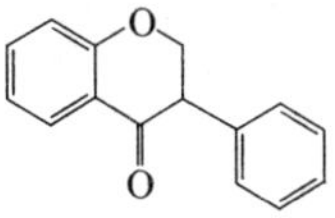	橙酮(aurones)	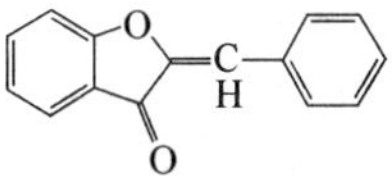
黄烷-3-醇(flavan-3-ols)	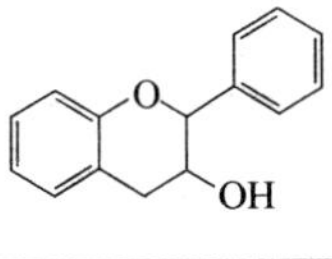	异橙酮(isoaurones)	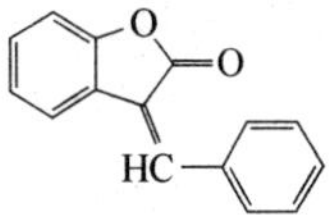
黄烷-3,4-二醇(flavan-3,4-diols)	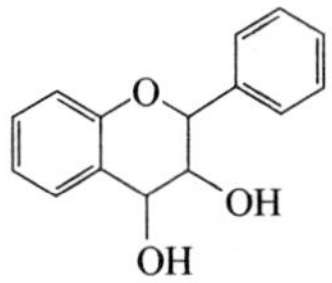	紫檀素(pterocarpins)	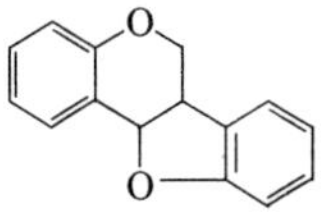

据统计，目前已鉴定的类黄酮化合物约 4000 余种，它们以游离苷元或糖苷形式存在，不同植物组织中其存在状态也呈现多样化。在木质部多以苷元形式存在；在花、叶、果实等器官中多以糖苷形式存在（表 6-2）。

表 6-2 果蔬花卉中的黄酮[3]

结构类型	黄酮化合物	果蔬花卉来源
黄酮	芹菜素、毛地黄黄酮、香叶木素、5,6,7-三羟黄酮、汉黄芩素、阿曼托黄素、黄芩苷、异牡荆黄素、金连木黄酮、金合欢素、5,7-二羟黄酮、橘皮晶、蜜橘黄素、五甲氧基黄酮、木犀草素、水蓼素、棉子皮亭-3,3′,4′,7-四甲醚	柑橘、栀子花、橙子、橄榄、芹菜、百里香、柿子椒、芝麻、苜蓿、迷迭香、番茄
异黄酮	7,4′-二羟基异黄酮、染料木黄酮、黄豆黄素、牡荆黄素、鸢尾苷元、光甘草定、雌马酚、鹰嘴豆素A、芒柄花黄素、拟雌内酯、蜜橘黄	柑橘、橙子、大豆、鹰嘴豆、苜蓿、大麦、花椰菜、香菜、红三叶草、花生、豌豆、野葛
黄烷酮	橙皮素、4′,5,7-三羟二氢黄酮、异橙皮苷、圣草酚、高圣草素、枸橘苷、水飞蓟素、甲基补骨脂黄酮、紫杉叶素	柑橘、葡萄、柠檬、蓟
黄酮醇	槲皮素、异槲皮素、堪非醇、杨梅酮、异鼠李素、桑色素、非瑟酮、山柰酚	苹果、蓝莓、樱桃、杏仁、洋葱、韭菜、羽衣甘蓝、花椰菜、马铃薯、菠菜、黄瓜
花色素	矢车菊苷元、飞燕草苷元、锦葵色素、天竺葵色素、芍药素、矢车菊色素	浆果类、葡萄、樱桃、李子、石榴、蓝莓、越橘、桑葚、黑树莓、茄子、卷心菜、黄花菜、杏仁、腰果、榛实、核桃、开心果、花生、蚕豆、野葛
查尔酮	异甘草素、豆蔻素、紫铆因、2′-羟查耳酮、白藜芦醇、黄腐酚、黄腐醇	葡萄、欧亚甘草、腰果、蛇麻籽

（1）黄酮类化合物　是以2-苯基色原酮为基本母核，且在3位上无含氧基团取代的一类化合物。常见的黄酮及其苷类有多甲氧基黄酮、芹菜素、木樨草素、黄芩苷等。其中，多甲氧基黄酮（polymethoxyflavones）是柑橘中所特有的一类黄酮类化合物，主要存在于果皮中，因具有多种显著的生理活性而受到广泛的关注[2,8]。

① 主要来源。多甲氧基黄酮主要来源于芸香科柑橘属，尤其是陈皮、青皮、橘红以及佛手、枳实等柑橘果实。

② 化学结构。化学结构上，多甲氧基黄酮是以2-苯基色原酮为母核，以C_6—C_3—C_6为基本骨架结构，具有2个或2个以上甲氧基且在C_4位置上具有羰基的特殊黄酮类化合物，柑橘多甲氧基黄酮的取代基多存在于芳香环A环上，多种不同的取代方式（主要为质子、羟基、甲氧基等）和取代位点（主要为3位、5位、8位、3′位及4′位等）使得该类化合物具有丰富的化学多样性。目前从柑橘中分离鉴定的多甲氧基黄酮已超40种，其中典型的多甲氧基黄酮化合物主要有川陈皮素、橘皮素和甜橙黄酮等（图6-8）。同时，柑橘的生长、贮存及加工过程中在生物酶或外界环境的作用下，多甲氧基黄酮可以发生去甲基化，产生羟基化多甲氧基黄酮。

③ 生理功能。多甲氧基的存在使多甲氧基黄酮分子的空间构型呈平面型，

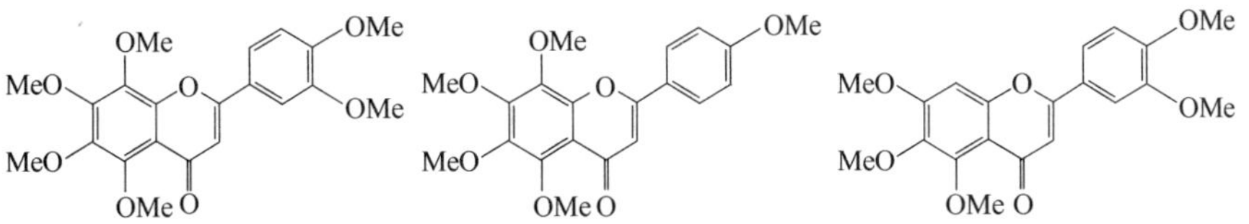

川陈皮素　　橘皮素　　甜橙黄酮

图 6-8　典型多甲氧基黄酮化合物的化学结构

极性较小；同时使其疏水性及渗透性增强，容易穿过磷脂膜进入细胞，这些特殊的结构特征使其在生物活性方面具有显著的优势。

a. 抗癌作用。多甲氧基黄酮通过阻断癌症转移的级联反应、抑制肿瘤细胞转移、诱导细胞凋亡以及抗细胞增殖等机制抑制癌症的发生[9]。

b. 抗炎作用。多甲氧基黄酮可以有效地抑制一氧化氮合酶和还原型烟酰胺腺嘌呤二核苷酸磷酸酶诱导的一氧化氮和过氧化物阴离子的产生，抑制金属蛋白酶的活性，同时可以抑制炎症细胞因子及环氧合酶-2 等基因的表达，从而发挥抗炎活性。

c. 抗动脉粥样硬化。川陈皮素可以通过抑制激活剂蛋白-1 的转录活性，降低总胆固醇和极低密度脂蛋白水平等方式改善和预防动脉粥样硬化。

d. 其他。多甲氧基黄酮还具有免疫调节、抗氧化、神经保护及保护胃黏膜等广泛生物学功能。

（2）黄烷酮类

① 主要来源及化学结构。黄烷酮类，又称二氢黄酮，其母核可视为 2 位、3 位二氢化的黄酮，常见的黄烷酮类化合物主要有柚皮素、柚皮苷、橙皮素及橙皮苷等化合物（图 6-9）。柚皮素类化合物主要存在于柚子、葡萄柚、酸橙及其变种的果皮及果实中，是此类水果的苦味物质之一；橙皮素类化合物广泛存在于芸香科、唇形花科、蝶形花科及豆科等植物中，其中橙皮苷是柑橘果肉和果皮的重要成分，含量为柑橘果肉鲜重的 1.4%[2]。

② 生理功能。黄烷酮类化合物具有多种不同的生物活性，比如抗氧化作用；通过调节环氧酶、β-羟基-β-甲基戊二酰辅酶 A 还原酶、转谷氨酰胺酶、脂氧化酶等多种酶的作用，实现抑制黑色素瘤的作用；可以抑制杂环胺类、亚硝基胍类、黄曲霉毒素及其他致癌物质引起的致突变作用，有效地预防肺癌、膀胱癌、乳腺癌等；对沙门氏菌、金黄色葡萄球菌、大肠杆菌等致病菌具有抑制作用；同时还有抗胆固醇、抗高血压、抗炎、利尿、神经保护、解痉、镇痛、改善微循环和软骨组织细胞功能等。

（3）黄酮醇类　该类化合物的特点是黄酮母核的 C_3 位置连有羟基或其他含氧基团。果蔬中常见的黄酮醇有槲皮素和芦丁（图 6-10）等。下面以槲皮素为例简单介绍。

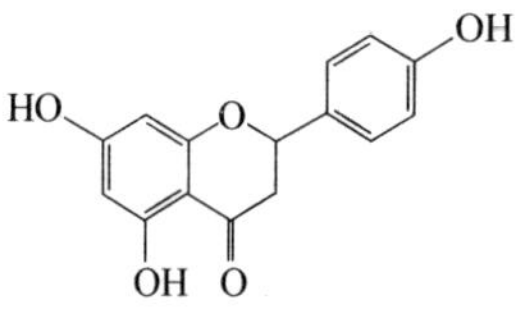

柚皮素 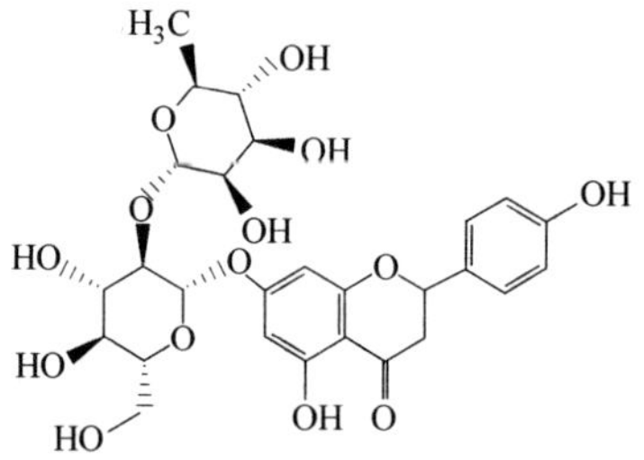　　柚皮苷

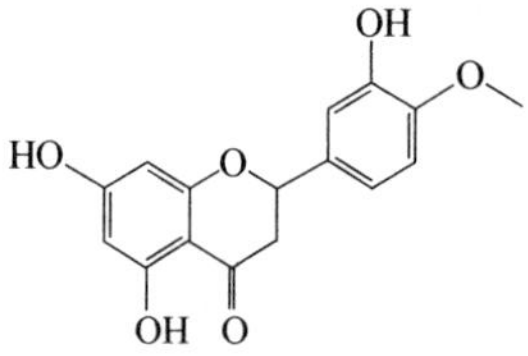

橙皮素 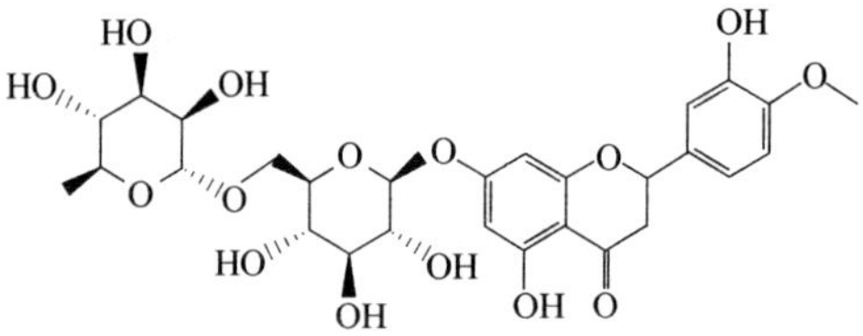　　橙皮苷

图 6-9　常见黄烷酮类化合物的化学结构

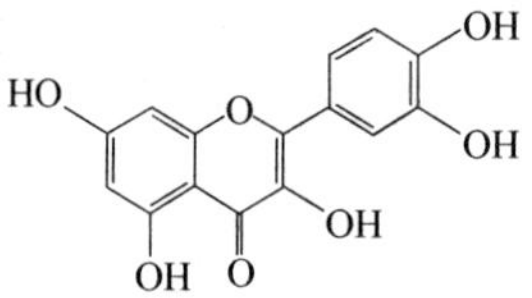

槲皮素 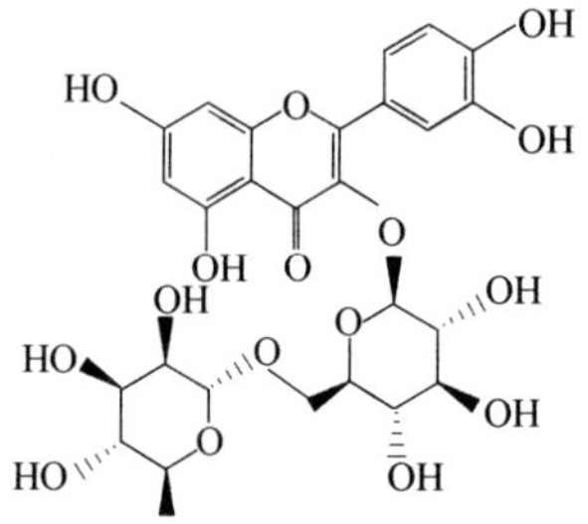　　芦丁

图 6-10　槲皮素和芦丁的化学结构

① 主要来源及化学结构。槲皮素广泛存在于多种植物的花、果实和叶子中，如槐花、槐米、番石榴叶、菟丝子等中药材，此外，葡萄、苹果、草莓、洋葱、西兰花等均富含槲皮素。化学结构上，槲皮素含有典型的黄酮醇类化合物的结构，同时分子中 2、3 位间有双键，并含有邻二羟基结构。

② 生理功能。槲皮素分子中的双键和邻二羟基结构，赋予其金属螯合作用或油脂等氧化过程中产生的游离基团受体的功能，可用作抗氧化剂；对二磷酸腺苷、凝血酶和血小板活化因子诱导的血小板聚集有明显抑制作用；此外，还具有抗炎、祛痰、止咳、平喘、抗菌、抗病毒、抗癌、抗过敏、改善脑循环、扩张血管、降低毛细血管通透性和脆性、降低胆固醇、降血压、提高机体免疫力等众多生理功能。

(4) 黄烷醇类

① 主要来源及化学结构。黄烷醇类是指黄酮母核的 C 环上无羰基、无双键，

C_3 有羟基或者其他含氧基团，主要包括儿茶素、表儿茶素、没食子儿茶素、表没食子儿茶素、表儿茶素没食子酸酯、表没食子儿茶素没食子酸酯等，其结构差别主要是在 C_3 含氧取代基及 C'_3 取代基的不同（图 6-11）。儿茶素广泛存在于日常果蔬中，尤其是苹果、葡萄、猕猴桃等，另外在绿茶中的含量也较高。

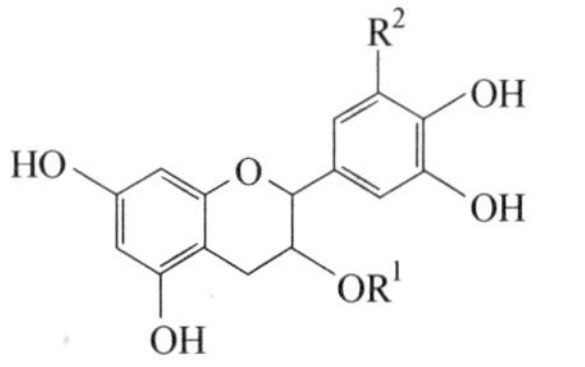

表儿茶素 EC：$R^1=R^2=H$
表没食子儿茶素 EGC：$R^1=H, R^2=OH$
表儿茶素没食子酸酯 ECG：R^1=galloyl，R^2=H
表没食子儿茶素没食子酸酯 EGCE：R^1= galloy1，$R^2=OH$

图 6-11　儿茶素类化合物的化学结构

② 生理功能。临床实验调查显示，儿茶素可以通过血液循环进入全身，加速新陈代谢，增强脂肪的氧化和能量消耗从而达到抑制肥胖的作用，尤其是对内脏脂肪的抑制作用，能达到理想的减肥效果。此外，儿茶素类化合物还具有抗氧化、抗菌、延缓衰老、调节肠道微生物组成、除臭、防蛀牙等生理功能。

3. 萜类

（1）主要来源与化学结构　萜类（terpenoids）化合物是指由不同数目的异戊烯基单位组成的化合物。根据异戊烯基数目不同可以分为单萜、倍半萜、二萜、三萜和多萜等，根据结构中碳环的有无和数目的多少，进一步可分为链萜（无环萜）、单环萜、双环萜、三环萜和四环萜等。萜类化合物在自然界中广泛存在，高等植物、真菌、微生物、昆虫以及海洋生物中，都有萜类成分的存在。果蔬花卉中常见的萜类化合物有类柠檬苦素、月桂烯、柠檬烯、香芹醇、薄荷醇、橙花醇、金合欢烯、胡椒烷、甜菊苷等。其中类柠檬苦素是一类高度氧化的四环三萜类化合物，主要存在于芸香科、楝科及山茱萸科植物中，尤其柑橘中含量最为丰富[2,8]。从植物中已分离得到 300 多种类柠檬苦素物质，主要以游离苷元和糖苷形式存在于以上植物组织中，以种子中的含量最高。类柠檬苦素游离苷元水溶性差、味苦，是多数柑橘水果和果汁中的苦味物质之一，而其糖苷水溶性好、无味。常见的类柠檬苦素物质有柠檬苦素、诺米林及其糖苷等（图 6-12）。

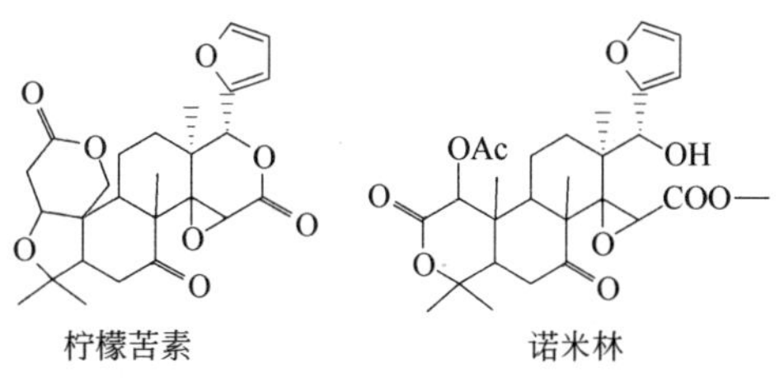

图 6-12　柠檬苦素及诺米林的化学结构

（2）生理功能　萜类化合物不仅可以调节植物的生长和发育，还可以用于人体疾病治疗。例如，柑橘来源的柠檬苦素类化合物可以激活谷胱甘肽 S-转移酶活性，抑制肿瘤的生长，对胃癌、肺癌和皮肤癌等均有抑制作用，还具有镇痛、消炎、抗疟疾、催眠、抗焦虑等生理功能；芫花根茎中的芫花酯甲素和芫花酯乙素具有很好的引产功能；地黄中的梓醇具有降血糖的作用；青蒿中的青蒿素具有速效抗疟活性；樟脑可作为强心药和刺激剂等使用[3,4]。

4. 香豆素类

（1）主要来源　香豆素类（coumarin）化合物是邻羟基桂皮酸内酯类成分的总称，广泛存在于高等植物的根、茎、叶、花、果实、果皮、种子等各部位，特别是伞形科、芸香科、瑞香科、木樨科、菊科、豆科、黄腾科、虎耳草科、茄科和兰科等植物中大量存在。

（2）化学结构　香豆素类化合物的基本骨架是苯骈 α-吡喃酮母核（图 6-13）[1]，母核上往往含有羟基、烷氧基、苯基和异戊烯基等取代基，其中异戊烯基的活泼双键与苯环上的邻位羟基可以形成呋喃环或者吡喃环。根据结构中取代基的类型和位置，香豆素可以分为简单香豆素、呋喃香豆素和吡喃香豆素。

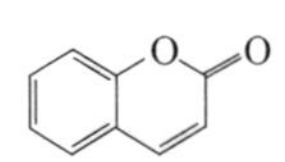

图 6-13　香豆素的基本骨架

（3）生理功能　香豆素类化合物具有抗氧化、抗病毒、抗癌、抗凝血、抗骨质疏松、抗菌、降血压、抗心律失常、抗动脉收缩、抗痉挛及光敏等多种生理功能。但是值得注意的是，某些香豆素类化合物对肝有一定的毒性。

5. 生物碱类

（1）主要来源　生物碱类（coumarin）是一类重要的天然有机化合物。目前生物碱尚没有确切的定义，一般将其定义为含氮的有机物。生物碱主要分布于植物界，动物中发现的生物碱较少。目前，绝大部分已知的生物碱主要分布在高等植物体内，尤其是被子植物，如百合科、石蒜科、百部科、罂粟科、毛茛科、小檗科、芸香科、茄科、夹竹桃科、菊科等。另外，裸子植物中的紫杉科红豆杉属，松柏科松属、云杉属、油杉属，麻黄科麻黄属，云尖杉科三尖杉属种也含有生物碱[4]。

（2）化学结构　生物碱类化合物数量多，结构类型复杂，主要包括喹啉类、异喹啉类、吲哚类、奎宁类、莨菪烷类、咔唑类、吖啶酮类、苯丙胺类等[1]。

（3）生理功能　生物碱是一类具有很大开发前景的生物活性物质，目前已上市的药物中很多属于生物碱类化合物，例如雷公藤、长春碱和喜树碱是很好的抗肿瘤药物；桑树来源的生物碱 1-脱氧野尻霉素是强效的 α-糖苷酶抑制剂，其衍生物米格列醇、米格列波糖和阿卡波糖已广泛地用于Ⅱ型糖尿病的治疗；甲基莲心碱具有抗心律失常、保护心肌缺血和抗血小板凝集等多种保护心血管功效；盐酸小檗碱具有多种抗菌、抗虫和抗病毒的功效。

6. 有机硫化合物

有机硫化合物是分子结构中含有硫元素的一类化合物的总称，它们以不同的化学形式存在于蔬菜或水果中，主要包括异硫氰酸酯类（代表性的有莱菔素和莱菔硫烷)、烯丙基硫化物、牛磺酸等，其中前两者是果蔬中最常见的两类有机硫化物[2,6]。

（1）异硫氰酸酯类化合物

① 主要来源。异硫氰酸酯类化合物主要以葡萄糖异硫酸盐缀合物形式存在于十字花科蔬菜中，如西兰花、芥菜、萝卜、卷心菜、花椰菜等，典型的异硫氰酸酯类化合物是莱菔素和莱菔硫烷（图 6-14）[3,6]。在植物体内，莱菔硫烷主要以其前体葡萄糖莱菔硫烷形式存在于植物细胞液泡中，当植物细胞因咀嚼、切割或烹调等发生破损后，葡萄糖莱菔硫烷被释放出来，与黑芥子酶发生接触，进而水解生成葡萄糖、硫酸盐及一系列葡萄糖配体中间体，这些中间体进一步发生分子重排，生成莱菔硫烷。在西兰花中，葡萄糖莱菔硫烷的含量约占总硫代葡萄糖苷的 90%以上，可以生成大量的莱菔硫烷。因此，西兰花被认为是预防癌症极佳的蔬菜[10,11]。

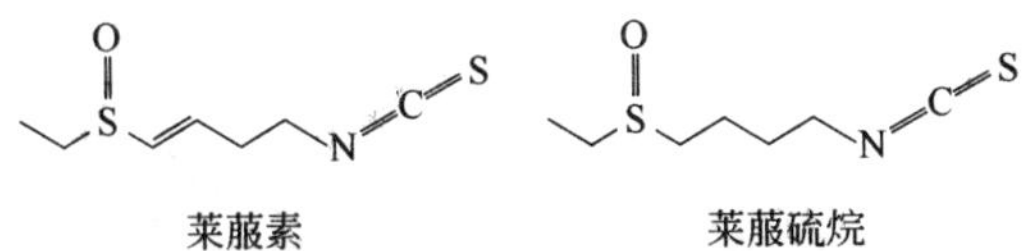

图 6-14　莱菔素和莱菔硫烷的化学结构

② 化学结构。根据侧链的不同，异硫氰酸酯也可分为脂肪族异硫氰酸酯、芳香族异硫氰酸酯和吲哚异硫氰酸酯。由于吲哚异硫氰酸酯比较活泼，容易发生降解，因此常见的异硫氰酸酯为脂肪族异硫氰酸酯和芳香族异硫氰酸酯，在所有的硫苷中，约有 50%的硫苷属于脂肪族异硫氰酸酯。

③ 生理功能。异硫氰酸酯具有多种营养健康功能，其中最为突出的是其抗癌活性，尤其是莱菔硫烷，为蔬菜中所发现的防癌和抗癌效果最好的植物活性物质之一，可以诱导癌细胞凋亡和抑制癌细胞生长，同时还可以诱导人体内的Ⅱ相解毒酶，并抑制Ⅰ型酶的产生，最终通过多种酶体系将致癌物和自由基等有害成分排出体外。此外，异硫氰酸酯还具有增强机体抗氧化能力、清除肺部细菌、预防痛风、降血糖及防治心脑血管疾病等功能。

（2）烯丙基硫化合物

① 主要来源。烯丙基硫化合物通常存在于葱、蒜等植物中。如大蒜在切碎时，蒜氨酸在蒜氨酸酶的作用下生成大量的大蒜素，大蒜素不稳定，分解后可形成多种含硫化合物，如二烯丙基硫代磺酸酯（大蒜辣素)、二烯丙基三硫化物、二烯丙基二硫化物等[3,6]。

② 化学结构。化学结构上，主要是以大蒜素（图 6-15）为代表的含有烯丙基硫的有机物，其结构差异主要在于硫的存在形式（硫醚或者亚砜）和含硫个数（1～3 个）。

③ 生理功能。大蒜素、二烯丙基一硫化物、二烯丙基二硫化物和二烯丙基三硫化物均有多种生物学功能，尤其是大蒜素，因此受到广泛关注。其主要的生物学功能有抗癌、杀菌、增强人体免疫、降血脂、抑制血小板凝集、抗氧化等。

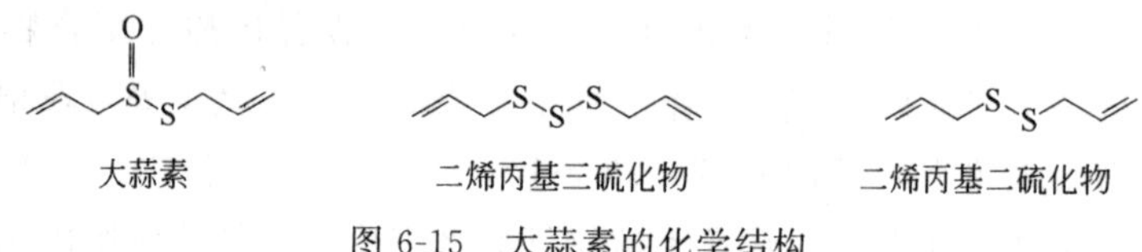

图 6-15 大蒜素的化学结构

第二节 果蔬花卉功能成分的精深加工技术与原理

一、提取

1. 溶剂提取

溶剂提取法是指根据功能成分在不同溶剂中的溶解度不同，选用功能成分溶解度大而杂质溶解度小的溶剂，将功能成分从植物组织中提取出来的过程，是最传统、最简单，也是最常用的提取方法之一。溶剂提取法进一步可分为浸渍法、渗漉法、煎煮法、回流法和连续提取法[12,13]。

（1）技术原理　溶剂提取实质上是一种扩散传质过程，一般分为三个阶段：浸润渗透—解吸溶解—扩散及溶剂置换。第一步，溶剂浸润物料，通过渗透作用穿过细胞壁，渗入植物组织和细胞中；第二步，溶剂溶解组织中的功能成分，使其游离于组织或细胞；第三步，由于细胞内外功能成分存在浓度差，形成内高外低的渗透压，使功能成分向组织或细胞外扩散。扩散作用的推动力就是浓度差，但是温度也会影响扩散速率，温度的提高可以显著增加扩散速率。同时扩散速率还与扩散离子的大小有很大关系，在溶液中单离子或离子状态的晶质扩散起来很快，而胶质由于粒子和分子凝结大，扩散速率就缓慢。另外，在溶质的选择上应遵循“相似相溶”的原理，极性化合物选择极性溶剂，而非极性化合物选择非极性溶剂。

（2）技术特点　溶剂提取方法较为传统，操作简单，对设备要求低，但是提取时间长、效率低、纯度低、杂质多，往往仅作为预处理手段使用，获得的粗品还需借助其他技术进一步分离纯化。

2. 超临界流体萃取

超临界流体萃取（supercritical fluid extraction）是20世纪70年代末发展起来的一种新型物质分离、精制技术。作为一种清洁、高效及选择性好的新型分离方法，被广泛地用于天然产物有效成分提取与分离、高经济附加值产品的生产、难分离物质的回收和微量杂质的脱除等方面[12,14]。

（1）技术原理　超临界流体是高于临界温度和临界压力以上，介于气体和液体之间的流体。超临界流体具有气体和液体的双重特性。超临界流体的密度和液体相近，黏度与气体相近，但扩散系数约比液体大100倍，其密度、扩散系数、溶剂化能力等性质随温度和压力变化十分敏感。另外，由于溶解过程包含分子间的相互作用和扩散作用，因而超临界流体对许多物质有很强的溶解能力。超临界流体萃取技术的原理主要是利用超临界流体的溶解能力与其密度的关系，即利用压力和温度对超临界流体溶解能力的影响。在超临界状态下，将超临界流体与待分离的物质接触，使其有选择性地把极性大小、沸点高低和分子量大小不同的成分依次萃取出来。虽然对应各压力范围所得到的萃取物不是单一的，但可以控制条件得到最佳比例的混合成分，然后借助减压、升温的方法使超临界流体变成普通气体，被萃取物质则完全或基本析出，从而达到分离提纯的目的，所以超临界流体萃取过程是由萃取和分离组合而成的。

（2）技术特点　用超临界流体萃取提取天然产物时，一般用二氧化碳作萃取剂。超临界二氧化碳萃取技术有着众多其他提取技术无可比拟的优势，如：萃取能力强，提取率高；临界温度和临界压力低，操作条件温和，对有效成分的破坏少，特别适合于处理高沸点热敏性物质；二氧化碳是一种不活泼的气体，萃取过程不发生化学反应，且属于不燃性气体，无味、无臭、无毒，故安全性好；二氧化碳无毒、廉价、容易获得，且可以循环使用，成本低；超临界二氧化碳萃取工艺流程简单，操作方便，可减少“三废”污染，且操作参数容易控制，能保证有效成分及产品质量的稳定性。

3. 超声波提取

超声波提取是利用超声波（频率高于2000Hz）所产生的机械效应、空化效应和热效应等，通过增大介质分子的运动速度及穿透力，从而将功能成分快速、高效地提取出来的一项技术[12]。

（1）技术原理

① 机械效应。根据惠更斯波动原理，超声波在介质中传播时，可以使介质质点（包括功能成分）在其传播空间内产生振动，从而使介质质点运动获得巨大的加速度和动能。具体的，超声波在传播过程中产生一种辐射压强，沿声波方向传播，对物料有很强的破坏作用，可使细胞组织变形，植物蛋白质变性；同时，它还可以给予介质和悬浮体以不同的加速度，且介质分子的运动速度远大于悬浮

体分子的运动速度，从而在两者间产生摩擦，这种摩擦力可使生物分子解聚，使细胞壁上的有效成分更快地溶解于溶剂之中。

② 空化效应。通常情况下，介质内部都会或多或少地溶解微气泡，这些气泡在超声波的作用下产生振动，当声压达到一定值时，气泡由于定向扩散而增大，形成共振腔，然后突然闭合。这种气泡在闭合时会使其周围产生几千个大气压的压力，形成微激波，造成植物细胞壁及整个生物体破裂，而且整个破裂过程在瞬间完成，有利于有效成分的快速溶出。

③ 热效应。超声波在介质中的传播过程也是一个能量的传播和扩散过程，在介质中传播的过程中，其声能不断被介质的质点吸收，介质将所吸收的能量全部或大部分转变成热能，从而导致介质本身和植物组织温度的升高，增大了功能成分的溶解速度。由于这种吸收声能引起的植物组织内部温度的升高是瞬间的，因此不会破坏功能成分的物理化学性质。

④ 其他效应。超声波除上述原理外，还可以产生许多次级效应，如扩散、击碎、化学效应等，这些作用也促进了植物体中功能成分的溶解，促使其进入介质，并与介质充分混合，加快提取进程，并提高功能成分的提取率。

(2) 技术特点　利用超声波的机械效应、空化效应及热效应等，破坏细胞壁，增大物质分子运动频率和速率，增加溶剂穿透力，以提取果蔬花卉等植物中的功能成分，具有方向性好、功率大、穿透力强、速度快、效果佳等特点。

① 技术优势。

a. 无需高温。超声辅助提取的温度一般为 20～50℃，提取温度低，可以有效避免加热对功效成分的不良影响，尤其适应于热敏性物质的提取。

b. 安全节能。常压下提取，安全性好；同时，由于超声辅助提取无需加热或加热温度低，提取时间短，因此可以减少能耗，降低成本，提高经济效益。

c. 提取效率高。超声辅助提取物种的功能成分含量高，有利于进一步分离纯化，同时提取时间短，20～40min 内即可获得最佳提取率，比传统回流提取时间少 1/3。

d. 广谱性。超声提取对溶剂没有特殊要求，可供选择的溶剂范围广，几乎所有的植物化学成分均可利用超声提取。

② 技术劣势。

a. 酶解现象。适当超声可以提高酶活力，提高酶促反应速率，但是高强度超声波会抑制酶的活性，甚至使酶失活，因此在提取苷类和多糖时应引起注意。

b. 产生自由基。由于超声波可以使某些化学键断裂，产生较强的自由基，可以与样品中的抗氧化物质发生反应。

4. 微波提取

微波是指频率在 300～300000MHz 的电磁波[12]。微波萃取是利用微波的电

磁辐射作用，使固体或半固体物质中的某些有机物成分被有效地分离出来，并保持分析对象的原本化合物状态的一种分离方法。

(1) 技术原理 传统的加热方式是将热量由外向内传递，即热源到器皿到样品；而微波加热是一个内部加热过程，微波直接作用于内部和外部的介质分子，使整个物料被同时加热。其提取原理，主要有以下三方面：一是电磁波穿透萃取介质到达物料内部的维管束和腺胞，细胞吸收微波能后，胞内温度迅速上升，从而使细胞内压力上升，当超过细胞壁膨胀所能承受的压力，细胞破坏，内部的有效成分便可被释放出来；二是微波所产生的电磁场可加速被提取成分的分子由固体内部向固液界面扩散的速率，从而缩短提取时间，显著提高提取效率；三是微波电磁场可以使极性分子发生瞬时极化，使其在电磁场中快速转动并定向排列，从而产生撕裂和相互摩擦、碰撞，产生大量的热能，促进细胞破裂，释放活性物质。微波提取过程中，利用不同物质吸收微波能力的差异，可选择性地加热不同的极性分子和不同分子的极性部分，从而使其从基质或者体系中提取分离出来，进入到介电常数较小、微波吸收能力相对较差的提取溶剂中。

(2) 技术特点 微波具有波动性、高频性、热特性和非热特性四大特点，决定了微波提取具有多种优势。比如，试剂用量少，节能，基本无污染；加热速度快，热效率高，物料受热时间短，尤其有利于热敏物质的提取；微波提取不存在热惯性，因而过程易于控制；微波提取的处理批量大，提取效率高；无需干燥等预处理，工艺简单；微波可对不同组分进行选择性加热，因而选择性好。此外，微波提取还具有设备简单、使用范围广、重现性好、不产生噪声及易于自动化等优点。与传统煎煮方法相比，微波提取克服了原料易凝聚、易焦化的弊端。

微波提取虽然有多种优点，但是提取条件的选择对提取效率的影响较大。首先，溶剂的选择至关重要，微波提取的目标化合物是有一定极性的微波自热物质，提取所用的溶剂必须是介电常数较小的溶剂，即微波吸收能力差的溶剂，同时还应该对目标化合物有较强的溶解能力，这样微波便可完全透过或大部分透过萃取剂，达到萃取目的。其次，微波萃取的频率、功率和时间等也会对萃取效率产生明显的影响，常用的频率是915MHz和2450MHz。微波功率的大小，对提取结果有较大的影响。时间一定时，功率越大，提取的效率越高，提取越完全；但是当超过一定限度后，体系内的压力超过安全阀的承受能力后，会造成溶液溅出。微波萃取时间与样品量、溶剂体积和加热功率均有关，一般在10～100s之间。此外，物料在被提取前应进行破碎，以增加接触面积，有利于提高提取效率。

5. 酶提取

酶提取是生物酶解技术的一种，是利用酶的高效性和高度专一性，从植物中提取特定功能成分的新技术。酶催化的反应速率比一般催化剂催化的要高很多，

可达 $10^7 \sim 10^{13}$ 倍[12]，且酶对底物具有严格的选择性，一种酶只能作用于一种或者一类特定的物质，专一性强，有助于特定功能成分的高效提取。

（1）技术原理　由于植物组织成分复杂，且其特有的细胞壁不利于功效成分的提取和分离。利用生物酶进行提取主要利用其以下两种作用。一是通过酶的分解作用，将组成细胞壁的大分子，如纤维素、半纤维素和果胶等破坏或降解为小分子，破坏细胞壁，使胞内活性成分得以释放。传统煎煮、浸泡等提取方法提取温度高、效率低、安全性差，而酶处理条件温和，且将植物细胞壁破坏后，可以加速有效成分的释放，从而提高提取效率，并缩短提取时间。二是可以通过酶的作用，改变某些立体结构大的物质或者是低极性的脂溶性物质，改变其理化性质，增大极性，利于提取。

（2）技术特点　酶提取技术是一项很有开发前景的新技术，存在多种优越性。由于酶的催化效率高，专一性强，所以酶法提取具有效率高、时间短、质量好的优点；酶提取条件温和，无需高温、高压、强酸、强碱等条件，尤其适应于不稳定化合物的提取，因此对设备的要求也相对较低；酶提取技术是绿色高效的提取技术，酶和底物大多是无毒的。虽然酶提取技术有着众多优越性，但是由于酶是蛋白质的一种，对环境因素比较敏感，高温、酸、碱、金属离子等都可能引起蛋白质变性，使其丧失酶活。因此，在实际使用时要充分考虑各种环境因素的影响。

二、分离

1. 膜分离

膜分离技术是 20 世纪 60 年代后迅速崛起的一门分离技术。它是利用对物质选择性透过的生物膜，在外力推动下将液体或气体混合物内的不同组分进行分离、分级、提纯或富集的方法。所用的生物膜一般是根据需要设计合成的高分子聚合物。如表 6-3 所示，根据推动力的不同，膜分离技术大体可以分为以下几类：以压力为推动力的分离技术，如反渗透、超滤、纳滤、微滤等；以浓度差为推动力的分离技术，如透析；以电力为推动力的分离技术，如电渗析等；以分压差为推动力的分离技术，如渗透蒸发等。应用最多的是微滤、超滤和透析 3 种[12,15]。

表 6-3　各种膜分离技术的原理和应用

膜分离方法	推动力	透过组分	截留组分	应用举例
微滤(MF)	压差	溶液	0.05～10μm	除菌

续表

膜分离方法	推动力	透过组分	截留组分	应用举例
超滤(UF)	压差	小分子溶液和胶体分子	10～100nm	大分子有机物的分离纯化、除热源
纳滤(NF)	压差	小分子溶质和低价离子	1～10nm	除去分子量为200～1000的小分子杂质
反渗透(RO)	压差	溶剂	≥1nm	盐、氨基酸、糖的浓缩，淡水制造
透析(DS)	浓度差	小分子溶质	大分子溶质	脱盐、除变性剂
电渗析(ED)	电位差	小离子	非电解质和大离子	脱盐，蛋白质精制
渗透蒸发(PV)	分压差	易溶解或易挥发组分	难溶解或高沸点组分	有机溶剂与水的分离

(1) 技术原理

① 反渗透 (reverse osmosis)。在相同的压力下，当溶液和纯溶剂通过选择性半透膜隔开时，纯溶剂会通过半透膜使溶液浓度变小的现象称为渗透，加在原溶液上使其恰好能阻止纯溶剂进入溶液的额外压力称为渗透压，通常溶液越浓，溶液的渗透压越大。如果加在溶液上的压力超过了渗透压，则反而使溶液中的溶剂向纯溶剂方向流动，这个过程叫作反渗透。反渗透膜分离技术就是利用反渗透原理进行分离的方法，其原理如图 6-16 所示。反渗透主要利用溶剂或溶质对膜的选择性原理，反渗透作用虽然与膜的孔径大小有一定的关系，但主要取决于膜材料的选择性。

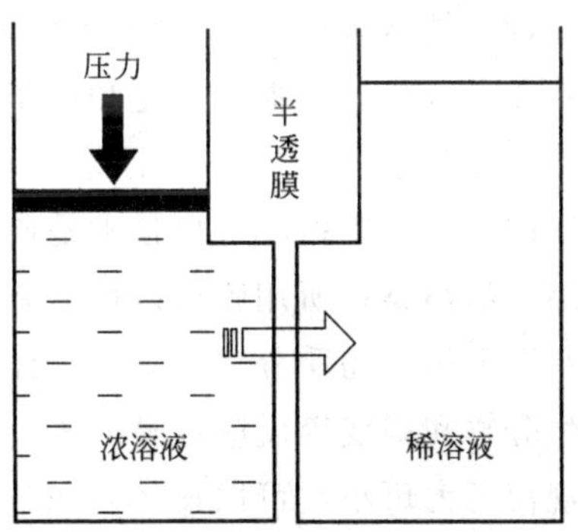

图 6-16 反渗透原理图

② 超滤 (ultrafiltration)。超滤是在静压差推动作用下的分离过程，其分离原理是分子筛原理，膜孔的大小和形状对分离起决定作用。在一定压力下当含有不同大小溶质的溶液流过膜表面时，溶剂和小分子溶质透过膜，作为渗透液被收集，而大于膜孔的分子（分子量大于 500）溶质被膜截流，作为浓缩液被回收，其原理如图 6-17 所示。超滤膜主要用于分离溶液中的病毒、蛋白质、多糖、胶体、微粒和抗生素等。

③ 纳滤 (nanofiltration)。纳滤是介于反渗透和超滤之间的一种膜分离技术，主要有两个显著特征：一是可以截留分子量约为 200～1000 的化合物，二是对不同价态的离子具有不同的截留率。其分离原理主要是分子筛作用和电荷效

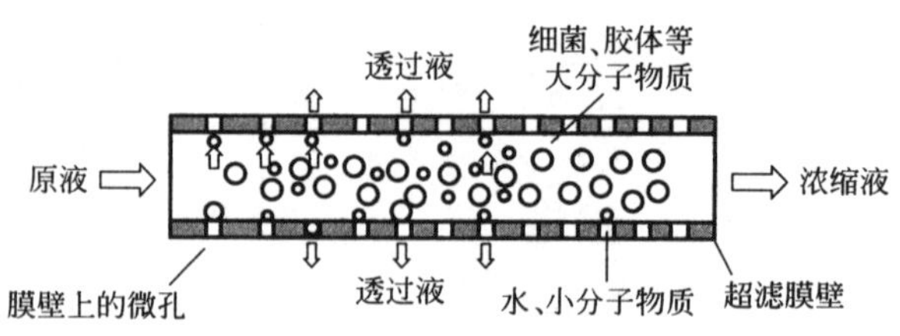

图 6-17　超滤的原理图

应。纳滤膜是荷电膜，能进行电性吸附。大部分纳滤膜带负电，可以通过静电作用，阻碍多价离子的渗透，因此纳滤膜可以在较低压力下仍具有较高的脱盐性能。

④ 微滤（microfiltration）。微滤利用微膜孔径的大小（0.1～10μm），在压差推动下，将滤液中大于膜孔的微粒、细菌等悬浮物截流下来，达到去除溶液中微粒的作用，可以作为反渗透、超滤、纳滤和其他膜分离过程的预处理。

(2) 技术特点　与其他分离技术相比，膜分离技术具有多种显著特点，包括：兼有分离、浓缩、纯化和精制的功能；膜分离过程无需加热，常温下进行，功能成分几乎无损失，特别适用于热敏物质如果汁、抗生素、酶等的分离、分级、浓缩与富集；膜分离技术是典型的物理分离过程，无需化学试剂和添加剂，产品不易污染；所用膜可以根据需求进行设计，因此具有很好的选择性，可在分子水平上进行物质分离；分离过程是在密闭的系统中进行的，被分离的物质不会发生分解和褐变等反应；膜分离过程不发生相变化，可以保持原有的风味；其处理规模可大可小，可以连续也可以间歇进行，膜组件可以单独使用也可联合使用，工艺简单，操作简便，容易实现自动化操作。此外，高效、节能、环保、分子级过滤等也是膜分离技术的优点。基于此，膜分离技术已广泛用于食品、医药、生物、环保、化工、冶金、能源、石油、水处理、电子等领域中，已成为当今农产品加工行业中的最重要手段之一。

2. 工业色谱技术

色谱分离技术又称层析分离技术或色层分离技术，是一种分离复杂混合物中各组分的有效方法，主要利用不同物质在由固定相和流动相构成的体系中的分配系数不同进行分离。当两相做相对运动时，这些物质随流动相一起运动，并在两相间进行反复多次的分配，从而实现各物质间的分离[13]。

(1) 大孔树脂吸附

① 技术原理。大孔吸附树脂主要以苯乙烯、α-甲基苯乙烯、甲基丙烯酸甲酯、丙腈和二乙烯苯等为原料，在 0.5%的明胶水混悬液中加入一定量致孔剂甲酰胺聚合而成，多为球状颗粒，直径一般在 0.3～1.25mm 之间，通常分为非极性、中极性和强极性，在溶剂中可溶胀。大孔吸附树脂是吸附性和分子筛原理相

结合的分离材料。一方面大孔吸附树脂具有许多微观小球的网状孔穴结构，颗粒的总比表面积很大，具有一定的极性基团，使得大孔树脂具有较强的吸附能力；另一方面，这些网状孔穴的孔径有一定的范围，通过孔径的化合物，根据其分子量的不同而具有一定的选择性。有机化合物根据吸附力及分子量大小的不同，在大孔树脂上经过一定的溶剂洗脱而达到分离的目的[1,13]。

② 技术特点。该方法不仅适用于离子型化合物如生物碱类、有机酸类和氨基酸类等的分离纯化，也适用于非离子型化合物如黄酮类、萜类、苯丙素类和皂苷类等的分离和纯化。大孔树脂理化性质稳定，不溶于酸、碱及有机溶剂，对有机物有浓缩、分离作用，且不受无机盐类及强离子、低分子质量化合物的干扰。分离效果受多种因素的影响，包括被分离物的极性大小及分子量、溶剂、pH值、温度和浓度等[1]。此外，样品在上柱之前一般需要经过预处理，否则大孔树脂吸附的杂质较多，会降低其对有效成分的吸附；洗脱液的流速、树脂的粒径、树脂柱的高度也会对分离效果产生一定的影响。

（2）高效液相色谱

① 技术原理。硅胶是由硅氧烷及—Si—O—Si—的交联结构组成的，表面带有许多硅醇基的多孔性微粒。硅醇基是硅胶具有吸附能力的活性基团，它能与不同极性基团形成化学键合相，这些键合相对不同结构类型的化合物具有不同的吸附选择性，从而达到分离目的。键合相硅胶在高效液相色谱（high performance liquid chromatography，HPLC）中应用最多，常用的是带有十八烷基主链的硅胶填料，一般称为 ODS 或 C_{18} 硅胶。常用反相柱色谱的填料为普通硅胶经化学修饰后，键合长度不同的烃基（R）形成亲脂性表面的硅胶。根据烃基长度为乙基、辛基或十八烷基分别命名为 RP-2、RP-8 和 RP-18。为了提高分离速度，缩短分离时间，则须施加压力，且依所用压力大小不同，可以分为快速色谱、低压液相色谱、中压液相色谱和高压液相色谱。

② 技术特点。工业规模制备色谱是适应科技和生产需要发展起来的一种新型、高效、节能的分离技术。工业用高效液相制备色谱一般在 5～10mL/min 的高流速下操作，可以大大提高生产效率，节省产品纯化成本。同时，高效液相色谱还具有灵敏度高、重现性好及柱子可以重复使用等优点。在工业生产中，工业高效液相色谱是降低产品成本、提高质量标准和生产效率的有效工具，已成为食品、化学、医学、工业、农学、商检和法检等学科领域中重要的分离分析应用技术。

（3）离子交换色谱

① 技术原理。离子交换色谱一般以离子交换树脂作为固定相，树脂上具有固定离子基团及可交换的离子基团。当流动相带着组分电离生成的离子通过固定相时，组分离子与树脂上可交换的离子基团进行可逆交换，形成离子交换平衡，

从而在流动相与固定相之间分配。不同离子的交换能力不同，待分离的各种离子在树脂柱中的流动速度也不同，从而可实现分离。

② 技术特点。离子交换色谱的优点在于：离子交换树脂具有开放性支持骨架，大分子可以自由进入和迅速扩散，因此吸容量大；树脂具有亲水性，对大分子的吸附不太牢固，用温和条件即可洗脱，不易引起蛋白质变性和酶失活；具有多孔性，表面积大，交换容量大且回收率高等优点，因此可用于分离和制备。

(4) 凝胶色谱

① 技术原理。凝胶色谱又称凝胶过滤、分子筛过滤和排阻过滤，是指待分离物质随流动相经过固定相时，待分离物质中的组分按分子量大小被分离的一种色谱方法。所用载体，如葡聚糖凝胶，是一种不带电荷的、可膨胀的球形颗粒，具有三维空间的网状结构，当不同分子量大小的分子通过网状结构时，大的分子被排阻于凝胶网孔之外，而小的分子可以进入其中，因此，大分子先流出，而小分子后流出。

② 技术特点。凝胶色谱的分离过程不依靠分子间作用力，一般情况下，没有强保留的分子累积在色谱柱，所以分离时样品组分不易丢失，回收率高，同时凝胶色谱柱的使用寿命较长。凝胶色谱主要用于蛋白质、酶、多肽、氨基酸、多糖、苷类、甾体、黄酮和生物碱等物质的分离。

3. 分子蒸馏

分子蒸馏是指在高真空条件下，蒸发面与冷凝面的间距小于或等于被分离物料蒸气分子的平均自由程，由蒸发面逸出的分子，既不与残留空气分子碰撞，自身也不相互碰撞，而是毫无阻碍地到达并凝集在冷凝面上，实现液液分离精制的连续蒸馏过程。

(1) 技术原理　分子蒸馏是一种特殊的液-液分离技术，它不同于传统蒸馏依靠沸点差分离原理，而是靠不同物质分子运动平均自由程的差别实现分离[12]。液体混合物被加热时，轻、重分子会逸出液面，但是轻分子的平均自由程大，重分子的平均自由程小，若在离液面小于轻分子平均自由程而大于重分子平均自由程处设置冷凝面，轻分子落在冷凝面上被冷凝，从而破坏轻分子的动态平衡，使其不断逸出，而重分子无法到达冷凝面，很快趋于动态平衡，从而实现混合物的分离(图 6-18)。

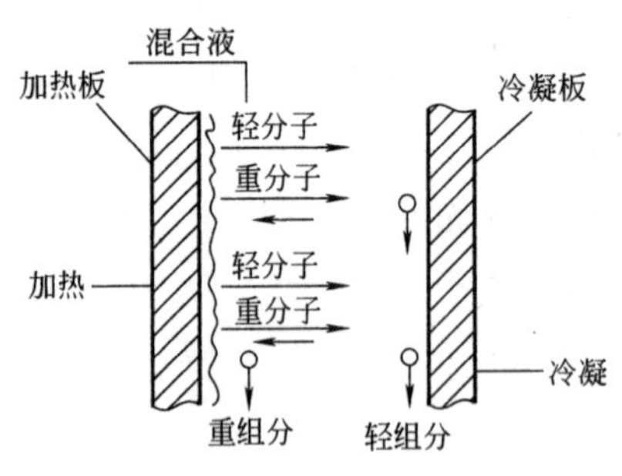

图 6-18　分子蒸馏的原理示意图

(2) 技术特点　由分子蒸馏的特点可知，因其操作温度低、被加热时间短，特别适用于高沸点、热敏性、易氧化、易聚合物质的分离。分子蒸馏系统的一次性投入大，因此适宜于附加值较高或社会效益较大的物质分离；但由于分子蒸馏在日常的连续化运转过程中，操作费用低，而且产品得率高，其一次性投入大的缺点并不一定影响产品的经济性。另外，分子蒸馏适用于分子量差别较大的液体混合物的分离，尤其对于同系物的分离，两种物质的分子量之差一般应大于50。分子量接近但是由于其分子结构不同，其分子有效直径也不同，其分子平均自由程也不同，因而也可用分子蒸馏实现分离。

三、浓缩

浓缩是指溶液中除去部分溶剂的单元操作，是溶质和溶剂均匀混合液部分分离的过程。浓缩的目的主要有：去除部分水分或溶剂，便于运输；提高溶质的浓度，便于保藏或纯化；作为结晶、干燥或完全脱水操作的预处理过程；浓缩可以降低食品脱水过程中的能耗，降低费用；有效去除某些不理想的挥发物质和不良气味，改善产品品质。浓缩从原理上可以分为平衡浓缩和非平衡浓缩两种。平衡浓缩是利用两相在分配上的某种差异而获得溶剂和溶质分离的方法，蒸发浓缩和冷冻浓缩即属于这种方法。这两种方法都是两相直接接触，通过热量传递来完成的。非平衡浓缩利用固体半透膜来分离溶质和溶剂，两相通过分离膜隔开，两相的分离不靠直接接触，因此称为非平衡浓缩，其技术原理和特点可参照分离提取章节的膜分离技术相关内容。下面主要介绍两种平衡浓缩方法[14]。

1. 蒸发浓缩

传统蒸发浓缩就是利用加热的方法，将含有非挥发性溶质的溶液加热至沸腾汽化，移除溶剂，从而使溶液中的溶质浓度提高。蒸发浓缩可以在常压或真空下进行，真空条件下进行的蒸发浓缩，称之为真空浓缩。

真空浓缩过程中将溶液加热使其中的一部分溶剂汽化，借助真空泵的抽吸作用和循环冷却系统的冷凝作用，使汽化的溶剂与剩余的溶液分离并被移除，溶质浓度逐渐增加，从而达到浓缩的目的。溶剂的沸点随着压力而变化，压力越大，沸点越高，反之压力越小，沸点越低。液体物质在真空状态下，沸点较低，溶剂很快蒸发。因此，真空浓缩在较低温度下进行，不仅可以节约能源，而且避免了热敏物质的破坏和损失，可以更好地保存原料的营养成分和香气，尤其适合氨基酸、酚类、黄酮类等热不稳定物质的浓缩。此外，真空浓缩液可以防止糖类、蛋白质、果胶等黏度较大物料的焦化。

2. 冷冻浓缩

冷冻浓缩是利用冰与水的固液相平衡原理的一种浓缩方法，当水溶液中所含溶质浓度低于共溶浓度时，溶液被冷却后，部分水变成冰晶析出。随着溶剂的晶体析出，剩余溶液中的溶质浓度则会大大提高。冷冻浓缩的过程主要包括三个步骤：结晶（冰晶的形成）、重结晶（冰晶的生长）及分离（冰晶与溶液的分离）。其中结晶操作成本随着晶体的增大而增大，而分离操作成本一般随着冰晶增大而大幅下降。因此，需确定一个合理的冰晶体大小，使得操作成本相应降低却损失最少。一般浓缩液价值越高，要求溶质损失越少，要求冰晶的体积较大。

冷冻浓缩除去溶液中的溶剂是依靠液体到晶体的相转变，而不是加热蒸发的方法，因此存在诸多优势。如低温进行，尤其适用于酶、色素等热敏性物质的浓缩，同时可以避免挥发性物质的损失和变化，更有利于品质的保持，因此冷冻浓缩是果汁浓缩很好的方法；浓缩过程无需加热，可以避免因蒸馏引起的聚合反应和冷凝反应；冷冻浓缩过程还能避免微生物的增殖，有效控制微生物数量；对于含多种溶质的溶液，其溶质的组成比例不会发生变化。但是冷冻浓缩受溶液浓度的限制，一般要求不超过 40％～50％。当溶质浓度超过共溶浓度后，过饱和溶液冷却的结果是溶质转变为晶体析出，使得溶液中的溶质浓度不仅不会增加，反而会降低。此外，成本高也是冷冻浓缩的局限因素之一，只适应于高比价产品的浓缩。

四、包埋

1. 微胶囊包埋

微胶囊技术（microencapsulation）是一种用天然或合成的成膜材料把固体、液体、气体或者是它们的混合物包覆成微小粒子，形成微胶囊的技术。一般是利用性能较稳定的高分子物质作壁材，将性能不稳定的固体、液体和气体等芯材物质包埋、封存起来，形成微小粒子，得到的微小粒子即微胶囊，其粒径一般在 1～1000μm，小于 1μm 的微胶囊称为纳米微囊[15]。食品中微胶囊在一定条件下，壁材溶解、溶化或破裂，释放芯材，被人体吸收利用。

（1）技术原理　微胶囊内部包埋的物料称为芯材或囊芯物质，外部包埋的成膜材料称为壁材或包囊材料。芯材可以是单一的固体、液体或气体，也可以是它们的混合体，具体的可以是食品中的天然成分，也可以是食品添加剂，或者是益生菌，具有很大的灵活性和选择性；可以是疏水的，也可以是亲水的。壁材在很大程度上决定着微胶囊的物理化学性质，也影响微胶囊的制备工艺，因此进行微胶囊化首先要合理选择壁材。为了充分体现壁材的固化性、渗透性和可降解性，选择微胶囊壁材时，应考虑以下方面：在高浓度时应有良好的流动性，保证微囊化过程中有良好的可操作性；具有良好的溶解性；性能稳定，不与芯材发生化学反应；有一定的耐性，应耐磨、耐压、耐热等；可以形成稳定的微胶囊体系；在制备及贮藏过程中能够将芯材完整地包埋起来；易干燥和便于干燥；获得成本低。此外，食品由于其特殊性，对壁材的要求较高，一般要求选用天然高分子化

合物作为壁材，应符合 GRAS 食品要求或国家食品添加剂标准要求，安全、无毒。常用的食品微胶囊壁材有植物胶、淀粉及其衍生物，如阿拉伯胶、明胶、卡拉胶、果胶、黄原胶、琼脂、变性淀粉、麦芽糊精、环糊精、壳聚糖等。

微胶囊的广泛应用也使得微胶囊的制备工艺和方法成为研究热点之一，目前已有 20 多种微胶囊的制备方法。根据微胶囊性质、囊化条件及形成原理的不同可以分为物理法、化学法和物理化学法[15,16]。其中物理方法包括喷雾干燥法、喷雾凝冻法、空气悬浮法、真空蒸发沉积法、静电结合法、气相沉积法等；化学方法包括界面聚合法、原位聚合法、乳化法、分子包埋法、辐射包埋法等；物理化学方法有相分离法（水相和油相）、界面沉积法、囊芯交换法、挤压法、锐孔法、熔化分散法、复相乳液法和干燥浴法等。但是不管用哪种方法，其基本步骤相同，主要包括芯材在介质中的分散，加入壁材后壁膜的形成和固化。当然，不同的制备方法，其特点和使用范围不同，具体方法的选择需要综合考虑。

（2）技术特点　食品行业中，微胶囊技术可以使纯天然的风味配料及其功能成分融入到食品体系中，具有改善和提高物质外观及性质的功能，并能保持功能成分的生理功效，使许多传统技术手段难以解决的工艺难题得到突破。具体地，微胶囊技术在食品行业中的应用主要有以下特点：封闭地微胶囊壁材可以有效地阻止外界因素，如温度、光照、湿度、氧气等对芯材的影响破坏，极大地提高产品的稳定性，并可以延长保质期；改善物质的物理状态及物理性质，如将液态物质通过微胶囊技术制成固态剂型，改变其流动性及分散性等；通过选择不同的壁材，使芯材稳定地到达某一特定环境释放，达到缓释或控释的作用；减少毒副作用，如将某些对肠胃有刺激性的成分，制成微囊后，可以控制释放速度，以减少其副作用；对于易相互反应或相互拮抗的成分，可以采用微囊化将其相互隔开，阻止相互影响，从而减少复方制剂的配伍禁忌；某些具有严重不良风味或者外观色泽劣变的物质，做成微胶囊后可以得到很好的改善。

2. 纳米乳液包埋技术

两种互不相溶的液体混合，其中一相以乳滴状态分散于另一相中形成的非均相分散体系，称为乳液，可用于包埋、保护以及载运亲脂性生物活性成分，在医药、食品及化妆品等行业中具有广泛的应用前景。根据乳滴粒径的大小，可把乳液划分为：普通乳液（0.1～100μm）、微乳（100～500nm）和纳米乳液（10～100nm）。纳米乳液相比于微乳具有乳化剂选择范围广、用量少，制备方法多样的优点；相比于普通乳液具有粒径小、稳定性好，外观可根据粒径大小改变而呈现透明或半透明状态，最为重要的是纳米乳液对脂溶性成分的负载率高于普通乳液。此外，纳米乳液还可以显著提高脂溶性功能成分的生物利用度，提高不稳定功能成分的稳定性。纳米乳液并不是一种热力学稳定体系，其制备需要能量的输入。由于纳米乳液优良的应用性能，纳米乳液的制备方法受到广大学者的关注，根据制备能量的大小，可以分为高能法和低能法两大类[17]。

(1) 高能法制备纳米乳液

① 技术原理。借助能够产生强烈破坏性力的机械设备，将普通乳液的大液滴进行拉伸破碎，使大液滴分散为数个小液滴，从而制得纳米乳液。制得的粒径取决于仪器类型、制备参数及样品组成等。

a. 高压均质法。高压均质法是食品工业中制备纳米乳液使用最普遍的设备。当乳液经过阀门时，高压均质机产生的一系列高强度破坏力可以将大液滴打碎成为小液滴，从而形成粒径较小的纳米乳液（图 6-19）。

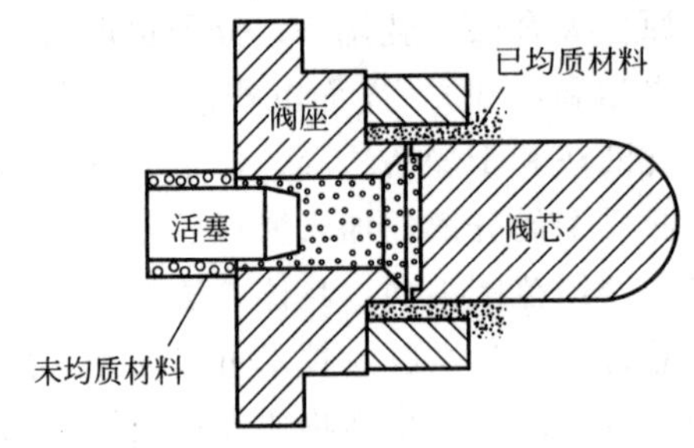

图 6-19 高压均质法的示意图

b. 微射流法。微射流法与高压均质法类似，都是利用高压泵迫使乳液穿过一个狭窄的通道，不同之处在于，微射流中的通道被分成两个小通道，随后混合，这样可使得乳液成分在汇合处发生强烈碰撞，从而形成较小粒径的纳米乳液（图 6-20）。

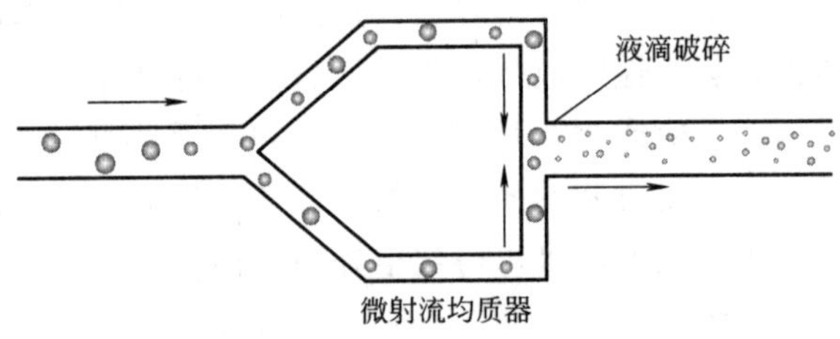

图 6-20 微射流法的示意图

c. 超声法。超声法是通过超声波释放的高强度破坏力来制备纳米乳液，其内部通道中含有一个可产生高强度超声波的装置，可使其中的乳液分散成纳米级小液滴（图 6-21）。

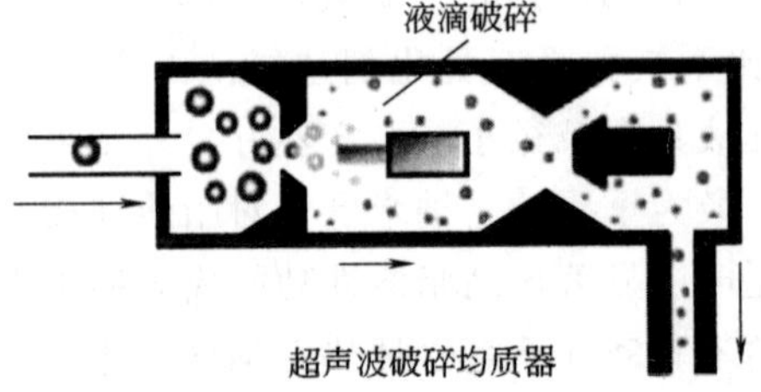

图 6-21 超声法的示意图

② 技术特点。高能法制备乳液有其独到的优势，主要表现在：高能法制备纳米乳液时，所需的表面活性剂浓度更低，可以有效地降低配方成本；对于黏度大的油相，难以通过低能法制备纳米乳液，而高能法可以相对容易地实现此类油的乳化。高能法的劣势在于乳化能量的利用率较低，所用设备承受能力要求非常高，因此高能法制备纳米乳液具有能耗大、设备昂贵、成本高等缺点。

（2）低能法

① 技术原理。低能法的原理是无论乳液组分或者环境条件如何改变，由油、水、乳化剂组成的混合液均可以自发形成微小的油滴。制备纳米乳液的常用低能法主要有自发乳化法和相转变温度法等。

a. 自发乳化法。自发乳化法是指两相在特定温度条件下自发形成纳米乳液的过程。其原理是水或者表面活性剂等水溶性成分由油相向水相迁移，这样会在油水界面上产生较大的湍流力，同时迁移过程会极大增加油水间的界面面积，从而促使其自发形成纳米乳液。

b. 相转变温度法。该方法的原理是非离子表面活性剂会随着温度变化而发生界面曲率或者溶解度的变化，其驱动力是表面活性剂随温度的变化发生理化性质的变化。在较低温度下，非离子表面活性剂的亲水性基团高度水合，从而易溶于水相中；当温度升高时，亲水性基团脱水，使得非离子表面活性剂的水溶性降低。在某一特定温度下，表面活性剂在水相和油相中的溶解度大致相同，而在较高温度下，表面活性剂更溶于油相，而不是水相。

② 技术特点。与高能法相比，低能乳化法制备纳米乳液所需的外加能量少，设备简单，成本低，但是低能乳化法制备的纳米乳液不稳定，表面活性剂用量多。

第三节　果蔬花卉功能成分的精深加工应用实例

一、灵芝多糖的开发

灵芝属于担子菌纲多孔菌科灵芝属，是一种扶正固本、滋补强壮的珍贵药材。现代医学表明灵芝具有免疫调节、抗肿瘤、抗病毒、抗衰老、清除自由基、降血脂等作用，被广泛应用于临床治疗肝病、肾病、高血脂、高血压、心脑血管疾病、神经衰弱及抗肿瘤等。灵芝多糖是灵芝中的主要活性成分之一，具有多种重要功能。主要包括免疫调节、抗肿瘤、自由基清除和抗衰老、降血脂、降血糖等。此外，灵芝多糖还可促进蛋白质、核酸的合成，提高心脑血液循环，调节神经系统，抗炎，抗辐射，抗疲劳等。

1. 灵芝多糖的提取方法

（1）水提醇沉法　水提醇沉是分离提取活性多糖最传统也是最常用的方法，其一般过程是先用水提法将灵芝中的水溶性成分浸出，但是浸出成分中，除灵芝多糖外，也含有较多的脂溶性物质及其他杂质，难以精制。利用灵芝多糖易溶于水、不溶于乙醇的特点，将灵芝多糖提取液浓缩，加入乙醇反复沉降，达到初步纯化的目的。其工艺流程一般为：原料预处理→热水提取→过滤、浓缩→醇沉→水沉→醇沉→灵芝多糖粗品。

以灵芝菌丝体和子实体为原料，通过正交试验，确定水提醇沉法提取灵芝多糖的理想工艺为：加水30～40倍，热水浸提3次，每次浸提1h，用85%的乙醇醇沉；采用水提醇沉法提取西藏野生灵芝中灵芝多糖的最佳工艺为：料液比1∶50(g/mL)，提取温度90℃，提取2次，每次2h，用90%乙醇醇沉，粗灵芝多糖得率为0.734%。

（2）酸碱提取法　含有葡萄糖醛酸等酸性基团的多糖可以利用乙酸、稀盐酸等酸性物质进行提取，但是此类酸性物质往往会破坏糖苷键，影响多糖的提取率，因此一般不用。提取含有糖醛酸的多糖或酸性多糖可利用稀碱溶液，其工艺流程为：灵芝水提残渣→碱提→过滤→浓缩→醇沉→过滤→乙醇洗涤→碱提→灵芝粗多糖。

经条件优化，从雪灵芝中提取灵芝多糖的最佳工艺为：提取温度95℃，提取时间1.5h，料液比30∶1，氢氧化钠的浓度2.5mol/L。

水提醇沉和酸碱提取均是传统的提取方法，对设备要求不高，成本低，安全性高，且提取过程中不会引起多糖降解，是目前提取多糖最普遍的一种方法。但是这些提取方法存在耗时长、提取率低、溶剂消耗大，提取过程中产生的废液和废料易对环境造成污染等缺点。随着科技的不断进步，有新型的提取方法被用于灵芝多糖的提取，如超声波、微波、酶法、超临界流体辅助提取、膜分离等。

（3）超声波辅助提取法　灵芝实体木栓质化，结构紧密，具有较好的维持力，传统的水提、酸提、碱提等方法较难使细胞壁内的灵芝多糖渗出。而超声提取时可以利用超声波产生的强烈的震动、较高的加速度、强烈的空化效应及搅拌作用，使有效成分较快地进入溶剂，此外超声波的次级效应如机械振动、乳化、扩散、击碎等也可以加速有效成分的扩散释放。超声波辅助提取法制备灵芝多糖，具有提取率高、用时短、节约溶剂、温度低、有利于保护有效成分等优点。超声提取灵芝多糖的工艺流程为[18]：灵芝粉→超声提取→除蛋白→离心→醇沉→过滤→复溶→过滤→灵芝多糖。

此工艺流程下提取灵芝多糖的最佳工艺为：超声功率320W，提取温度70℃，提取30min，灵芝多糖得率为2.78%。

（4）微波辅助提取法　微波提取技术利用微波使植物细胞内部温度迅速上

升，细胞破裂，使有效成分从细胞中释放。与常规方法相比，微波辅助提取法的优点是提取效率高、质量好、选择性好、用时短、溶剂用量少等，为工业化提取灵芝多糖提供了新途径。微波辅助提取技术的工艺流程为：灵芝→粉碎→过40目筛→微波提取→过滤→浓缩→干燥→灵芝粗多糖。

采用响应面法对灵芝多糖提取工艺进行优化，确定最佳工艺为：投料比1∶20(g/mL)，提取功率400W，提取温度90℃，提取20min，提取2次，灵芝多糖得率为1.15%。

(5) 酶法提取　酶法提取是利用酶的专一性，选择性地破坏细胞壁中的纤维素、半纤维素、果胶等成分，使细胞壁破裂，有效成分得以释放，并与溶剂充分接触，达到有效成分快速溶出、提高提取效率、缩短提取时间的目的。酶法提取灵芝多糖的一般工艺流程为：灵芝→粉碎→过40目筛→温水浴酶解→高温灭酶→过滤→灵芝多糖提取液。

分别考察纤维素酶、果胶酶和植物蛋白水解酶酶解提取灵芝多糖的最佳条件，结果发现纤维素酶最佳条件下（加酶量0.5%，酶解温度55℃，pH 5，酶解80min）灵芝多糖的提取量最大，为1.97mg/mL。同时，对比纤维素酶法、醇沉法和纤维素酶-醇沉法3种提取方法提取灵芝多糖的含量，发现纤维素酶-醇沉法提取效果最佳，灵芝多糖含量高达2.11mg/mL。以灵芝子实体为原料，考察纤维素酶添加量、酶解时间、酶解温度等对灵芝多糖提取率的影响，发现纤维素酶可以显著提高灵芝多糖的提取率，其最佳工艺条件为：加酶量1.8%，温度51℃，酶解2.5h，灵芝多糖相应的提取率可达11.25%。

(6) 超临界流体辅助萃取法　超临界流体萃取法通过改变压力和温度使被提取物的溶解度发生改变，从而达到分离的目的。此方法有溶解性能高、选择性好、能耗低、效率高、无污染等优点，尤其适用于热敏性物质和脂溶性成分的提取分离。超临界二氧化碳对灵芝孢子提取灵芝多糖，结果发现，该方法可以显著提高灵芝多糖的提取率。

(7) 膜分离法　多糖属于热敏物质，对温度敏感，温度升高，多糖中的糖苷键断裂而形成多个单糖，而单糖无生物活性，因此会影响多糖功效的发挥。膜分离技术利用多糖分子量大小不同，只有特定分子量的化合物可以通过半透膜，以此对不同分子量的化合物进行分离。膜分离技术无需加热，尤其适用于多糖等热敏物质的分离，同时兼具菌体过滤的功能，具有能耗低、成本低、快速省时、几乎无污染等特点。采用膜分离对灵芝多糖进行提取分离，收率高，且灵芝多糖结构几乎不受破坏。

(8) 其他提取方法　在实际提取过程中，灵芝多糖的提取往往联合采用上述两种甚至多种方法，以达到节约资源、提高效率的目的，如超声-微波协同萃取、超声波-酶法联合等用于灵芝多糖的提取。

2. 灵芝多糖的纯化

通过以上方法提取的灵芝多糖往往含有蛋白质、色素及其他小分子杂质，需要进一步进行纯化[12,18]。

(1) 除蛋白质　除蛋白质最常用的方法是Sevag法，它是利用蛋白质在有机溶剂中变性的特点，将提取液与Sevag（氯仿和正丁醇体积比5∶1）进行混合，振荡后使样品中的蛋白质变性成不溶状态，然后离心将蛋白质除去，该法的优点是条件温和，不会引起多糖变性。

除蛋白质的另外一种方法是等电点沉淀法。该法是指在等电点时，蛋白质分子以两性离子形式存在，静电荷为零，蛋白质分子颗粒间的相互排斥力消失，粒子间发生碰撞、凝聚而产生沉淀，从而将蛋白质除去。

(2) 除色素　活性炭吸附法是除去色素常用的方法之一，主要利用活性炭是很细小的炭粒，有很大的表面积，且炭粒中还有更细小的毛细结构，这种结构具有很强的吸附能力。由于炭粒表面积较大，可以与色素分子充分接触，使色素分子被毛细管吸附，从而达到脱色的作用。

树脂脱色法，常用的脱色树脂是大孔树脂和离子交换树脂。其中大孔树脂主要利用吸附和分子筛的原理进行脱色，而离子交换树脂通过离子交换的原理脱除色素。

(3) 除小分子杂质　小分子物质的分子量明显小于灵芝多糖，可以利用超滤法，使小分子杂质和溶剂穿过特制的膜，而灵芝多糖则不通过，留在膜的另一侧，使灵芝多糖得以纯化。

二、玫瑰精油的开发

玫瑰是蔷薇科蔷薇属落叶丛生灌木，是世界名花之一，其色、香、形具美，在世界范围内都非常受欢迎，得到广泛种植。玫瑰花性味甘温，具有行气解郁、疏肝理气、活血散瘀和收敛等多种医疗保健功效，是集药用、食用、美化、绿化于一体的木本植物。玫瑰精油为鲜花油之冠，其气味芬芳、优雅、细腻、甜香如蜜，香味浓，两滴即可制成1L上好的香水。玫瑰精油还具有保湿、抑菌、抗老化、舒缓压力、改善睡眠和抗抑郁等作用，因而被广泛应用于食品、医药、化妆品和高档烟草中调香。玫瑰精油是国际市场上最著名的高级花香型香精油，市场需求量大，价格昂贵，有“液体黄金”的美誉，具有极大的经济价值[19]。

1. 水蒸气蒸馏法

水蒸气蒸馏法是玫瑰精油最早、最普遍的提取方法。它是将植物原材料与水共同加热，在蒸气压作用下，植物细胞油腺打开，挥发性成分得以释放，并与水蒸气共同蒸出。根据道尔顿定律，相互不溶、也不起化学反应的液体混合物的蒸

气总压等于该温度下各组分饱和蒸气压之和。所以，虽然各组分本身的沸点不同，但是当各组分分压总和等于大气压时，液体混合物便开始沸腾。玫瑰精油中挥发性成分既不溶于水，也不与水发生反应，当玫瑰花与水共热时，其蒸气压与水的蒸气压总和为一个大气压时，液体开始沸腾，水蒸气将其中的挥发性物质一并带出，经冷凝收集，最终得到玫瑰精油。水蒸气蒸馏法提取玫瑰精油的工艺流程如图 6-22 所示[20]。

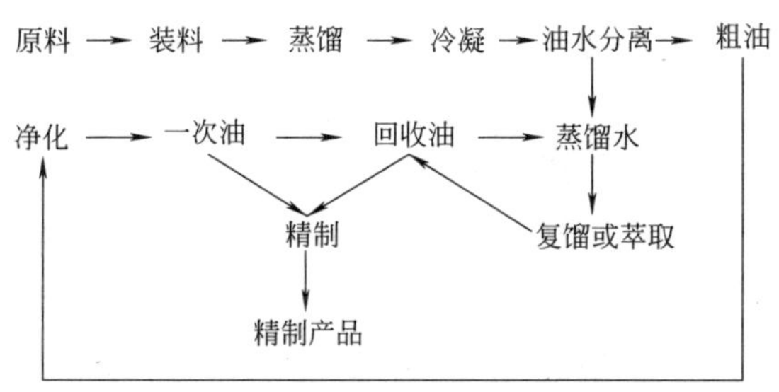

图 6-22 玫瑰精油水蒸气蒸馏法的工艺流程

“二步变馏式回水蒸馏”法，其特点为先低馏速、后高馏速，最佳工艺参数为：水蒸气加热，玫瑰与食盐 4∶1 盐渍保存 1～25d，花水质量比为 1∶4，先用低蒸馏速度 100L/h 蒸馏 3h，然后在高蒸馏速度 125L/h 下蒸馏 1h，最后再油水分离，脱水精制得产品。用此法从秦渭玫瑰花中提取出质量符合 ISO 9842：2003 标准的优质精油，出油率最高可达 0.042%。蒸馏时间是影响水蒸气蒸馏保加利亚玫瑰精油的主要因素，其次是蒸馏速度和液料比，玫瑰花的粉碎状况和馏出液是否回流对出油率无显著影响，最佳工艺参数为：采用全花蒸馏，液料比 4∶1，蒸馏时间 4h，蒸馏速度 20mL/h，装料量为蒸馏器的 75%。采用质量分数为 2.5%的盐水溶液蒸馏可显著提高出油率，最高出油率为 0.051%。

水蒸气蒸馏法提取玫瑰精油所用设备简单、成本低、操作方便，但是温度接近 100℃，玫瑰精油中的某些成分可能会受到破坏，且易产生蒸煮等不适气味，导致玫瑰精油品质下降。

2. 溶剂萃取法

溶剂萃取法是指用适宜的有机溶剂，直接浸泡玫瑰花，经渗透、溶解、分配及扩散后，将玫瑰精油提取出来。一般将溶剂与玫瑰花混合提取再进行过滤；随后，蒸发浓缩溶剂得到滤液，浓缩液称为浸膏（蜡、精油的混合物）；将浸膏溶于乙醇，低温过滤去除杂质；最后，蒸发除去乙醇得到玫瑰精油。提取溶剂一般为丙酮、己烷、石油醚、甲醇或乙醇。溶剂法提取玫瑰精油的工艺流程如图 6-23 所示。

采用灌组式强制循环逆流提取装置，常温下从玫瑰花中提取天然玫瑰精油，鲜花石油醚比为 1∶4(kg/L)，浸泡 30min，重复浸提 3 次，提取液经过滤、浓

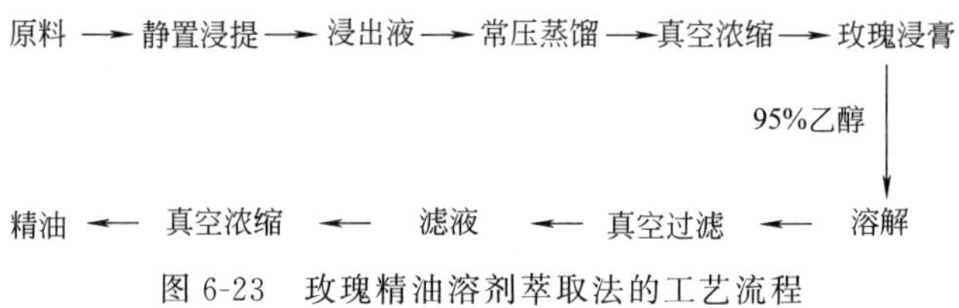

图 6-23　玫瑰精油溶剂萃取法的工艺流程

缩后得到玫瑰浸膏，得率为 0.2%。得到的玫瑰浸膏经 3 次脱蜡后可制得玫瑰精油，玫瑰浸膏到玫瑰精油的收率为 39%。此方法得到的玫瑰精油品质高于常规提取方法。

以苦水玫瑰干花为原料，提出常温低压在无水环境中提取玫瑰浸膏、精油等系列产品工艺，第一步是以丁烷为溶剂，采用常温低压条件提取玫瑰浸膏，提取温度为 10～20℃，提取压力低于 0.4MPa，玫瑰浸膏的提取率高达 0.42%；第二步采用冷冻离心制备玫瑰精油，物溶比由常规 1∶9 提升至 1∶1.5；最后，减压旋转蒸发提取玫瑰精油，蒸发温度为 80～90℃。

溶剂提取法制备玫瑰精油一般是在低温条件下进行的，因此可减少精油组分的损失，所得到的玫瑰精油在香气、色泽和纯度等方面都优于传统的水蒸气蒸馏法。其提取条件温和，易于实现工业化。但是溶剂所需量大，提取时间长，所得的精油头香略显不足，且易产生溶剂残留。

3. 超临界二氧化碳萃取法

由于传统提取方法都存在一些缺点，如耗时长、使用大量有机溶剂、提取率低、有毒溶剂残留等，因此，超临界流体萃取技术被认为是精油提取的升级方法。它是利用流体处于临界温度和压力条件下具有特殊溶解能力的特点，使化合物萃取和分离的。由于二氧化碳具有适度的临界条件，常被用作超临界流体。高压条件下二氧化碳为液体，由于其惰性和安全性而被用于芳香物质提取；常温常压下液体二氧化碳变成气体，使得最终产品无溶剂残留。采用超临界二氧化碳萃取法提取玫瑰精油具有提取温度低、成分损失小、产品纯度高等优点。因此，它在天然产品尤其是香料的加工中得到了广泛应用。超临界二氧化碳萃取提取玫瑰精油的工艺流程如图 6-24 所示。

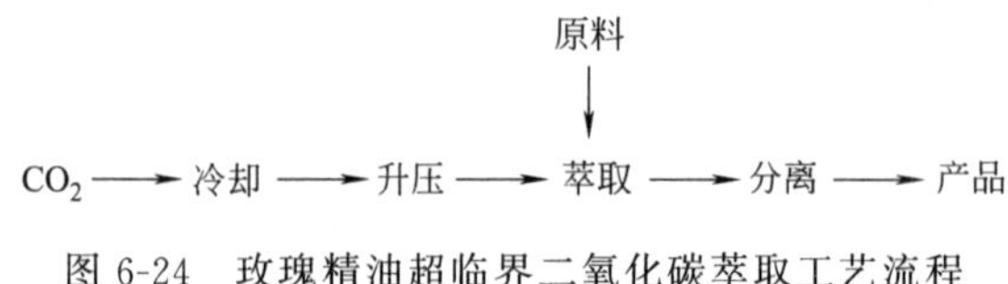

图 6-24　玫瑰精油超临界二氧化碳萃取工艺流程

以冷冻干燥玫瑰花为原料，采用超临界二氧化碳法提取，优化提取工艺条件，所得精油无溶剂残留，香气更接近天然玫瑰花。最佳提取压力和温度分别为 21MPa 和 41℃，玫瑰粉碎粒径为 40 目，二氧化碳流量为 15 L/h，萃取时间为

90min，玫瑰精油相应的萃取率可达1.29%，显著高于水蒸气蒸馏法。利用超临界二氧化碳二次萃取方法，萃取玫瑰精油，其得率为0.1%～0.12%，玫瑰精油的质量符合FCC要求。采用正交试验法，考察超临界二氧化碳萃取法提取工艺中各参数对玫瑰精油提取结果的影响，各因素的影响大小顺序为：粒径＞流量＞温度＞压力。

4. 分子蒸馏技术

分子蒸馏技术是一种有效分离纯化分子，特别是对温度敏感的热不稳定天然物质的方法，其实质是分子的蒸发，特点是在减压环境下蒸馏，受热区域内停留时间短，整个过程尽量避免物质的热分解损失。因此，在分离和纯化成分复杂及热敏感的天然产物分子方面，分子蒸馏技术具有很大潜力。为了获得高品质产品，首先要从花中提取得到玫瑰粗油，然后采用分子蒸馏技术脱色和脱臭达到精制的目的。

先采用超临界二氧化碳萃取技术从玫瑰浸膏中提取玫瑰粗油，然后再用分子蒸馏技术纯化玫瑰粗油，将两种技术有机组合，获得了高品质的玫瑰精油。采用刮膜分子蒸馏装置两级纯化玫瑰精油工艺，首先脱除溶剂等轻组分，然后脱除蜡等组分，这种方法可以有效脱除玫瑰浸膏中的高沸点及低沸点组分，使玫瑰精油质量提高。应用分子蒸馏技术纯化溶剂浸提所得玫瑰浸膏，系统真空度是影响蒸馏效果的主要因素，而温度对蒸馏效果影响不显著；采用二级蒸馏法纯化有机溶剂浸提水蒸气蒸馏提取玫瑰精油后的玫瑰花渣，得到分子蒸馏脱除的适宜条件。

5. 吸附提取法

该法首先利用吸附剂从玫瑰花中选择性吸附精油成分，再用溶剂将玫瑰精油从吸附剂中解吸出来。先利用活性炭吸附柱对玫瑰花浸泡的盐水进行吸附，然后利用亚临界二氧化碳将活性炭吸附的玫瑰精油解吸提取出来。吸附法提取玫瑰精油的优点是室温操作即可，因此不会破坏其中的芳香性成分；缺点是操作复杂，生产周期长，提取效率低，获得的精油头香不足等，需要与其他方法联用，以弥补不足。

三、西兰花莱菔硫烷的开发

莱菔硫烷是目前发现的最强的Ⅱ相酶诱导剂之一，具有显著的抗癌和抑制心血管疾病的功效，因此被广泛应用于保健品、食品及药品的开发。随着对莱菔硫烷相关产品需求量的不断扩大，其制备方法也备受关注。目前，莱菔硫烷的制备方法主要是化学合成法、生物转化法及天然产物提取法。

最初的化学合成是20世纪40年代末由Schmid和Karier发明的，但是合成所得的莱菔硫烷为外消旋体，而天然存在的莱菔硫烷为L型。后来人们利用化学手性合成的方法合成出了与天然莱菔硫烷构型相同的 L 型产物，但是该方法反应步骤复杂，产率低，副产物多，难以纯化，且所用原料毒性大，污染严重，难以实现工业化生产。之后，又有绿色合成法出现（图 6-25），但是也存在反应步骤多、产率低的问题（总产率 9.8%）[10]。

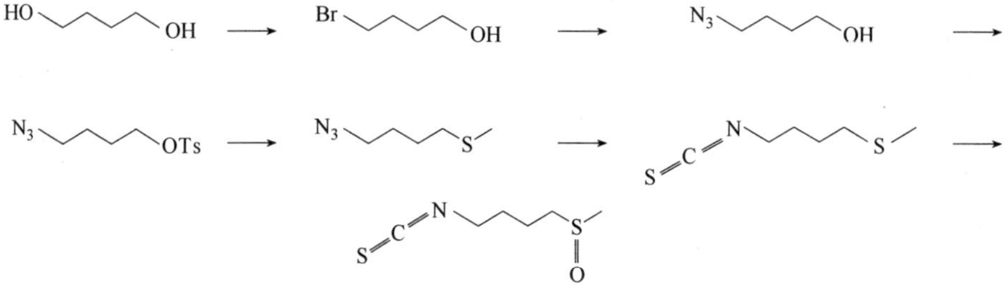

图 6-25　莱菔硫烷的绿色合成路线

生物转化法制备莱菔硫烷也是研究较多的制备方法，其过程是利用廉价易得的莱菔子提取物，通过微生物的作用将其转化为莱菔硫烷。莱菔子又称萝卜籽，是十字花科萝卜的种子，其中含有大量的 glucoraphenin（GRE），其结构与葡萄糖莱菔硫烷（GRA）非常相似。微生物作用下，GRE 转化为 GRA，再加入黑芥子酶，进一步转化为莱菔硫烷（图 6-26）。此法的优点是高效、合理、绿色、无污染，但是对反应条件要求苛刻，催化剂昂贵且易中毒失效，因此也难以实现工业化生产。

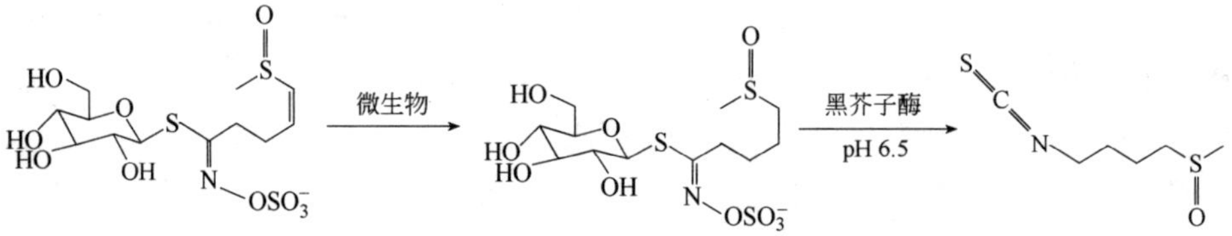

图 6-26　莱菔硫烷的生物转化法

除以上两种方法外，天然植物的提取是目前莱菔硫烷制备的重要方法。天然植物提取是利用植物体内自身的酶系统催化产生莱菔硫烷，采用固液分离或有机溶剂萃取的方法将莱菔硫烷从水解液中提取出来，通过一定的分离纯化手段，即可得到高纯度的莱菔硫烷。此方法的优点是操作简便，生产工艺简单，易于实现工业化生产，是目前获得莱菔硫烷的主要方法。

1. 工艺流程

植物组织→粉碎→水解→过滤→提取→粗品→分离纯化→莱菔硫烷纯品。

2. 操作要点

（1）植物组织　莱菔硫烷主要以前体葡萄糖莱菔硫烷的形式存在于十字花科

植物中。莱菔硫烷在植物中的含量变化较大，不同种属、不同品种，甚至同一品种的不同生长阶段或不同部位含量都存在较大差异，其中西兰花种子中含量最高，可达7.5mg/g，因此，西兰花种子成为制备莱菔硫烷的主要来源。此外，地域、气候、育种、耕种方式等因素的影响，不同产地西兰花种子中也存在差异，提取莱菔硫烷时应充分考虑含量及成本等多种因素。

(2) 粉碎 对西兰花种子进行物理粉碎可以提高莱菔硫烷的水解产率。一般说来，粒径越小，莱菔硫烷的产量越高，但是小粒径也会给后续的分离带来困难，因此，在实际生产过程中需要选择合适的粉碎粒径。西兰花种子经粉碎机粉碎5min，粒径为285μm时，水解液的过滤性能最好。

(3) 水解 水解条件对莱菔硫烷的生成和提取效率会产生显著影响。温度上，低温有利于酶活性的保持，有利于莱菔硫烷的生产；葡萄糖莱菔硫烷水解的最佳pH为7，碱性条件下莱菔硫烷易水解，而酸性条件下黑芥子酶活性低且易生成腈类化合物；抗坏血酸的加入有利于莱菔硫烷的生成。此外，金属离子也会影响莱菔硫烷的生成，其中锌离子可能是黑芥子酶的辅助因子，会提高其酶活，因此随着锌离子浓度的增加，莱菔硫烷的产量会有所增加，而其他金属离子如铁离子、亚铁离子、钙离子、铜离子及镁离子等会抑制莱菔硫烷的形成。目前常用的水解工艺为：取粉碎后的西兰花种子注入磷酸盐缓冲液（pH 7～7.2），在室温条件下搅拌并水解2h。

(4) 过滤 当滤液的pH为酸性时，大量的蛋白质变性析出，形成蛋白质颗粒，显著影响料液的过滤性能，进而影响莱菔硫烷的提取率。水解液pH调节为2.5～3时，滤饼阻力最小，过滤性能最好。

(5) 分离纯化 水解反应完成后，莱菔硫烷在水解液中的含量比较低，且水解液中含有一些无生理活性以及对人体有害的腈类物质，因此需要对莱菔硫烷进行分离纯化。目前，对莱菔硫烷分离纯化的研究较多，主要包括大孔树脂吸附法、色谱法等，色谱法主要有正相色谱法、高速逆流色谱法和反相制备色谱法等。

① 大孔树脂吸附。大孔树脂作为一种可再生的有机高分子材料，被用于西兰花种子水解液中莱菔硫烷的分离纯化。水解液经大孔树脂吸附后，首先用水和20%乙醇洗脱除去部分杂质，再用50%的乙醇将吸附的莱菔硫烷解吸下来。洗脱液蒸干除去乙醇后，乙酸乙酯萃取、浓缩、蒸干后便可得产品，其纯度最高可达80%。此方法有低毒、安全、污染小、成本低等优点，但是纯度较低，仍需进一步纯化。

② 反相制备色谱。通过对反相制备色谱纯化莱菔硫烷的工艺进行放大研究，分别对不同制备柱19*300mm/7mm、19*300mm/15mm、32*300mm /50mm及44*300mm /50mm的制备条件进行优化，并获得最佳条件。在各自相应的

最佳条件下，莱菔硫烷纯度/回收率分别高达 98.6%/93.8%、96.5%/95.7%、87.7%/92.1%及 85.5%/80.5%。对比分析发现，随着制备柱填料粒径和尺寸的增大，分离效果逐渐下降。此方法的优点是得到的莱菔硫烷纯度高，填料可重复利用，可实现连续操作，有利于工业化生产。

③ 正相色谱。莱菔硫烷粗提物可以进一步通过低压正相色谱进行纯化，200～300 目的硅胶为固定相，正己烷：乙醇（6：4）为流动相，采用梯度洗脱，100min 内线性增加到 100%乙醇，流速为 10mL/min 时最佳，纯度和回收率均在 90%以上。但是，此方法中所用的硅胶只能一次性使用，因此实际操作时需要频繁装卸色谱柱，操作烦琐。

3. 质量控制

莱菔硫烷含量测定采用高效液相色谱法，检测条件为 C_{18} 反相柱，进样体积 10μL，流速 1 mL/min，流动相为超纯水和乙腈，采用梯度洗脱，乙腈浓度在 12min 内由 20%线性升至 68%。柱温 30℃，检测波长 254nm。值得注意的是，莱菔硫烷不稳定，易受 pH 值、温度等因素的影响；在酸性或中性条件下比较稳定，其中在 pH 3 条件下最为稳定，但是在碱性条件下会迅速发生降解。因此，在存储和使用过程中应注意其存放环境。

参考文献

[1] 吴立军. 天然药物化学. 北京：人民卫生出版社，2007.
[2] 单杨. 现代柑橘工业. 北京：化学工业出版社，2013.
[3] 王友升. 果蔬生理活性物质及其高值化. 北京：科学出版社，2015.
[4] 王仁才. 果蔬营养与健康. 北京：化学工业出版社，2013.
[5] 王璋，许时婴，汤坚. 食品化学. 北京：中国轻工业出版社，2015.
[6] 孙远明. 食品营养学. 北京：科学出版社，2006.
[7] 何强，姚开，石碧. 植物单宁的营养学特性. 林产化学与工业，2001，21（1）：80.
[8] 周志钦. 柑橘果皮营养学. 北京：科学出版社，2012.
[9] 任虹，张乃元，田文静，等. 源于果蔬的黄酮类化合物及其抗肿瘤作用靶点研究进展. 食品科学，2013，34（11）：321.
[10] 闫旭. 高纯度莱菔硫烷的制备及其工业放大研究. 北京：北京化工大学，2011.
[11] 田桂芳. 天然产物莱菔素的降解机理及稳定性研究. 北京：北京化工大学，2016.
[12] 李明. 提取技术与实例. 北京：化学工业出版社，2006.
[13] 宋航. 天然药物制备技术与工程. 北京：化学工业出版社，2014.
[14] 邹礼根，赵芸，姜慧燕，等. 农产品加工副产物综合利用技术. 杭州：浙江大学出版社，2013.
[15] 李树和. 果蔬花卉最新精深加工技术与实例. 北京：化学工业出版社，2008.

[16] 万亚芬. 微胶囊技术及其在食品中的应用. 食品工业科技，2006，27（4）：200.

[17] 买尔哈巴・塔西帕拉提，阙斐，张辉. 可食用纳米乳液的研究进展. 中国食品学报，2014，14（1）：213.

[18] 翟旭锋，胡明华，冯梦莹，等. 超声提取灵芝多糖的工艺研究. 现代食品科技，2012，28（12）：1704.

[19] 马希汉，王永红，尉芹，等. 玫瑰精油提取工艺研究. 林业化学与工业，2004，24：80.

[20] 单银花，王志祥，张丰，等. 玫瑰精油提取与纯化工艺研究进展. 应用科技，2008，16（16）：15.

07 Chapter

第七章　果蔬花卉加工废弃物的处理利用

果蔬花卉加工过程中会产生大量的废弃物。随着果蔬和花卉加工产业的逐步发展，产生的废弃物也逐渐增多，目前这些废弃物大多作为垃圾被丢弃，部分作为农田肥料或动物饲料。据统计，原产品在挑选、整理和分级过程中产生的残次品、下脚料和残渣等约占新鲜原料的30%，由于其中水分含量及营养物质丰富，极易发生腐败和变质，造成环境污染。值得注意的是，在废弃物中有一部分富含营养物质或活性成分，将它们进行合理利用，不但可以回收资源、节约成本、减少浪费，更能够促进果蔬花卉加工产业的进一步发展和升级改造，同时解决了环境污染问题。迫于资源短缺、能源紧张、环境治理的巨大压力，各国政府对加工废弃物的处理及利用的重视程度也逐步加大。

第一节　果蔬花卉加工工业的“三废”处理

一、废水处理

果蔬花卉加工工业，乃至整个食品工业，生成的废水均需要按照一定的处理要求，通过一定的处理方法，使水质达到一定的要求才能够进行排放。水质是指水和其中的杂质共同表现的综合特性，而衡量水质的具体尺度为水质标准。各种水质标准可表示水及水中所含各种杂质的种类和数量，从而用于评价和鉴别水质的优劣。多年来，为平衡人类与环境之间的关系，结合实际生产生活水平，我国先后颁布了相关标准供参考。

1. 废水的分析检测指标

在国家标准以及其他行业及企业标准中，对废水的分析和检测指标主要可以

概括为物理性指标、化学性指标和生物性指标三大类。

（1）物理性指标　主要包括对废水温度、色度、嗅味和固体物质的评价。通过对物理性指标的鉴别可以反映污染物的多寡和污染程度。其中固体物质又可以按照其存在形式进一步细分：水中所有残渣的总和称为总固体；水样经过过滤后，滤液蒸干所得的固体即为溶解性固体；滤渣脱水烘干后即是悬浮固体。固体残渣经过600℃高温灼烧，挥发掉的量即是挥发性固体；灼烧残渣则是固定性固体。其中悬浮固体易造成管道的堵塞，而挥发性固体是鉴别水体有机污染的重要指标。

（2）化学性指标　主要鉴别污水中的有机物和无机物含量。在有机物指标中，一般采用生物化学需氧量、化学需氧量、总有机碳、总需氧量、油类污染物、酚类污染物等指标来反映水中需氧有机物的含量，它们的大小反映污染物消耗水中溶解氧的能力。

生化需氧量是指水中有机污染物被好氧微生物分解时所需要的氧量（单位为mg/L），它表示有氧的条件下，废水中可以被微生物降解的有机物的量。一般情况下，有机污染物被好氧微生物氧化分解的过程可以分为两个阶段：第一个阶段主要是有机物被转化成二氧化碳、水和氨；第二个阶段主要是氨被进一步转化为亚硝酸盐和硝酸盐。生化需氧量越高，表示水中需氧有机污染物越多。化学需氧量指的是在一定条件下，用强氧化剂处理水样时所消耗氧化剂的量。化学需氧量表现出水体受还原性污染物（如有机物、亚硝酸盐、亚铁盐、硫化物）污染的程度。以上两类指标都用于测定废水中的需氧污染物质，它是水体中含量最多，最常见和最普遍的一类污染物质。其分解过程中需要消耗水中大量的溶解氧，易造成溶解氧缺乏，从而影响水中鱼类和其他水生生物正常生存所需要的氧气量，导致水生生物的死亡。

在无机物指标中，主要包括植物营养素（如氮和磷）、pH和重金属等。水体内磷、氮等植物营养物质的过量会使水体产生富营养化，造成藻类、水生浮游生物等的大量繁殖，影响饮用水的质量。富营养化一旦发生后，延续时间会很长并且不易治理。我国自2005年，太湖蓝藻水华多次爆发，严重影响周围环境和人们日常用水。

（3）生物性指标　主要考察细菌总数和大肠菌群，均可反映水体受到微生物或致病菌污染的程度，但仅仅采用细菌总数不能说明污染的来源，必须结合其他指标进行确定。

因此，废水的处理过程，要结合以上物理性指标、化学性指标以及生物性指标进行针对性地处理，并结合国家出台的相关标准进行界定，以保证相应指标在正常或允许的范围内，降低废水排放对外部环境以及人类生存发展的影响。

2. 废水的处理方法

现阶段，废水处理的主要方法按作用原理可分为：物理处理法、化学处理法和生物处理法（图 7-1）。物理处理法有筛滤、沉淀、气浮、过滤、离心分离等；化学处理法有中和法、混凝法、电解法、氧化还原法、离子交换法等；生物处理法包括好氧生物处理法、厌氧生物处理法、稳定塘法、土地处理法等[1]。

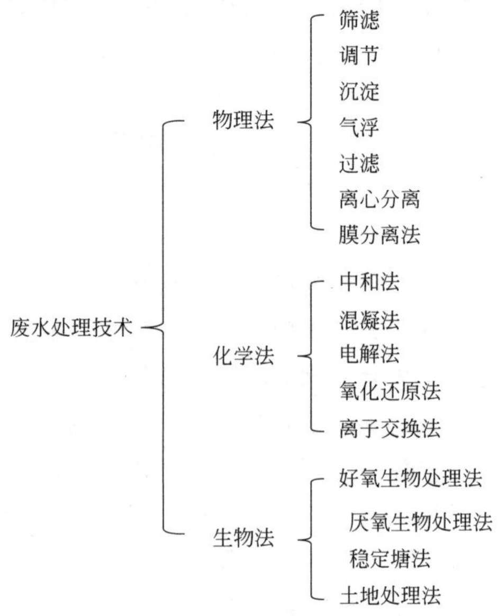

图 7-1　废水处理的分类

（1）废水的物理处理

① 格栅和筛网。格栅和金属筛网，一般安置在废水处理前段，用于去除废水中较大的悬浮物和漂浮物，避免堵塞后续处理过程中的管道与泵机，保障后续处理设施的正常运行。

② 沉淀法。沉淀法是利用水中悬浮颗粒的可沉降性能，在重力作用下发生下沉从而进行分离的方法。根据沉淀形式的不同可以分为沉沙池和沉淀池。沉沙池的作用是从污水中去除沙子、煤渣等相对密度较大的颗粒。沉淀池则安放在废水处理流程的中间位置，用于生物处理法中作预处理的叫作初次沉淀池，它可以去除约 30％的生化需氧量和 55％的悬浮物，从而降低后续处理的有机负荷。设置在生物处理构筑物后的称为二次沉淀池，主要用于分离生物处理工艺中产生的物质，可使处理后的水变得澄清。

③ 气浮法。气浮法是指通过向废水中通入大量的微细气泡，使杂质絮粒黏附在微细气泡上，利用空气密度远小于水的特点，使得杂质絮粒的密度小于水的密度，依靠浮力使絮粒上浮至水面达到分离的方法。黏附了一定数量微气泡的絮

粒的上浮速度比原絮粒的下沉速度要快得多，因此，气浮法比沉淀法的分离时间短得多。

为了改变废水中杂质的下沉或上浮速度，缩短分离时间，通常向废水中加入混凝剂和助凝剂。该类物质与废水中的胶体微粒互相黏结和聚结，通过改变胶束体积与质量，从而改变其在水中的相对密度。常见的混凝剂和助凝剂有铝盐、铁盐以及膨润土。另外，腐植酸类物质可用于除去废水中的钙离子、铅离子、汞离子和铁离子等；淀粉黄原酸酯可用于除去废水中的铜离子、铬离子、锌离子等。目前，壳聚糖作为高分子絮凝剂已经广泛应用于废水的处理过程当中。壳聚糖是自然界唯一一种带正电荷的高分子聚合物，它的特点是无毒无味，可生物降解，因此不会造成二次污染。目前，可利用壳聚糖作为絮凝剂处理加工过程中产生的废水，回收废水中的蛋白质。这些蛋白质可作为动物饲料，从而减少对环境的负担，减少污染[2]。

④ 膜处理法。果蔬加工废水（如果蔬清洗液、脱皮液、预煮液）中含有如淀粉、果胶、蛋白质、风味物质等多种大量物质可被回收。如果蔬喷淋洗液中含有高浓度的糖类，可采用耐高温膜对糖类物质进行浓缩，并对其回收分离，可有效地节约成本，减少废水中的有机物含量；在泡菜腌渍废水中，可以用膜分离技术对泡菜发酵过程中产生的糖类、蛋白质及氨基酸等物质进行截留分离。现阶段主要应用的膜分离方法，根据膜孔径的大小以及截留分子量的大小分为以下几类：微滤可以有效除菌以达到超滤过程的预处理标准；超滤可以截留大分子有机物、蛋白质、胶体等；反渗透可以截留盐分以达到对废弃物的回用目的[3]。膜孔径与截留分子量之间的相互关系见表 7-1。

表 7-1　膜孔径与截留分子分子量的关系

膜孔径/nm	2.1	2.4	3.8	4.7	6.6	11
截留分子分子质量	500	1000	10000	30000	50000	100000

（2）废水的化学处理

① 中和法。天然水体的 pH 一般在 6～9，pH 值短时间的改变会造成水体中生物的生长与繁殖，若长时间处于酸化或碱化状态，会对生态系统产生影响。食品工业废水酸碱程度不一，一般情况下通过酸碱中和反应使酸性或碱性废水变为中性。酸性废水常采用石灰水进行中和，碱性废水常用盐酸、硫酸等中和。在实际生产中为了节约成本，往往也通过酸性废水和碱性废水相混合的方式，达到中和的目的。

② 氧化还原法。在果蔬加工过程中，常常会用到氧化还原剂对产品进行加工，如食品工业用水消毒的过程中往往会残留氧化性的氧；蘑菇产品加工时，废水中残留有还原性的二氧化硫。因此，在处理该类废水时，可通过投入一定剂量

的氧化还原剂使其与废水中的氧化性或还原性物质发生反应，达到改变废水氧化还原状态的作用。常用的氧化法有空气氧化法、加氯氧化法和臭氧氧化法等；常用的还原法有硫酸亚铁-石灰法和电解法等。

(3) 废水的生物处理[4] 生物处理是指利用微生物生长过程中的代谢，来对废水中的可溶性有机物进行氧化、分解、吸附的过程，从而达到降低废水中有害物质含量的目的。因果蔬花卉加工工业废水中含有大量有机物质，因此适于采用生物方式进行净化。

① 好氧生物处理法。好氧生物处理法是利用好氧细菌和兼性好氧细菌在有氧条件下处理废水的方法。在好氧生物处理过程中，微生物通过对废水中有机物进行分解、吸收，使废水中的有机物成为微生物生长和繁殖的能量来源，从而去除废水中的有机物，达到降低废水生化需氧量的目的。目前普遍使用的活性污泥法和生物膜法是好氧生物处理的主要方法，它们对废水中生化需氧量的去除率均可达90%左右。

a. 活性污泥法。活性污泥是一类以废水中有机物为底物，通过曝气作用，大量繁殖产生的生物群体的絮凝体。活性污泥法净化废水的主要原理是通过对废水中的胶粒进行吸附，同时吸收转化有机物，使其转化成二氧化碳、水和能量。该法的一般工艺过程是：从工厂产生的废水首先通过初级沉淀池，经过栅栏、沉淀等过程，去除废水中的大量泥沙、杂物和纤维状物质等，从而降低后续的除污压力；之后废水流入曝气构筑物内，经过人工通气培养好氧微生物，形成活性污泥体系；之后在二次沉淀池内部生成的活性污泥体系对废水中的有机物进行吸收和转化；微生物在此过程中逐步生长，产生新的活性污泥。当生化需氧量降到一定程度时，去除活性污泥后的清水即可排放，在这个过程中，活性污泥的量将会有所损失，因此曝气构筑物内的活性污泥需要不断地进行补充，使活性污泥的量达到一个平衡水平。在活性污泥生成的过程中，其中的细菌不是以单一个体的形式存在的，而是一个混合群体，以菌胶团的形式存在。菌胶团是由细菌分泌的多糖类物质将细菌包覆成黏性团块形成的。在活性污泥系统中，污水中的有机物转移到活性污泥上，然后被活性污泥摄入、代谢和转化。

b. 生物膜法。生物膜法是通过模拟自然界中土壤净化过程而转化的一种污水处理方式。生物膜是废水通过固定在固体填料表面的微生物和悬浮物而产生一套微生态系统，它与活性污泥一样，同样为废水的好氧生物处理技术。生物膜的形成需要载体、微生物以及废水中微生物所需的营养物质。微生物随着污水的不断流入而不断繁殖，生物膜逐渐加厚，10～30d就可以形成完整的生物膜结构。生物膜在形成的过程中由于随着污水流动一同生长，因此结构上往往比较蓬松，因此具有更强的吸附能力，对污水中有机物的捕获能力提高，使其对有机物的分解量加大。但随着生物膜的生长，载体上生物膜重量逐步加大，原有体系无法承

担该重量，生物膜会发生部分脱落，通过过滤即可将脱落的生物膜与废水清水分离。

相对于活性污泥而言，生物膜处理中，微生物具有相对安静稳定的生长环境，污泥停留时间相对较长，污泥利用率大大提高。生物膜上的生态系统也相对复杂，除了基本的菌胶团以外，藻类、线虫类、轮虫类等微型动物甚至是昆虫类也会出现；对水质、水量变动有较强的适应性；脱落的生物膜污泥易于分离。

② 厌氧生物处理法。厌氧生物处理法是利用厌氧细菌和兼性厌氧细菌在无氧条件下进行废水处理的过程，在无氧的条件下，微生物可将废水中的有机物转化成沼气，而非二氧化碳和水。厌氧生物处理过程中由于系统中微生物的不同可分为酸性消化和碱性消化两个阶段。首先系统中的酸性腐化菌或产酸细菌对废水中的糖类、蛋白质、脂肪进行分解，在分解的过程底物会产生有机酸，随着分解过程的逐步加剧，有机酸的含量也随之逐步加大，使废水的 pH 值逐步减小。后续甲烷细菌参与到分解有机物的过程当中，有机物被进一步利用，产生甲烷、二氧化碳以及少量氨、氢和硫化氢等，此时 pH 也会回升到原有状态。

厌氧生物处理与好氧生物处理工艺相比的最主要区别就是，在培养的过程中系统中不需要进行鼓风曝气，因为厌氧微生物处理过程不需要氧气的参与，这样大大降低了处理废水过程中能量的消耗；同时厌氧微生物在处理的过程中，还会产生沼气，提高了废弃物的使用效率。但厌氧生物处理，微生物的体量变化较小，厌氧微生物生产缓慢，增殖速率相对于好氧微生物低很多。

③ 自然生物处理。自然生物处理是利用自然界中存在的微生物、藻类及原生动物等对废水中有机物进行氧化和分解的方法，从而达到净化水的目的。生物氧化塘是自然生物处理的一种，方法是让废水自然停留在一个天然或人工的池塘当中，通过池塘中的微生物及微环境对废水中的有机物进行消耗和分解。在生物氧化塘中，废水为池塘中的微生物提供底物，氧气可以通过池塘中的藻类生成获得，同时生物氧化塘的体系相对复杂，除了微生物还存在有其他生物（如浮莲、水生昆虫、鱼类、贝类等）的参与，使之构成一个复杂而又有效的废水转化系统。在实际过程中，往往也可以将好氧生物处理和厌氧生物处理结合起来，尽可能降低生化需氧量。

3. 废水处理的实例[5]

下面将以果蔬汁饮料生产废水的处理为例，简单介绍果蔬花卉加工产业中废水的处理方法。果蔬汁饮料生产废水具有相似的特点，即通常固体杂质多，有机物含量高，生物降解性高，生化需氧量、化学需氧量值相对较高，毒性相对较小。废水的主要来源是原料的清洗水及榨汁、过滤、浓缩、杀菌等单元操作排放的水，各种容器的清洗水及地面的冲洗水，以及少量的产品滴漏和废次产品。产生的废水中，化学需氧量 2000～3000mg/L，生化需氧量 1000～1500mg/L，悬浮固体物 300～600mg/L，pH 4.5～7，远远超过了饮料废水排放标准中化学需氧量 80mg/L，生化需氧量 20mg/L，悬浮固体物 70mg/L，pH 6～9 的要求。鉴于原水水质生化需氧量、化学需氧量含量高，为高浓度有机废水，且废水处理应保持高效、稳定的处理效果，因此可以建议采用升流式厌氧污泥床反应器（UASB 反应器）和生物接触氧化结合的工艺对废水进行处理。其主要处理流程如下：废水首先通过格栅去除其中的漂浮物及其他固体颗粒后，进入调节池；再由提升泵将废水打入中和反应槽，通过加碱将废水的 pH 调节到 6.5～7.5；之后废水进入升流式厌氧污泥床反应器，利用厌氧菌在厌氧条件下分解有机物，生成沼气；之后进入生物接触氧化池进行好氧处理；处理好的废水通过沉淀池，进行泥水分离，上清液贮存在清水池中。如图 7-2 所示。

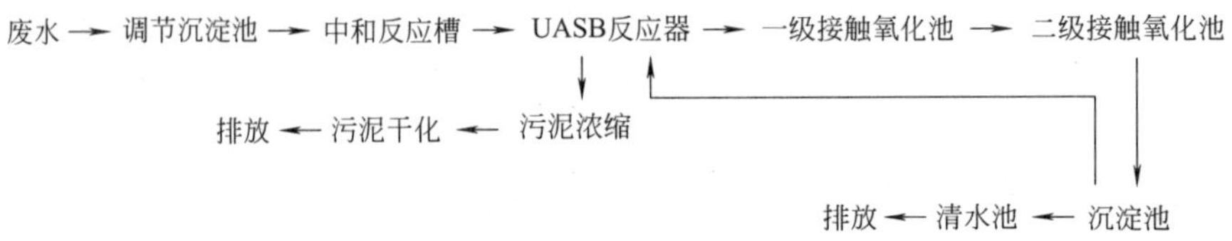

图 7-2　果蔬汁饮料生产废水处理流程

其主要结构包括以下单元。

（1）集水池　集水池将全厂各车间段污水通过管道、暗沟汇集于此、经过格栅，去除固体物质。

（2）调节沉淀池　由于生产排水水质、水量不均匀度极高，需设置具有一定容量的水质、水量调节池。利用调节沉淀池较大的有效容积和较长的水力停留时间，可以减缓水质水量的负荷冲击。

（3）中和反应槽　因为废水处理过程中，采用次氯酸钠作为消毒剂，因此废水的氧化性很强，pH 值呈酸性，为防止腐蚀，需对废水首先进行中和处理。

（4）升流式厌氧污泥床反应器　该部分是有机物进行厌氧分解的场所。主要分成上、中、下三个部分：上部为三相分离器，中部为污泥悬浮层，底部为污泥层。

（5）接触氧化池　建立二级接触氧化池，每级接触氧化池的化学需氧量和生化需氧量去除率为 60%。

（6）沉淀池　为竖流式沉淀池。

二、废气处理

大气污染物是指由于人类活动或自然过程排入大气、并对人或环境产生有害影响的物质，主要包括生活污染源、工业污染源和农业污染源等。根据大气污染

物的存在形态可分为气溶胶态污染物和气态污染物两大类。气溶胶态污染物主要包括粉尘、烟尘和雾；而气态污染物包括含硫化合物、含氮化合物、碳氧化合物、碳氢化合物、卤素化合物、硫酸烟雾和光化学烟雾等。果蔬花卉加工过程中如物料输送、粉碎、分级、加热、萃取、烹制等加工过程都会成为大气污染的污染源，造成环境污染，因此需对加工过程中产生的废气进行净化处理后再排放。

对空气中的粉尘进行捕捉并将其分离出来的装置称为除尘装置。现阶段主要的除尘装置有机械式除尘器、过滤式除尘器、电除尘器、湿式除尘器。根据除尘设备是否需要用水，又可以分为干式除尘设备和湿式除尘设备。而气态污染物的净化过程不仅仅是单一的物理变化，它需要综合利用化学、物理及生物等方法，将污染物从废气中除去，主要包括以下几种方法[6]。

1. 吸收净化法

吸收净化法是一种气态污染物溶解于液相吸收介质的净化方式。吸收可以是简单的物理变化，也可以是通过污染物气相组分与液态介质之间发生化学反应，从而降低污染物的方式。由于污染物往往体积庞大，物理吸附往往难于满足要求，因此化学吸附常常成为首选。

2. 吸附净化法

吸附净化法与吸收净化法的主要不同在于吸附介质的不同，吸附净化法常常采用多孔固体表面的微孔来捕捉大气中的污染物成分，可用于分离水分、有机蒸气、氮氧化物、硫氧化物等。

3. 催化净化法

催化净化法是通过在催化剂作用下，将废气中的气态污染物转化为无害物质排放的净化方法。根据反应类型可分为催化氧化法和催化还原法两类，如废气中的二氧化硫在催化剂五氧化二钒的作用下可氧化为三氧化硫，用水吸收变成硫酸回收，就是典型的催化氧化法。

4. 催化燃烧法

催化燃烧法是指在催化剂作用下，利用空气使废气中气态污染物在较低的温度迅速氧化，完全氧化生成二氧化碳、水和其他氧化物的方法。

5. 绿化工程

植物可以通过叶片吸附和固定一定剂量的气体污染物，从而降低空气污染物的含量。同时，绿化工程可以降低空气中的放射性物质，减弱噪声，净化污水。

三、固体废物处理

固体废物是指人类在生产、消费、生活和其他活动中产生的固态、半固态废弃物质。果蔬花卉加工过程会产生大量的固体废物，占加工原料的20%～50%。同时，固体废物中含有大量的碳水化合物、脂质及蛋白质。随着人们对废物作为一种新原料资源的认识逐步提升，对固体废物的开发主要是通过高新科技手段，最大限度地利用和转化废物，提升产品价值，减少环境污染。但现阶段成熟的固体废物的主要处理方法为堆肥法、焚烧法、填埋法及多种方法结合的处理方法[7,8]。

1. 堆肥法

堆肥技术是现阶段处理固体废物常用的处理方法之一，属于生物处理技术。堆肥是利用自然界广泛存在的细菌、放线菌、真菌等微生物，在人工控制的环境条件（温度、湿度、pH 等）下对有机废弃物进行分解，使有机物转化成腐败质，而后用作肥料的生物处理技术。根据采用的微生物类型的不同，可以分为厌氧发酵技术和好氧发酵技术。

较为新颖的厌氧堆肥技术是采用果蔬废弃物与粪便混合发酵，这种方法降低了直接采用果蔬废弃物发酵导致的酸类物质过多的现象，在一定程度上抑制了酸性物质的产生。牛粪与其他果蔬废弃物的共消化已经被证实很成功。此种消化方法被证实可以提高总甲烷的产量。与粪便混合的果蔬废弃物的转化率从20%提高到50%，使得甲烷产气率从0.23m^3提高到0.45m^3。将果蔬废弃物与粪便混合后的处理效果优于单纯将果蔬废弃物进行厌氧消化，这也使得混合发酵成为固体废物处理方式的一个趋势。

好氧堆肥因其堆体温度高，一般为50～65℃，故亦称为高温堆肥。高温堆肥可以最大限度地杀灭病原菌，同时对有机质的降解速率快，是处理有机废弃物的有效方法。对于果蔬直接堆肥增加好氧菌的接种量可以加速纤维素和木质素的进一步分解，增加堆肥腐熟度，进而提高有机物的降解率。但当接种量达到一定水平后，接种量对堆肥过程的影响将不再明显。好氧堆肥的另一个方向也是采用果蔬废弃物与粪便联合堆肥，在番茄废弃物和木屑堆肥过程中添加牛粪能够为堆肥所需的微生物提供生长所需的大量元素和微量元素，添加粪便可以提高堆肥速率。

2. 焚烧法

焚烧法主要针对具有较高热值的固体废物，通过高温燃烧的方法，可缩小废物体积，同时回收热能。一般采用焚化炉进行焚烧，温度大多控制在1000℃左右。在燃烧的过程中，废物体积缩小，废物中的有机物转化成二氧化碳和水，病原菌和有害物大量减少，降低了废物的危害性。相对于其他固体废物处理方法，焚烧处理占地小，处理彻底，操作过程不受天气影响。但其也具有明显缺陷，焚化设备相对较大，一次性投资和运行成本高，焚烧过程中产生的废气、废渣需要进行二次处理，同时废气由于燃烧不完全，会含有二噁英、一氧化碳、氮氧化物

等有毒气体，需要后期进行气体的吸收和处理。

3. 填埋法

填埋法是一种简单的固体废物处理方式，采取防渗、压实、覆盖等工程技术措施和环境保护技术措施把固体废物在土地中填埋。填埋用地一般可作绿地、农田、林地、牧场，而不宜修造建筑物和构筑物，同时要防止雨水径流对地下水的污染和填埋过程对周围环境的影响。填埋法又分为卫生填地、压缩垃圾填地和破碎垃圾填地。卫生填地是先把坑地底部铺上15cm厚的垫底层，而后填一层垃圾，盖一层土，逐层上覆，最后盖表土60cm以上，栽种植物封固；压缩垃圾填地是先将垃圾压缩，再整理填埋，以便减少体积和其中的空气，防止垃圾腐烂发臭；破碎垃圾填地是先破碎垃圾至10cm以下，然后填埋。填埋法处理固体废物，一般投资不多，效果明显，而且相对卫生。

第二节　果蔬花卉加工工业废弃物的利用

一、废水的利用

果蔬花卉加工过程中，在挑选、清洗和生产等不同阶段都会产生不同程度的废水，其中富含蛋白质、油脂、糖类和淀粉等多种可以再次回收的有机物，同时还有很多对身体有益的生物活性物质可以再次利用。

1. 马铃薯废水的利用[9]

马铃薯废水的来源主要来自生产过程中的清洗、提取、淀粉纯化等多个工序。废水中残留的可利用物质，包括淀粉、蛋白质、糖类以及氨基酸等可溶性化合物，它们在加工过程之后随着废水一同排放。其中的蛋白质如不经过处理，会发生自然发酵，产生氨气、硫化氢等气体，引发恶臭，导致严重的环境问题。淀粉废水的主要处理方式是通过生物方法进行降解，但是会导致其中大量的溶解性蛋白质、少量纤维和淀粉微粒的浪费。为实现资源的高效利用，主要对其中的蛋白质进行回收，主要的回收方法如下。

（1）絮凝沉淀法　向废水中加入无毒的絮凝剂，通过絮凝剂与废水中蛋白质的相互作用，使废水中的蛋白质沉淀出来，达到与废水相分离回收的目的。采用絮凝沉淀法的主要优势在于该方法的成本相对较低，同时蛋白质回收量较高。采用改性蒙脱土絮凝吸附材料处理马铃薯淀粉废水，对废水中化学需氧量的吸附达到116～245mg/g，絮凝后的材料可收集作为有机化肥和家禽饲料的原料。

（2）超滤法　相对于废水中的无机盐等小分子，蛋白质是一类大分子化合物，它们在分子量上存在较大差异，因此可以考虑采用膜分离方法对其中的不同成分进行筛选和分离。现阶段主要采用超滤的方法，利用选择性透过膜，对其中的蛋白质成分进行截留。超滤处理具有高效的特点（蛋白质回收率高达 85%）；同时，由于是纯物理过程，不添加任何化学助剂，保证了蛋白质的品质安全。

（3）单细胞蛋白法　生物转化利用微生物对废水中的有机成分进行转化，将废水中的有机成分转化成供菌体生长的成分。用于提取单细胞蛋白的微生物本身就应具有较高的蛋白含量，同时可以高效地转化废水中的营养物质。利用热带假丝酵母菌对马铃薯淀粉废水进行发酵处理，单细胞蛋白的可回收量为 7.43g/L，化学需氧量的去除率达 75.4%。

2. 蘑菇预煮水的利用[10]

蘑菇预煮水中含有大量的氨基酸、维生素等营养物质，可用于生产蘑菇酱油、健肝片等。将蘑菇预煮水收集起来，经过滤除去蘑菇碎屑等杂质，在真空度为 0.08MPa 下真空浓缩至可溶性固形物含量为 18%～19%。蘑菇预煮水含酸量较高（pH 4.5 左右），可用碳酸钠溶液中和，调整 pH 至 6.8 左右。生产蘑菇酱油时，取蘑菇浓缩液 40～43kg，置于夹层锅内，加入 8～8.5kg 食用酒精，加热并不断搅拌。煮沸后，加入一级黄豆酱油 9～11kg，继续加热至 80～85℃。经离心澄清后，在 70～75℃下杀菌 5～10min。在酱油中加入 0.05%苯甲酸钠，搅拌溶解后装瓶。简而言之，蘑菇预煮液生产蘑菇酱油的主要工艺流程为蘑菇预煮水→过滤→浓缩→中和→加酒精搅拌→加一级黄豆酱油→澄清→杀菌→装瓶。

生产健肝片的流程是，取浓度为 30%的浓缩液 100kg 放于夹层锅中，顺序加入羧甲基纤维素钠 1.5kg、硬脂酸镁 4.5kg、糊精 7.5kg、淀粉 10.5kg。搅拌均匀后，加热至 80℃，保温 30min 后进行喷雾干燥。10kg 蘑菇粉加入 0.6kg 微晶纤维素、0.4kg 白糊精、0.1kg 硬脂酸镁及适量蒸馏水拌和，混合均匀后压片上糖衣。

3. 玫瑰精油加工废水中色素的利用[11]

玫瑰花朵因其艳丽的花色和芳香的气味，而备受人们的喜爱。除了可以直接食用之外，玫瑰可以用于提炼价格昂贵的玫瑰精油，玫瑰精油因富含香茅醇、丁香酚等香味物质而具有浓烈的香气。现阶段对于玫瑰精油的生产工艺主要是采用水蒸气蒸馏的方式，蒸馏后产生大量废水。这些废水中含有大量的玫瑰色素，主要成分为易溶于水的花色苷色素，在废水中的含量较高。由于它们是一类可以直接作为食品添加剂的色素成分，所以具有回收利用的价值。对玫瑰色素的回收过程大致如下：首先对玫瑰废水进行收集，通过过滤、沉淀的方式去除其中的固体废物；对废水进行浓缩，将浓缩后的废水与乙醇混合，进行醇沉，来去除废水中的蛋白质和多糖成分；之后过滤，调节 pH 值，去除其中的酸不溶性杂质；过滤后，经过浓缩、喷雾干燥最终得到色素产品。利用玫瑰废水生产的玫瑰色素与利用新鲜玫瑰生产的玫瑰色素的色泽差异较小，颜色鲜艳，且稳定性相对较好。以

生产 1kg 玫瑰精油来计，会产生 16000kg 废水，可提取玫瑰色素近 90kg，具有较高的回收价值。

4. 橄榄油生产中的废水利用[12]

橄榄油具有较高的不饱和脂肪酸含量，因此其营养价值备受关注，但生产过程中会产生高度污染的废水，废水颜色为深棕色，pH 在 3～5.9 之间。其中含有大量的有机物，如糖、鞣酸、有机酸和多酚等，具有较强的酸性。多酚类化合物具有良好的消炎、抗菌及抗氧化活性，将其从废弃物中分离出来并应用到其他食品当中具有较高的经济价值。现阶段对于废水中多酚的回收主要采用超滤膜处理。将橄榄油废水用多通道 100nm 孔径的陶瓷超滤膜预处理，先去除其中的大分子多糖和蛋白类物质；之后再用卷式聚合物纳滤膜（截留分子量 200）处理，对小分子的多酚进行回收。采用这种方法回收原料液中的多酚类化合物的回收率可高达 95%。此外，若采用两个超滤过程和一个纳滤过程对橄榄油生产产生的废水进行分级回收和处理，分离得到三种不同组分的样品，其中的纳滤截留物因含有高纯度的多酚类物质，可用于化妆品、食品和制药工厂等。

二、固体废物的利用

果蔬花卉加工过程中会产生大量的固体废物，主要包括果皮、果核、果柄、叶、茎、根等多个不可食用部分，其中富含碳水化合物（如果胶、膳食纤维）以及天然活性成分（如多酚、黄酮等），蕴藏了大量可以回收利用的资源。固体废物除作为饲料外，还有诸多利用途径，如苹果渣可以提取果胶、纤维素；葡萄皮渣可以提取鞣质；番茄皮渣可以提取番茄红素；胡萝卜渣可以提取胡萝卜素等。

1. 提取果胶[13]

果胶类物质主要存在于细胞壁当中，通过其将细胞相互黏结在一起。在工业化提取果胶的过程中，柑橘、柠檬、柚子等果皮，以及苹果渣、甜菜渣等果渣都是重要的果胶来源，皮渣中约含有 20%～30%的果胶。现阶段果胶的主要提取方式有酸解法、离子交换法和酶解法等，提取后根据果胶易溶于水、难溶于有机试剂或含盐溶液的特点，通过向果胶提取水溶液中添加乙醇或某些盐类如硫酸铝、氯化铝等使果胶从水溶液中沉淀出来。下面是几种主要的果胶提取方式。

（1）酸提取沉淀法　酸提取沉淀法是工业上提取果胶的传统方法。通过调节溶液 pH 环境，在酸性条件下，提高果胶从原料中的溶出速率；提取后再通过改变溶液 pH 环境、盐析以及醇沉的方式，使果胶从溶液中沉淀下来。过程中可以采用硫酸、盐酸、磷酸等调节酸性，采用亚硫酸等调节 pH 值可以提高果胶产品的产率和色泽。具体制备过程为：原料→加酸→浸渍→调节 pH 值→加热→酸解→澄清→醇沉→产品。为提高果胶产量，在原料的选择过程中，可以采用幼果、未成熟的果实；在操作条件上，可通过提高酸量、延长搅拌浸提时间、增加浸提次数等方法实现。但在酸提取过程中，果胶容易发生部分水解，降低果胶的分子量，影响产品的质量和产率。

(2) 微波提取法　微波是一种常用的外场辅助加工手段。利用微波的热效应和化学效应，可以加速溶质的热运动，提高溶质从材质向溶液溶解的溶出速率。微波提取法提取果胶主要通过向原料中加入提取溶剂（如水），调节 pH 值至酸性，微波加热进行提取。将提取液过滤、离心，得到果胶液。在微波提取过程中，提取时间和微波功率对提取率的影响较大，提取时间短、微波功率低会导致有效成分无法完全溶解出来；提取时间长、微波功率大，不但会造成原料和能量的浪费，同时可能会破坏所要提取的成分。采用微波法提取苹果皮中的果胶，最优条件为微波加热 4min，料液比 1：20（质量/体积），微波功率 600W，乙醇浓度 60%，pH 1.8，提取率达到 12.9%。相对于传统提取方式，微波提取时间缩短，提取溶剂用量减少，果胶产量提高。

(3) 超声波法　超声波产生的空化、震动、搅拌等综合效应，能够对植物材料的细胞壁进行损伤和破坏，使果蔬材料结构变得疏松，从而加速溶剂及溶质的穿透，使细胞内部的有效成分能够更加有效快速地溶出。超声波法的优点在于：该方法不受溶质分子极性、分子量大小的限制，实际生产应用范围广；果胶提取物杂质少，果胶颜色浅；提取条件温和，温度低；有效成分易于分离纯化。但超声功率会对产品的产量和品质产生影响，超声波功率过强，会导致溶出的果胶分解，降低产率。采用超声功率 120W，超声时间 30min，果胶得率为 18.21%，该得率相对于传统提取工艺，提高了 15.84%，而提取时间缩短为原来的 1/3。

(4) 酶法/微生物法　酶法/微生物法利用细菌、霉菌、酵母中产生的原果胶酶将原果胶分解成果胶。酶法/微生物法生产出来的果胶分子质量较大，在分离过程中果胶提取完全，果胶质量稳定，产品容易分离，制备温度低。但酶具有专一性，不同果蔬废弃物需要按照不同种类的酶进行处理。同时反应条件，尤其是温度，对果胶产率影响较大。

2. 制备膳食纤维[14]

膳食纤维是一种多糖，它既不能被胃肠道吸收，也不能产生能量。但随着营养学的发展，发现膳食纤维具有相当重要的生理作用，在降低血液胆固醇和甘油三酯、控制血糖及体重等方面具有突出作用。根据膳食纤维的水溶解性，将其分为水溶性膳食纤维和水不溶性膳食纤维。膳食纤维的分离制备方法主要有三种：化学提取法、酶提取法和发酵法。

(1) 化学提取法　化学方法是采用酸、碱等化学试剂，如氢氧化钠、碳酸钠、氢氧化钙、盐酸等对物料进行提取，其中碱法应用较为普遍，所得到的膳食纤维含有非常纯的纤维素成分，但缺点是成品的复水性能有所降低。利用苹果渣

制备水溶性膳食纤维与水不溶性膳食纤维的工艺如图 7-3 所示。成品纤维素含量可以达到 80%，持水率高达 15.3g/g。

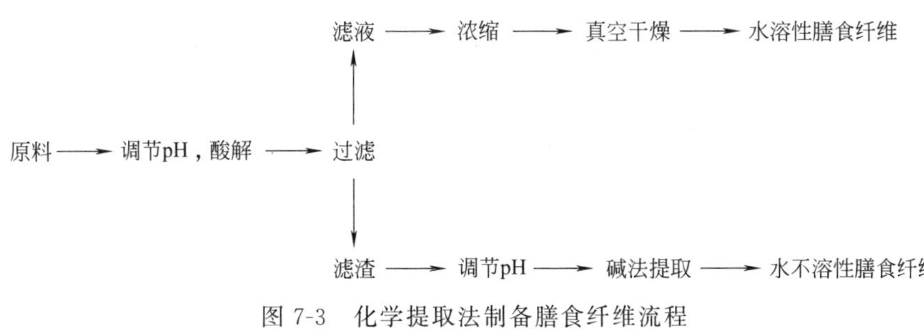

图 7-3　化学提取法制备膳食纤维流程

（2）酶提取法　通常条件下，膳食纤维与材料中的其他成分（如淀粉、脂肪等）一同存在，利用酶解方法，有利于降低传质壁垒，增加溶质溶出速率。可采用淀粉酶、蛋白酶、半纤维素酶、阿拉伯聚糖酶等酶类进行酶解。酶法提取条件温和，无需高温、高压，节约能源，操作方便，并且制得的产品纯度高。

（3）发酵法　采用保加利亚乳酸杆菌和嗜热链球菌混合菌种对材料进行发酵，发酵后可以有效地提高膳食纤维的得率，产品具有较高的持水能力，膳食纤维色泽、质地、气味和分散程度均优于化学法。采用发酵法制备苹果果胶的发酵条件为：接种量 6%，发酵时间 20h，发酵温度 40℃。

3. 提取糖苷类物质[15]

糖苷类化合物是糖或糖的衍生物的半缩醛羟基与非糖物质缩合而成的一类化合物。在柑橘类果实中含有橙皮苷、柚皮苷等多种糖苷。以橙皮苷为例，虽然在果蔬加工废弃物中的含量较少，但是由于其具有较高的药用价值，附加值很高，因此可视为食品工业废弃物中可利用的重要资源。橙皮苷是橙皮素的糖苷，呈淡黄色，无臭无味，不溶于水，微溶于乙醇。纯品呈白色针状结晶，带苦味。根据橙皮苷的溶解性，目前从柑橘果皮渣中提取橙皮苷的主要方法有碱液法和热酒精法等。

（1）碱液法　采用碱液法分离提取橙皮苷的流程如图 7-4 所示。对于橙皮苷的生产，常常将其与精油生产相结合。柑橘果皮清洗后，使用 pH 值 11～12 的饱和石灰水浸泡果皮，浸泡时间 6～12h；浸泡的样品干燥硬化后，可进行压滤，取得滤液；采用 10%的盐酸，调节 pH 到 4～5，在 20℃下对滤液进行 24～36h 的酸化处理；待橙皮苷从水溶液中析出后，过滤得到滤渣；滤渣经烘干、粉碎，即为橙皮苷粗品，一般得率约为 0.1%。粗品可再经过碱溶酸沉、乙醇结晶等方式，得到纯度更高的橙皮苷。

（2）热酒精法　采用热酒精法制备橙皮苷的主要工艺流程为：新鲜果皮→去除有色皮层→水煮→压榨去除水分→冷酒精→抽提浓缩→结晶→沉淀→产品。首

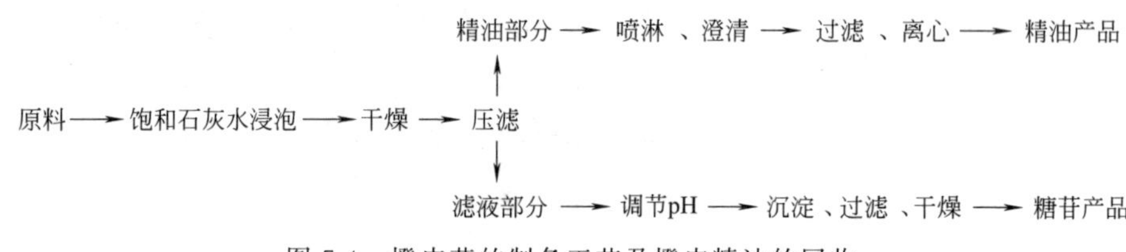

图 7-4　橙皮苷的制备工艺及橙皮精油的回收

先去除新鲜果皮上的有色皮层后，对样品进行水煮提取，然后去除过多水分；利用橙皮苷不溶于水，微溶于乙醇的特性，采用冷酒精浸泡 8h，去除杂质；之后采用 50%的乙醇，在装有回流设备的容器中进行浸提，酒精添加量为果皮的 2～3 倍，温度 80℃以下，抽提 1.5h；滤出抽提液，浓缩蒸馏回收乙醇，残液冷却 3～4h 后有大量结晶析出，静置让其充分沉淀，一般得率为 0.3%。

4. 提取芳香油[16]

芳香油，又称精油、香精油，可以采用蒸馏的方法从材料中获得挥发性物质，它们的极性相对较小，能够溶解在甲醇、乙醇以及石油醚等有机溶剂中，在水中的溶解度相对较低。芳香油的种类很多，成分复杂，主要有烃类、醇类、酚类、醚类、醛类、酮类、酸类、酯类和含硫及含氮化合物等。现阶段，提取芳香油的主要方法有水蒸气蒸馏法、提取法、压榨法等。

（1）蒸馏法　由于芳香油沸点相对较低，一般具有较强的挥发性，可以随水蒸气一同挥发出来，随后一同冷凝下来。而芳香油的密度相对较小，因此漂浮在水层上部，利用这样一个“油上水下”的特点，通过分液的方式，可将芳香油进行分离。采用蒸馏法提取芳香油，一般要经过浸润原料、上料、蒸馏、分离、提纯等操作。为提高蒸馏过程中芳香油的得率，一般将原料粉碎成较细的颗粒，再加入到蒸馏设备中，在 50～100℃条件下，蒸馏 1.5～2.5h，蒸馏液经油水分离器冷凝得到芳香油。

（2）提取法　由于蒸馏法中存在加热过程，往往一些热不稳定的化合物的结构会遭到破坏。针对这一问题可采用萃取法来对其中的芳香油进行提取，采用低沸点的石油醚、乙醚以及氯化烃类溶剂对原料进行浸渍，提取得到浸提液，经过澄清、过滤以及常压或减压蒸馏脱除溶剂，得到芳香油产品。利用萃取法只能提取出具有挥发性香气成分，但对于味觉成分不能完全提取出来。

（3）压榨法　提取法虽然保护了热敏性的挥发性成分，但是过程中消耗大量化学试剂。压榨法是提取芳香油的传统方法，如柑橘类芳香油的化学成分都为热敏性物质，受热容易氧化变质，因此柑橘油只能采用冷压榨或冷磨油的方法。在压榨的过程中，先通过硬化处理，石灰水浸泡 10h 以上，用流动水漂洗干净，沥干；再采用螺旋式压榨机使柑橘果皮中的精油从油囊中释放；在后续过程中，通过喷淋、澄清、分离、过滤来除去部分胶体杂质；最后高速离心，利用油水相对

密度的不同分离出芳香油。

5. 提取植物色素[17]

从自然界动植物中提取的天然食用色素具有无毒、无害、自然、和谐等优点，同时具有良好的营养健康功效。许多色素可以从果蔬原料中提取，但由于色素分子结构差异性较大，故天然色素的物理性质和溶解性差异较大。天然色素分为油溶性色素和水溶性色素，油溶性色素主要包括叶绿素、辣椒红和胡萝卜素等，其他天然色素大多为水溶性色素。考虑到天然食用色素在果蔬花卉加工废弃物中的含量较高，从中提取色素是农副产品综合利用及深度加工的途径之一。

（1）浸提法　浸提法是提取果蔬色素的常用方法，根据不同色素的性质，采用水、乙醇、乙醚或其他有机溶剂进行提取。如红花黄色素用水和丙二醇提取；玫瑰红色素可用水提取；姜黄素不溶于冷水，但可用热水、乙醇、丙二醇提取。番茄皮是番茄制酱等加工过程中的废弃物，含有色素、氨基酸和碳水化合物等物质。新疆番茄皮中番茄红素含量可达到 70mg/100g，是提取番茄红素的优良原料。以新疆番茄酱厂的皮渣为原料，以丙酮为溶剂提取番茄红素，料液比 8∶1，提取温度 40℃，提取时间 70min，提取次数 3 次，可获得最佳提取效果，提取率达到 85.4%，工艺流程为：原料→水洗→番茄皮→脱水→有机溶剂提取→过滤→溶剂回收→粗产品。

经过以上的提取工艺得到的仅仅是粗制果蔬色素，这些产品色价低、杂质多，有的还含有异味，直接影响了产品的稳定性、染色性，限制了它们的适用范围。所以必须对粗制品进行精制纯化。

（2）酶法纯化　采用溶剂萃取法得到的粗色素中，常常含有糖类、蛋白质、脂肪等杂质，通过去除杂质成分可以有效地提高色素的质量。色素粗制品中的杂质可以通过酶反应而除去，达到纯化的目的。利用蚕沙制备叶绿素粗制品过程中，通过加入脂肪酶催化酶解粗提物中的杂质，首先将脂肪酶在 30℃下活化 30min，之后加入到粗制品中反应 1h，可以去除其中的刺激性气味，得到优质的叶绿素。

（3）膜分离纯化　从果蔬花卉中分离得到的天然色素大多为小分子化合物，采用膜分离技术为色素粗制品的纯化提供了一种简便有效的方法。对于膜分离技术，当膜孔径小于 0.5nm 时，可阻留无机离子和有机低分子物质；膜孔径在 1～10nm 可阻留各种不溶性分子，如多糖、蛋白质、果胶等。因此，当色素粗制品通过一系列特定孔径的膜，就可阻隔这些杂质成分，提高产品纯度和质量，从而达到纯化的目的。

（4）吸附解析纯化　根据粗提取物中杂质的极性以及解离性能，可以对杂质进行吸附解析，达到去除杂质的目的。例如，利用离子交换树脂的选择性吸附作用，可以进行色素的纯化精制。葡萄皮中的花色素可以用磺酸型阳离子交换树脂除去其中的多糖、有机酸等杂质。葡萄色素、野樱果色素、栀子黄色素、萝卜红色素等均可采用大孔吸附树脂去除其中的杂质。

6. 提取鞣质[18]

鞣质，俗称单宁，是一种具有沉淀蛋白质特性的多元酚类化合物，溶于水、乙醇、丙酮，不溶于氯仿或乙醚。已证实其具有明显的抑菌、止痛、抗脂质氧化等功效，并且天然、低毒、安全。鞣质的提取方法主要有热水提取法、有机溶剂萃取法、微波辅助法、超声波法等。

鞣质可溶于水，因此热水提取法是最传统的方法之一。利用水作为溶剂，在高温条件下将鞣质溶出。该方法相对传统，使用设备简单，但是操作过程时间长，效率低、能耗高，产品纯度相对较低，杂质含量高。有机溶剂萃取法是利用鞣质易溶于甲醇、乙醇及丙酮等极性溶剂的特点对鞣质提取的方法，可以采用乙醚-乙醇混合液、乙醇-水-乙醚、乙醇-水-乙酸乙酯、水-丙酮等混合溶剂。采用70％丙酮，在60℃条件下，浸提时间5h，对欧李种壳中鞣质的提取量可以达到4.85％。有机溶剂提取法相对于传统的热水浸提方法，需要能量消耗少，产品的纯度相对高，适用于工业化生产，但也增加了溶剂回收的成本。

7. 提取黄酮[19]

黄酮类化合物广泛存在于植物中，具有抗癌、抗心脑血管疾病、免疫调节、降血糖、抑菌抗病毒以及抗氧化等作用。在果蔬加工废弃物中，黄酮种类多、含量大，在花生壳、甘薯茎、苦瓜叶，以及北方的柿子、山楂、梨加工后的叶和皮，南方的龙眼加工后的壳都是上好的黄酮类化合物来源。近年来，随着我国西北地区对沙棘的开发利用，形成的沙棘果渣也可以作为提取黄酮的来源。

目前对废弃物中黄酮的提取大多以乙醇为溶剂。乙醇作为一种最常用的亲水性有机溶剂，可以与水任意比例混溶，因此其极性可以在较大范围内改变，对黄酮类化合物具有明显的溶解作用，所以常作为提取各类植物中总黄酮的首选溶剂。在提取废弃物中的黄酮时，常用的乙醇浓度为60％～95％。以60％乙醇作为溶剂提取龙眼壳中总黄酮，料液配比为1∶35，温度为70℃，提取时间为2.5h，这是最佳提取工艺条件。用60％的乙醇为溶剂提取油茶壳中黄酮，料液比为1∶30，在40℃温度下提取45min，黄酮的提取率可达最高。

参考文献

[1] 陈野，刘会平. 食品工艺学. 第三版. 北京：中国轻工业出版社，2014.

[2] 王晓玲. 甲壳素和壳聚糖在食品工业中应用的新进展. 食品研究与开发，2007，28(10)：163.

[3] 赵芳，蒲彪，刘兴艳. 膜法处理食品工业废水的研究进展. 食品工业科技，2012，33

(3)：425.

[4] 仇农学.食品环境工程学.北京：中国轻工业出版社，2010.

[5] 陈秀珍，解岳，曾磊，等.预处理-UASB-接触氧化工艺处理果汁生产废水的工程调试与研究.工业水处理，2010，30（9）：76.

[6] 马生柏，汪斌.有机废气处理技术研究进展.内蒙古环境科学，2009，21（2）：55.

[7] 李荣.城市固体废弃物处理模式及前景探析.山西农经，2016，5：143.

[8] 杨鹏，乔汪砚，赵润，等.果蔬废弃物处理技术研究进展.农学学报，2012，2（2）：26.

[9] 张昊，王三反，李广，等.马铃薯淀粉废水处理及资源化利用研究进展.工业用水与废水，2014，45（6）：4.

[10] 陈素琼.蘑菇预煮液的浓缩处理及回收利用.轻工环保，1999，2：23.

[11] 梁文博，胡亚云，尉芹.法国玫瑰精油加工废水中色素的提取及稳定性研究.西北林学院学报，2007，22（5）：128.

[12] 王琪，芦小茜，张辉.橄榄油废水处理技术研究进展.水处理技术，2013，39（6）：8.

[13] 张哲，钟娇娇，付勇，等.废弃物中提取果胶的研究进展.农业工程技术（农产品加工业），2013，1：35.

[14] 曹树稳，黄绍华.几种膳食纤维的制备工艺研究.食品科学，1997，18（6）：41.

[15] 汪志君，韩永斌，姚晓玲.食品工艺学.北京：中国质检出版社，2012.

[16] 黄天芳，祝远超.从柑橘果皮中提取芳香油的研究.湖北工程学院学报，2013，33（6）：66.

[17] 温广宇，朱文学.天然植物色素的提取与开发应用.河南科技大学学报（农学版），2003，23（2）：68.

[18] 王红，陈秀秀，刘军海.单宁的提取纯化技术研究进展.辽宁化工，2011，40（8）：864.

[19] 王健慧，段静雨.从废弃物中提取黄酮类化合物的研究进展.中国资源综合利用，2009，27（6）：18.